严行方◎著

听说过捕龙虾致富的，没听说捕鲸鱼发财的。

——马 云

从头学起，手把手地教你

# 小知识

厦门大学出版社 XIAMEN UNIVERSITY PRESS 国家一级出版社 全国百佳图书出版单位

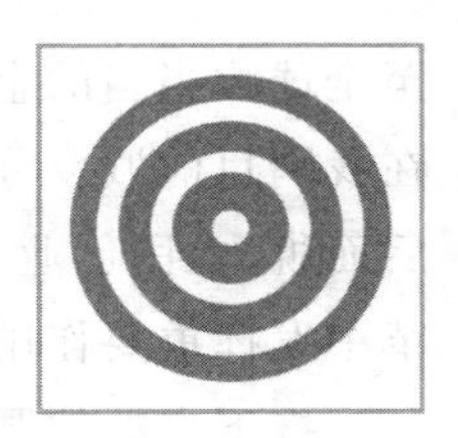

# 代　序
# 农民更适合创业

创业，是一个多么鼓舞人心、令人心潮澎湃的词！它并不是城里人的专利，相比之下，农民更自由自在，更少左顾右盼，更渴望创业成功，所以更适合创业。只要具备相应的基础，方法得当，又遇到好的机会，农民创业更容易成功。

看看那些成功的农民企业家，数量和规模并不比城里的高科技企业家少，这就是最好证明。吴仁宝、鲁冠球、刘永好、蒋锡培、徐冠巨、王振滔、卢志民和史来贺……哪个不是响当当的人物呀？

一直有人提出，农民创业、农民企业家没有必要突出“农民”二字，我国当初在制定《乡镇企业法》时就有人反对，认为乡镇企业类型多种多样，均有相关法律规范，没有必要单独为乡镇企业立法。而时任全国人大常委会副委员长的田纪云与许多常委认为，农民创业是市场经济的先导力量，乡镇企业有其特殊性；农民企业家源自农民，所创之业也主要是为农民、为农村服务的，与城里人的创业有很大区别，所以，非常有必要单独为农民创业、为乡镇企业立法。

及至后来，许多地方在进行政府机构改革时，又纷纷把原来的乡镇企业局并入中小企业局。这实际上犯了一种想当然的错误。试想，现在有相当一部分乡镇企业已经成为上市公司，成为全国乃至全球响当当的企业，这又岂是中小企业局管理得了的？特别是在我国目前城乡分割的二元经济社会结构中，要想改变农村的落后面貌，农民创业不但非常有必要，而且必将在我国城乡一体化改革中发挥重要作用。

接下来的问题是，许多人会说："做老板当然好啦，可是我既没有钱，也没有经验、渠道，文化程度也不高；或者说，我既没有靠山、背景，又没有一技之长，怎么去创业呢？"还有人说："我目前的工作虽然工资不高，但我已经习惯了这样的生活，为什么要创业呢？"诚然，并非人人适合创业，也不是所有人都应该去创业，更不是所有人的创业都会成功。在这其中，就有一大堆关于创业的学问了。

日本商界奇人井口健二，从身无分文的打工仔到跻身亿万富翁行列，他的几点经验之谈值得我们参考：

首先，要确立力所能及的目标，并努力去实现它。通过试着做些小事情积累经验，等到信心增强了，人脉资源、商业信用、实践经验逐步增加了，就有资格干一番大事业了。

其次，以工作为乐趣。不管做什么事，只要你没有达到如痴如醉的程度就不容易成功！钱越赚越想赚，越赚越能赚。赚钱越多，你受到社会的认可和尊敬程度也越高，快乐就会从中而来，对工作的热情也会更加高涨。

最后，要知难而进。当你遇到自己不擅长的事情时，绝不要轻易认为十有八九完成不了，应该充满斗志去试试。

附加一点忠告：因为穷，所以能成功。这话听起来不可思议，实际上很好理解。创业本来就是穷人的专利，穷则思变（创业）嘛！富人们管这叫投资。绝大多数白手起家的创业者，当初都是因为没钱盖房娶媳妇或穷得走投无路，才决心走上创业之路并最终取得成功的。这就叫"生于忧患，死于安乐"。

本书从我国农村的实际情况出发，全面而有针对性地介绍了农民创业应该从哪里入手，怎样剖析自己是否真的适合创业，以及怎样发挥个人优势、寻找创业机遇，怎样筹集创业资金、办理开业手续、锻炼组织领导能力，并且还专篇介绍了农民创业的若干成功和失败的案例，总结经验教训。凡此种种，目的只有一个，那就是尽可能让你少走弯路，尽快踏上致富之路！

千里之行，始于足下。自主创业从我做起，从现在做起！

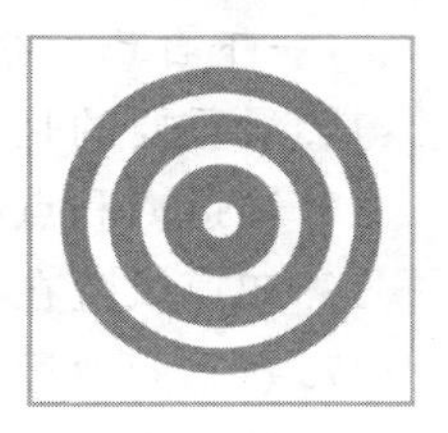

# 目 录

列夫·托尔斯泰说："幸福的家庭都是相似的，不幸的家庭各有各的不幸。"很多人创业失败是自己造成的。不耍小聪明，原本就没事。

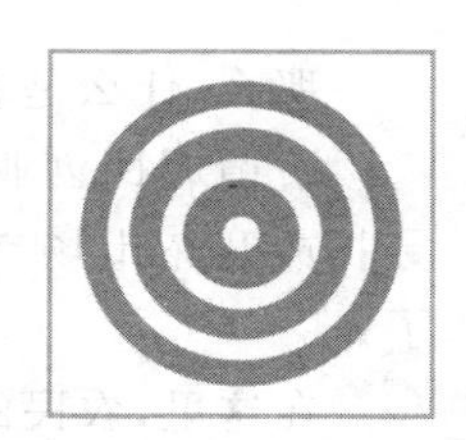

# 第一课
# 农民为什么创业

创业，通常是一种无奈选择。有钱人和成功人士往往已无创业动力，因为他们已经有业，无须再创。但穷人穷则思变最会改变人的命运，谱写出璀璨夺目的人生。

## 1. 什么是农民创业

讨论什么是农民创业，首先要从什么是创业开始。

通俗地说，所谓创业，就是开创自己的一番基业和产业。

而要做到这一点，就必须发现和捕捉某种机会，给顾客提供有价值的产品、服务或机会，并且在这个过程中贡献出你的劳动和时间，同时承担相应的经济、精神、社会、声誉风险，才有可能最终获得金钱的回报、精神的满足、人格的独立。

如果嫌这样说不容易理解，那么还可以从中提炼出这样五层含义来：一是创业要善于发现和捕捉机会，有时需要运气相助，才更容易取得成功；二是创业要能给别人提供有用的东西，说空话是没用的；三是创业要投入你的劳动、精力和时间，坐享其成不太可能；四是你要在创业中承担相应的风险，既要想到有可能获利丰厚，也要想到有可能失败，甚至倾家荡产；五是一旦创业成功，你会得到物质、精神、人格方面的相应回报。

那么，什么是农民创业呢？

所谓农民创业，当然就是指农村居民通过生产要素重组来寻找或开拓市场空间，实现劳动就业和自身利益最大化的过程了。

在这里，农民的概念主要看户口性质。这倒不是非得要在户口簿上强加什么功能，只是为了便于描述和研究。

具体地说，农民创业中的"农民"，是指那些拥有农村耕地使用权的人。他们可能在农村直接从事农林牧副渔的生产，也可能在城里打工；或者说，他们不一定住在农村，住在农村的也不一定全都是我们所说的"农民"。

具体到农民创业中的创业形式，主要有兴办企业或非营利性组织。它的原意是指在原有基础或一穷二白的基础上建立一个真正属于自己的产业，从此创出一片新天地。

容易看出，农民创业已经远远超越传统的"农民——农村——农业"方式，外延可以无限扩大。当然，农民创业归根到底还是要因人而异、因地制宜、因时而动，不能任意而为。

事实上，现在有许多农民创业企业已经上市，并且进入全国乃至全球500强行列，成为业界领袖。在它们身上，你看不到一点点"农"的痕迹。泛泛地说，现在的农民所创之业，已经与城里人的创业没有多大区别。如果一定要说有区别，那也只不过是地处农村、服务对象主要是"三农"而已。

总体来看，农民创业具有以下六大特点：

## 一是农民创业通常会依附于家庭

也就是说，农民创业并不一定是某个农民的单打独斗；相反，他往往会首先选择和自己的家庭或亲朋好友一起，形成一种松散型非正式组织，共同投入生产资本、从事新的生产活动或开拓新的事业，谋求最终的财富增值。

## 二是农民创业通常围绕着"农"字

这是因为农民拥有农村土地使用权,这就决定了他们的创业必定会更多地和土地紧密联系在一起,并或多或少地影响甚至决定着创业项目的开展。同时,由于我国长期存在着城乡二元结构,使得农民创业受制于农民经历单一、信息闭塞、市场观念薄弱、资金实力不强,因而对土地资源、农村环境的依赖性也更强,创业领域便会更多地围绕着"三农"来展开。

## 三是农民创业是一种创造、创新过程

当然,无论如何创造、创新,这个过程必定是有价值的,否则也就无法立足于世了。并且,这种价值体现无论对创业者个人还是全社会来说都是有意义的,非常值得去做。

## 四是农民创业是一种付出过程

付出总是痛苦的。尤其是代价高昂、任务艰巨、经历痛苦的付出,甚至看不到半点成功的希望,这时候能不能坚持下去、坚持下去又能不能取得应有回报,都十分折磨创业者。

但同时也要看到,正是因为这种艰苦的劳动和付出,才会有后面的收获,直至给个人、家庭乃至一方水土带来脱胎换骨的变化。坐享其成的创业几乎是不存在的。

## 五是创业存在着一定的风险

任何创业都存在着风险,这是不容置疑的。能不能把这种风险控制在创业者可以承受的范围内,这直接影响到创业能否取得最终成功。

创业风险表现在方方面面，但总体来看主要有资金、人才、时机、市场、技术、经验、质量、管理和法律等方面。

### 六是成功的创业能够取得巨大回报

这种回报不仅体现在劳动报酬、财富积累、个人消费等方面，同时还表现在个人社会地位的提高、自由支配时间的增多、社会阅历的丰富等方面。

尤其是在拜金主义盛行的社会氛围中，创业的成功往往会被人当作衡量一个人取得成功的主要标准。

## 2. 农民为什么要创业

农民为什么要创业？这个问题看起来不值得一提，实际上很重要。农民创业除了可以显示自己的才能，也是在为家庭、为社会作贡献。创业成功了，对个人、社会都不无好处；即使失败了，也不能说一无是处，因为这至少对丰富个人阅历、积累人脉、为以后的东山再起打下一定的基础。

具体地说，农民创业对个人和家庭来说是所有致富路中最宽广的一条。人人都想快速致富，但快速致富的途径大体上说有三条：一是创业，说穿了就是自己办企业、当老板；二是多层次营销，又叫直销或复式直销；三是买彩票中大奖。相比而言，创业在这三者之中更可靠一些，因为创业的命运主要掌握在自己手里，后两者不是违法就是近乎天方夜谭——多层次营销容易滑入传销陷阱，走火入魔；买彩票中大奖的几率比飞机失事的概率还小，很难梦想成真。

对社会来说，农民创业也意义重大。创业过程中，创业者在不断寻找并开拓市场空间、重组生产要素、扩大种养殖面积和规模、延伸和挖掘产业链、改善农业生产结构、转移农村劳动力，这些都在客观上推动了农村面貌的改变和社会进步。农民创业氛围浓了，对提高农民地位、缩小城乡差距、改变农村落后面貌都会起到不小的作用。

归根到底，农民在我国总人口中占大多数①，推动农民创业是实现全民创业的主体；促进农民增加收入，更是解决"三农"问题的核心。所以，农民创业不仅是农民个人、家庭的事，同样也是政府推动农村经济发展、实现农村劳动力转移和产业升级的重要战略决策之一。

请想一想吧：如果没有20世纪80年代初我国实行家庭联产承包责任制对农村劳动力在农业内部的转移，没有20世纪80年代中期至80年代末我国大力发展乡镇企业对农村劳动力在农村内部的转移，没有20世纪90年代中期以来我国大力发展城镇第二、第三产业，吸引数以亿计的农村劳动力向城市转移等，我国的经济发展就不可能取得现在这样的辉煌业绩，我国的城市、农村、小城镇建设也不可能像今天这样蓬勃发展，甚至可以说，社会主义市场经济体系只能是空中楼阁。

因此，"农民为什么要创业"这个问题应该从多个角度来考察。人类做任何事情都有一定的目的性，本章就是要解决这个问题。无论是从个人奋斗、自己掌握命运、以创业成功带动其他成功方面，还是从对创业与打工进行比较、报答父母的朴素角度看，农民创业的理由都是站得住脚的。当然，这并不是说人人都适合创业，更不是说所有人的创业都会取得成功。

顺便提一下，农民创业绝不能为了创业而创业。在这其中，若能处理好创业与创新的关系，更容易取得成功。

---

① 据国家统计局公布的数据，2013年年末我国大陆城镇人口为73 111万人，乡村人口62 961万人，乡村人口比重为46.3%。但要看到，这里的乡村人口是指居住在农村或农村聚落的人口，虽然以农民为主，却不包括农村外出务工人员。同期外出民工人数为16 610万人（另有本地民工10 284万人）。所以按本书口径所指的"农民"比重约为58.5%。

具体地说，两者的关系是：创业是创新的主要载体；农民创业本身就是新鲜事物，就是一种创新。如果放在过去，每个农民守着自己的“一亩三分地”，根本不会有自主创业一说。同时，创新又是创业的基础和手段。如果没有产品的创新、技术的创新、渠道的创新，大多数农民创业项目根本就办不起来。而创新是农民成功创业的可靠保证之一，换句话说如果你没有新的产品、新的技术、新的制高点占领市场乃至垄断市场，要想战胜同行是很困难的。

## 3. 创业与打工孰优孰劣

农民创业的理由之一，是从创业与打工孰优孰劣的对比中得到答案的。

俗话说：“水往低处流，人往高处走。”当一个人觉得自己打工不如创业时，他就会想到尝试自主创业，甚至会千方百计地创造创业条件；当然，如果相反，当创业既累又苦、风险太大还看不到成功的希望时，也会弃它而去。

不用说，创业与打工孰优孰劣这个问题没有统一答案。每个人的性格、年龄、经历、禀赋、优势、家庭环境不一样，所选择的道路就不一样；每个地区、每个社会发展的历史阶段不同，适合创业和打工的环境也会各有侧重甚至截然相反。

有人会说：“我一个农民，除了会种几亩地、养几只鸡鸭外，还能干什么呢？”有人甚至还会叹一口气补充道：“我这辈子就这样喽，唯一的希望就是子女好好读书，将来要靠他们啦！”

如果父母年纪轻轻就抱着这种得过且过的想法，子女会全都看在眼里，这无形中就束缚了他们的思想和手脚。即使他们将来考上了大学，按照现在的形势看就业也不容乐观，无论创业还是就业所需要的创新精神都会大打折扣。

所以说，无论你是否适合创业，是否愿意创业，从子女教育的角度看，也不应该如此消沉。更何况，如果你本身就是一块非常适合创业的料，岂不是因为这样就成了“千古之恨”？正确的观念是：创业与农民身份、年龄大小无关，只要身体健康、适合创业并且又愿意创业，就没有时间的早与晚！

哈兰·山德士创办肯德基品牌的成功就是一例典型的农民创业。山德士1890年出生在美国的一个农庄，6岁那年，他父亲去世了，家庭的经济状况越来越差。所以，他读完小学六年级后就去农场打工了。他一生中换过无数次工作，什么样的脏活累活都干，但总是没“出息”。40岁时他开了家小加油站，看到前来加油的司机们饥肠辘辘的样子，他想：我何不开个小饭馆，让司机们吃上家常菜呢？他这样做原本只是想利用自己的手艺做做“副业”、为加油站招揽生意，没想到却把它做成了举世闻名的炸鸡品牌。

言归正传。总体来看，要判断大环境究竟是适合创业还是打工，主要依据以下方面因素：

## 社会变革

一般来说，当社会处于不断变革、加速发展时，各种机会层出不穷，这时候是个人创业的最好时机。

当然，社会总是不断向前发展的，也就是说，随时随地会伴随着一系列变革。但从历史长河看，发展有快有慢、变革有大有小，有时候甚至会发生剧烈的社会动荡。而每当社会变革从经济领域到政治领域、从个人发展到家庭组合等进入全方位阶段时，就可以把个人创业作为这种变革的一部分来考虑了。

## 思想观念

这里的思想观念，包括创业者个人对创业的看法，也包括整个社会对自主创业的看法。

举例说，如果整个社会(至少在你当地)的思想观念比较开放、市场经济氛围较浓，那么，创业的外部环境就相对宽松，这时候创业就容易取得成功；相反，如果个人和社会都对创业抱有鄙视乃至敌视的态度、处处刁难，做生意就像做贼一样，正当经营也会寸步难行。

### 政策环境

政治环境就是政府对自主创业的相关政策、支持态度。

政府如果能从各个方面，如执照、贷款、税收、产业引导、技术咨询和信息服务等切切实实地支持农民创业，包括积极兴修农村基本设施、全力推进农业产业化经营、积极发展农民专业合作组织等，就会大大降低农民创业的门槛和投资风险，有助于农民创业取得成功。

尤其需要强调的是，政策环境主要不是看唱了多少高调、发了多少文件等浮于表面的东西，而是要看实实在在的努力。

### 法律环境

法律环境就是要政治清明、“一碗水端平”，有完备的法律来保障创业者个人和企业的合法经营权利，在正常的纳税之外没有任何“吃、拿、卡、要”，所有纠纷都可以在法庭上解决。

只有这样，才能让创业者集中精力抓生产、搞经营，而不是精力全都耗费在各种“交际”上。全社会的交际成本高了，再有激情的创业也会变得了无趣味。

## 4. 干得好好的为什么要单干

有些人会说，我上班上得好好的，为什么要自己创业？没错，谁也无权逼着你单干，但确实又有不少人在主动单干，这里谁也不能千篇一律地说可以或不可以，没有调查就没有发言权嘛。

所以说，深入探究一下那些原本在单位里干得好好的，甚至岗位、职位、收入都十分令人羡慕的人为什么要出来自主创业是很有意义的。这些人当中，除了极少数人是一时冲动和盲目外，更多的人确实是在主动追求一种能够更好、更快实现自我价值的新方式。

尤其是许多人长期生活在农村，对家乡的落后面貌刻骨铭心，甚至本身就有过"吃了上顿没下顿"的经历，更会千方百计地通过创业来改变自己的命运和家乡的面貌。在他们看来，普通的上班实现不了这种愿望。尤其是在外面闯荡了几年或上大学后，眼界开阔了，这种心理会越发强烈。周靖人的经历就具有一定代表性。

周靖人祖籍湖南安化县，1975 至 1978 年在家务农。高考制度恢复后他考上了大学，毕业后在家乡一家生产潜望镜和半自动步枪的军工企业工作。由于工作认真负责，专业技术突出，不到 5 年他就成为厂里主管技术的副厂长，并被派往清华大学进修一年。1990 年，他被调到益阳市扭亏增盈工作领导小组工作。

在工作组待了不到两年，他突然提出要调动工作，希望能去广州机械学院做老师，这让市领导和厂领导们大惑不解。其实，周靖人早就有这样的想法。原来，他当时经常有机会去南方和沿海城市出差，越来越认同沿海城市的人生观、价值观以及对生活质量的追求，所以下决心要换种方式实现自我价值。

有了这样的想法后，他就一直在寻找机会，还悄悄地去了一家合资企业应聘，而且轻轻松松就通过了。虽然后来没有去成，但这无疑坚定了他要去南方的信心。后来他去广州机械学院应聘当老师，对方同样只用了半个小时就做出了决定，同意给他办理一切相关手续。

对于周靖人放弃国有企业厂长位置这一做法，许多人觉得不可思议。其实他自己心里也很矛盾，但只要一想到自己每天必须将 80%以上的精力用在与企业经营管理无关的事情上，就觉得简直是在浪费生命。再想到父母辛苦了大半辈子，老了连看病都要事先反复考虑费用能不能报销，自己应该为他们创造更好的生活条件，他辞职的念头就更坚定了。

办完调动手续、正好无所事事的时候，周靖人的一个同学叫他到珠海去帮忙。他这一去就“沦落”为打工仔，也彻底改变了他的人生。

周靖人的这位同学是博士，手里有好几个项目，这时正好有一家合资企业找他做新产品设计，而这正是周靖人的强项。所以，周靖人用了不到10天时间就把这个项目完成了，让中外方负责人都对他刮目相看。董事长更是亲自挽留他，可周靖人还是婉言谢绝了。无奈之下，该企业只好盛情挽留他10天，希望他能把这个项目的批试工作做完了再走。

而就在这时候，周靖人因为突发阑尾炎住进了医院，这家企业给了他无微不至的关怀，不仅承担了全额医药费，还给他发了3个月的工资。面对这样的人情味，周靖人怎能不感动呢？于是，顺理成章的事情发生了：周靖人出院后就正式投身到那家合资企业开始了打工生涯。

这是一家通信设备公司，由于选择的项目不当，投资下去后却没有收益。周靖人刚开始时担任技术员，两个月后就被破格提升为副总经理，后来还当上总经理。但是由于自己的专利没有获得合理回报，他毅然辞去了总经理的职务。

一走出公司大门，就有企业前来聘请他担任副总经理，开出的条件十分优厚——月薪提高一倍，分给一套三室一厅的房子，并且承诺把周靖人全家的户口调到珠海，个人的技术入股占30%。

新公司于1993年2月起开始运作，半年后销售额就达到90万元，回款60万。为什么会取得这么大的成就呢？周靖人的策略是，他从自己的股份中拿出18%分给销售推广部门和技术部门，这样就自然形成了一个凝聚力、战斗力特别强的团队。

利益共享的团队是最稳定、最有战斗力的。虽然他的股权在不断减少，但是却换来了整个企业的蒸蒸日上。然而，再次令周靖人失望的是，房子并没有办理产权，家人的户口也没能调入，原先承诺的30%股份也被董事会单方面减到了15%。他再次选择了离开，股权不要了，自己的专利也不要了。

吃一堑，长一智。1993年11月28日，周靖人和妹妹周曙光在珠海乡下的一个村子里租了间民房，用自己的两万元加上借来的一万元钱，创办了真正属于自己的家族企业——威尔发展有限公司，他自任董事长。从此，威尔开始了滚雪球式的扩张发展。

这家后来名为广东威尔医学科技股份有限公司的企业，专业生产和研发高端数字化医疗器械，2000年整体改制为股份有限公司，2004年在深圳证券交易所成功上市，当时的股票简称叫“威尔科技”（现在已改名为“世荣兆业”），股票代码002016。

现在的周靖人拥有10多家控股公司，通过自主创业实现了自己的人生价值，再也没有人说“看不懂”了。

有人问他：“白手起家创业难吗？”他笑笑说：“企业发展最重要的因素是选好项目，并建立客户、经销商、员工、企业的利益共同体。谁把利益共同体建好了，谁就有希望发展并且壮大。”①说得多好！

## 5. 吃得苦中苦，能做人上人

历代国人都有一种“出人头地”的潜意识，某种程度上说，这种思想在农民身上体现得尤为突出。

有道是：“吃得苦中苦，方为人上人。”在各种各样的身份中，谁最能吃苦？无疑是农民。城里最苦、最脏、最累的活哪项不是农民工干的？所以单凭这一点，就可以说农民是最适合创业的。

一方面，自主创业、“自找苦吃”是实现这种“出人头地”愿望的主要途径之一。如果只是按部就班地上下班，通常只会落得一个“吃不饱也饿不死”的现状，古今中外皆是如此。另一方面，任何人如果以后要计划自主创业，首先要做的工作就是准备吃苦——如果你吃不了苦，就表明不适合创业；如果你能吃苦，某种意义上说，

① 郑为、老菜：《周靖人：善待有缘人》，载《智囊》2002年第4期。

你就是一块适合创业的料。

1998年6月，代建国到北京的时候身上只剩下十几块钱。首先要解决吃饭问题，为此他天天穿梭在劳务市场和各中介公司之间找工作。几经周折，他终于在6月21日找到了自己的第一份工作——保洁公司业务员。

按照规定，他的月工资是200元。这点钱对于一个“漂”在北京的人来说实在少得可怜，于是他向老板请求，希望能加上每天的伙食费，如果自己在一个月内跑不到业务，伙食费将如数退还。在这样的许诺下，老板破例给了他一个月300元的工资。

从此以后，代建国每天起早摸黑地前往各公司、办公楼、宾馆，费尽口舌，还经常遭受别人的白眼。但是这些困难都没有吓倒代建国，反而更加激起他那高昂的斗志。每天他都冒着高温、顶着烈日奔波于北京街头，晚上就随便找个角落铺上报纸睡一觉，一连几天用冷馒头就着自来水充饥。

功夫不负有心人。20多天后，他终于在文联宾馆接到了第一笔业务。虽然业务并不大，但是给他带来的鼓舞可不小，而且树立了他对从事保洁工作的坚定信心。

一分耕耘一分收获。代建国不辞辛苦地奔波，找到的客户也越来越多，所做的业务越来越大。这时候，打工者的弱势地位就表露无遗了——老板常常用一种怀疑的眼光看他，并且通过各种强制手段要求他干额外的工作。在这样的刺激下，他萌生了自己创业的念头。

在几位同事的竭力支持下，代建国终于开始了自己的创业历程，豪友保洁公司就这样成立了。

和代建国不同的是，李世民所吃的创业之苦仿佛更是自找的。1994年，李世民在北京海淀走读大学毕业后，本来是要回老家山东的一所中学教书的。可是，过惯了自由生活的他实在不愿意受“朝九晚五”的约束，便对家人撒了个谎，说北京有一家大型装饰公司决定聘用他，并且可以提供非常优厚的条件，所以他决定留在北京。

可是，撒谎容易圆谎难。接下来该怎么办呢？这个与唐太宗同名同姓的年轻人说干就干，向朋友东挪西借，用5万元做本钱，成立了北京宏林装饰公司，自任总经理。

可是，这时候的李世民对装修依然是一窍不通，“学习、学习、再学习”就成了当务之急。没有人教他怎么做，他就自己开始摸索起来，从北太平庄到通县（现在的通州区），这样漫长的路他不知走了多少回。这些区域作为北京最大的装饰材料集中地，里面的材料流通代表着北京装饰材料市场的底价。他就这样不停地走、不停地看，一边看一边做记录，慢慢地就胸有成竹了，为以后搞装修打下了坚实基础。

很快，李世民就再也不是“北漂”一族了，他拥有了四家连锁店，每年的纯利润超过30万元。[①]

不用说，社会上比代建国和李世民更加勤奋、更加成功的农民创业者比比皆是。他们的成功经历表明，从事创业的准备不能只是纸上谈兵，而要有实实在在的行动。不管你的开头怎么样，只要刻苦勤奋，就会一步步打下坚实的基础。

除此以外，要记住以下几点：

## 绕开陷阱

商场如战场，要钱不要命的事每天都在大量发生，各种各样的陷阱随时随地等着你，所以一定要学会绕开陷阱。

对于一无所知的农民创业者来说，知识不懂可以学，但在具体涉及资金投入时，一定要谨慎从事，避免上当受骗。

尤其是要认真考察具体项目的赢利方式，而不是只凭一个时髦概念就盲目投资。特别是不要听信别人说什么赚钱就干什么，这样投资的风险显而易见。

---

① 颜文智：《在商海中浮沉的小老板们》，创业联盟网，2005年4月30日。

## 一个好汉三个帮

农民创业往往缺乏“靠山”，所以要特别注重借助有力者给你撑腰。当然，在此之前你必须具有一定的实力。这种实力可以是资金、技术，也可以是信用或其他优势。有了这样的实力，你和别人谈判才会有底气，别人也才会相信你。市场经济不相信眼泪。如果你什么实力也没有，那就只能给人打工赚取微薄的工钱了。

## 珍惜时间，先人一步

即使是“吃得苦中苦”，对“吃苦”也是有讲究的，绝不是为了吃苦而吃苦。也就是说，这种“吃苦”的目的是为了将来“不吃苦”，是一种必要的付出。为此，当然就需要尽量降低成本付出（缩短“吃苦”时间）了。

而要做到这一点，最重要的是科学支配时间。时间管理专家认为，每一位创业者和希望取得成功的管理者，都可以定期对照下面这张测试表来进行自我检讨与自我改进：

（1）是否有一套明确的长、中、短期目标？

（2）是否了解自己下个星期要做的工作？

（3）是否在每天开始之前就制订了当天的工作计划？

（4）是否以事情的重要性而非紧迫性作为处理事务的依据？

（5）是否把注意力集中于目标而非程序，是否以绩效而非活动量作为自我考核的依据？

（6）是否在效率高的时段内做最重要的事？

（7）是否每天能为达成长、中、短期目标做某些事？

（8）是否每天都保留少量的时间做计划，并思考与工作有关的问题？

（9）是否善于利用上下班时间？

(10)是否故意减少中午的食量,以免下午打瞌睡?

(11)是否对自己的作息时间做宽松的安排,以便有时间处理一些突发事件?

(12)是否尽量把工作交给别人处理?

(13)是否将具有挑战性的工作以及例行性工作都交给别人处理?

(14)是否根据权责相称的原则进行授权?

(15)是否一味阻止别人把感到困难或不耐烦的工作授权给其他人?

(16)是否有效利用员工的力量而又不浪费员工的时间?

(17)是否有适当的措施防止一些无用的资料及刊物摆放在办公桌上并且占用时间?

(18)是否善于用电话或亲力亲为去处理事情,只在无可奈何时才利用书面形式沟通?

(19)是否在下班以后对工作置之不理(除非万不得已)?

(20)是否主张宁可提早上班也不延迟下班?

(21)是否迫使自己迅速做出一些微小的决策?

(22)是否在得到关键性资料的第一时间就作出决策?

(23)是否经常对具有循环性的危机保持警觉,并提前采取遏止行动?

(24)是否经常为自己及别人规定完成工作的时限?

(25)是否会推却毫无益处的经常性工作或例行性活动?

(26)是否在口袋中或手提包中携带一些物件,以便利用空余时间处理问题?

(27)是否懂得并运用“80/20 原理”(即只掌握 20%的重要问题,而不受 80%的不重要问题所羁绊)?

(28)是否能真正控制自己的时间(即我的行动完全取决于自己,而不是环境或他人)?

(29)是否试图对每一种文件只作一次性处理?

(30)是否积极地设法避免妨碍工作的常见干扰?

(31)是否尝试面对现实思考现在要做的事情,而不总是缅怀过去或担心未来?

(32)是否将时间的货币价值铭记心中?

(33)是否腾出一些时间为员工提供培训?

(34)是否尽量将电话集中在一起拨打,打电话之前是否先准备好有关资料?

(35)是否拥有一套处置各类文件的系统?

(36)是否有时采取“闭关”方式专心处理自己的工作?

(37)是否每天工作完成后都会扪心自问:哪些工作无法按计划完成、原因何在、补救措施是什么?

(38)是否在筹备会议之前就已经考虑过取代会议的各种可行性?

(39)是否在开会时通过有效途径提高会议的效率与效能?

(40)是否定期检查自己的时间支配方式,以确定有无重蹈以往的各种时间陷阱?

### 要有百折不挠的韧性

创业初期谁都会碰到这样那样的困难,所以,创业之初千万不要对自己抱有太高的期望,不要制定太高的赢利目标;否则,希望越大失望也会越大。

最要紧的是胜不骄、败不馁,及时总结经验教训,在哪里摔倒就在哪里爬起来,权当是在学习。这样,你的事业才会一步一步发展壮大。

## 6. “工”字不出头,老板才自由

农民创业的最大理由是追求自由。这种自由主要表现在时间支配、资金使用上。

俗话说:“‘工’字不出头,老板才自由。”意思是说,如果你在别人手下打工，哪怕有再多的薪水、再高的职位，总会给人一种寄人篱下的感觉，说不定哪天就被老板炒了鱿鱼。要想通过打工进入上流社会，更是比登天还难。可是，如果你拥有一家自己的企业，哪怕是再小的企业，譬如一家小卖部、理发店或干脆只是个修车铺，都会自由自在得多。

从农民创业的过程看，老板的自由不仅在于奋斗的结果，还在于其奋斗的过程。正如归国创业的留美博士、速达软件集团创始人岑安滨所说："把一个公司从小弄到大，就像看着自己的孩子从牙牙学语、蹒跚学步到上学成长。那种感觉是按部就班坐办公室无法比拟的。更何况，创业成功了还会带来个人财富的飞速增长，这种感觉非常妙！"[①]

## 善于把特长变成机会

每个人都有自己的特长，把特长变成创业机会既简单，又容易取得成功，容易成为"自由人"。

张彦辉是南京市溧水区的一个普通农家子弟，因为从小对绘画感兴趣，所以 1995 年高中毕业后就立志报考南京艺术学院油画专业。由于报考人数多，而当年该专业在全国只招 10 名学生，所以虽然他功底不错，结果还是落选了。

他一连考了 3 年，终于在 1997 年以专业课第二名的好成绩考取了该专业。没想到，上学后每年 4 000 元的学费难倒了他。他发现勤工俭学对他来说见效太慢，于是决定提前创业，自己解决自己的学费。

可他身上只有 50 元"启动资金"，这又能从事什么项目呢？他想到自己一共经历了 3 次美术专业考试，所以不仅美术基本功扎实，而且还积累了一整套美术专业考试技巧，何不把这些考试经验作为资本，开一个美术专业考前培训班呢？

---

① 陈道：《创业的感觉刺激美妙》，载《羊城晚报》，2001 年 6 月 26 日。

说干就干。1998 年暑假，张彦辉手持学校的介绍信回到家乡，找教室、印广告、发传单，一个 30 名学生规模的美术考前培训班就这样开课了。每人收费 200 元，去掉房租、水电、人工费后，一次可以净赚 500 元。

初次创业的成功增强了张彦辉的信心。秋季开学后，他继续在南京艺术学院附近开办这样的培训班。

由于这类培训班当时在城里还是一种新创举，美术考生对此有需要，而又没有同行竞争，所以招生情况非常不错，甚至还吸引了当年和张彦辉一起落榜的考生前来报名参加培训。

4 年下来，张彦辉一共培训了 1 100 多名学生。他不仅彻底解决了上大学的学费问题，而且还把它作为自己大学毕业后所从事的职业。

张彦辉在赚钱的同时，始终没忘自己是农家苦孩子出身，对家庭困难的学生特别照顾，4 年间他为贫困生减免学费 6 万多元。毕业后他仍然以此为业，在自主创业的同时充分发挥了自己的所学专长，工作和生活如鱼得水，比循规蹈矩地上班自由多了。

## 恰当的外部环境很重要

哲学告诉我们：内因是变化的根据，外因是变化的条件。如果说个人特长是内因，那么还需要合适的外部环境这个外因来起作用，这就是所谓的“时势造英雄”。某个时代的英雄离开了这样的时代背景，就可能什么都不是。

李铁大学毕业后被分配到国家机关，成为一名令人羡慕的公务员。邓小平南方讲话发表之后，他觉得实现自己财富梦想的机会来了，于是毅然决定下海。

全家人都觉得他是这方面的料，所以给了他一万元，让他成立公司，出售自己研制的游戏卡。他果然不负众望，到 1995 年时便已经赚到 100 多万。

这时候，我国的股票市场刚刚启动不久。对商业运作和时代气息天性敏感的李铁认准股票是一种新生事物，是社会经济的晴雨表。所以，在1995年7月，当其他人还在观望的时候，25岁的他就带着100万元从陕西宝鸡飞往深圳。

去深圳干什么呢？当然是希望能找到从股市中赚钱的规律。没想到却缴了30万元"学费"。"学费"当然是不会白缴的，李铁从中悟出了反映大资金进出情况的"金脑指数"，这成为他日后出奇制胜的法宝。

1996年春节前后，他一口气买进的"深发展"、"四川长虹"、"东大阿派"、"深科技"等股票开始全面上扬，其他人见好就收了，可是李铁不但没有退出，反而继续买入。由于机遇掌握得好，股票价格一路上扬，直到他松手为止。就这样，在短短两年间，李铁的100万资金变成了一个亿，他成为深圳最年轻的亿万富翁。

1996年11月，李铁除了"东大阿派"和"武凤凰"以外全线退出。结果奇迹出现了，他抛出的股票全面下挫，唯独这两只股票涨幅巨大。由于他对时机的准确把握，他的个人财富超过了3亿！[①] 而这时候，他离开家乡才4年，当年他29岁。

谈到自己的成功，李铁说，他天生对挣钱有一种敏感，能够较好地把握每一次递进财富、递进人生的机遇，恰好又遇到了这样好的时代背景。所谓机遇大多是悄然而至的，你必须有火眼金睛才能发现真正的机遇在哪里。

## 7. 老板是财富的同义词

农民创业的理由之三，就是快速积累财富，至少是有这种可能，这和平常人们对"创业"、"老板"的理解是一致的。

要知道，老板一年的收入有可能超过给人打工一辈子的总收入。虽然这只是一种可能，可是这种诱惑是致命的，愿意为此赴汤

① 《年轻人的创业真经》，载《韶关日报》，2006年6月6日。

蹈火的大有人在。尤其是华人企业有一个明显特点，就是企业家的名气比企业更大。

例如，成年人一般都知道有一个李嘉诚，但很少有人知道李嘉诚究竟是干什么的。在各种各样的企业排行榜中，华人企业家的地位要远远高于华人企业的排名。为什么？就是因为这些老板有钱。经济基础决定上层建筑嘛，经济实力雄厚了，老板们的社会地位就高人一等；因为有钱，老板们不仅可以吃香的、喝辣的，而且有足够的经济实力施善、壮大事业，这使得他们赢得更多人的尊敬。

虽然现实生活中并不是所有老板都有钱，许多人或许还欠着一屁股债，或者，虽然有钱却无比吝啬……但这并不妨碍它成为财富的同义语。

这方面最典型的代表是美国本顿维尔小镇上的沃尔顿家族。这个小镇只有 2.5 万人口，还没有我国大中城市的一个住宅小区人口多，可是这里因为有沃尔顿家族创办的沃尔玛总部，所以吸引着来自全球的各大零售商、承包商、推销员。2013 年，沃尔玛以年销售收入 4 691.6 亿美元的业绩名列财富全球 500 强企业第二位。① 而在此之前的 10 多年间，沃尔玛在大多数年份都是位居榜首的！

可是要知道，在 50 多年前，沃尔玛还只是该镇上的一家“夫妻店”。原来，第二次世界大战结束后，山姆·沃尔顿从部队退伍回乡了。可是他并没有等着政府来安置退伍军人，而是向岳父借了两万元钱做本钱，租了几间房子，开了家小店，就这样正式开始了创业。

他的优势在哪里呢？主要是薄利多销，尤其是专门出售那些 5 分至 1 毛钱的小商品，填补市场空白。由于他们夫妻待人和善，附近的住户都愿意光顾他们的小店，他们的收入不错。房东眼红

---

① 《世界 500 强：〈财富〉全球最大五百家公司排名》，北方网，2013 年 7 月 9 日。

了，趁机找借口收回了店面。

1950年，他们不得不迁居人口一万人的本顿维尔小镇重操旧业，开了家新店。没想到，到1962年时，这家小店已经扩大到了15家连锁店。于是，他们在当年又正式创办了一家完全属于自己的商店，这就是沃尔玛。

到1964年，沃尔玛已经拥有5家连锁店，到1992年山姆·沃尔顿去世时，分店网络已经扩大到1 735家，年销售额高达438亿美元，成为美国最大的商业帝国，沃尔顿家族也因此成为美国最富有的家族。

在2013年胡润评选的世界富豪排行榜中，截至2013年1月17日，排名第一的是墨西哥的卡洛斯·斯利姆·埃卢家族，660亿美元；第二位是沃伦·巴菲特，580亿美元；第四位是比尔·盖茨，540亿美元。而第12至第15位（实际上是并列第11位和第13位）全都由沃尔顿家族（山姆·沃尔顿的几个孩子）垄断了，4人的财富分别是一个290亿美元、3个285亿美元，合计1 145亿美元，相当于全球首富的两倍，同样也超过了比尔·盖茨和巴菲特两人的总和！[①] 如果与全球各国2011年的GDP排名进行对比，4人的财富超过了125个国家和地区。所以，说他们富可敌国一点也不为过。

不用说，当年的山姆·沃尔顿退伍回乡后如果不是选择自主创业，而是替人打工，或者在遭遇挫折后偃旗息鼓，而不是东山再起，就绝不可能创造出今天这样的财富神话来。

也难怪美国《财富》杂志会如此评论沃尔顿家族："忘了盖茨和巴菲特吧，在美国，真正对美国经济和社会有影响力的是沃尔顿家族。"[②]

---

① 《拉美骄傲：斯利姆财富增加700亿元人民币，成为世界首富》，搜狐财经，2013年2月28日。

② 刘建辉：《沃尔顿家族：登上王座的夫妻店》，载《英才》，2007年10月17日。

沃尔玛自从 1996 年在我国深圳建立第一家中国分店后，截至 2013 年 2 月 28 日，它在我国的 150 多个城市已拥有 390 多家分店，员工近 10 万人（在全球 27 个国家的分店总数达10 700多家，2012 年销售额为 4 660 亿美元，员工总数超过 220 万）。[①]

## 8. 王侯将相，宁有种乎

农民创业的理由之四是不甘心接受命运的安排，不想“这辈子就这样算了”，而是要做一番“抗争”，来挖掘自己的潜能，改变自己的命运。

事实上，农民虽然生活在农村，可是只要从自己的专长出发，同样可以取得辉煌的成就。“无农不稳、无工不富、无商不活”，生活安定下来的农民最渴求的当然就是“富”和“活”了。

在上海最繁华的南京东路上，有一座名为金机大厦的现代商城，里面的不少老板都是来自江苏兴化张郭镇的农民。在北京最繁华的前门商业街上，80%的商场、商店老板都是张郭人。别看张郭镇只是一个小小的苏北小镇，它十多年前就至少有 4 000 名精明能干的农民经理在国内大中城市成功闯荡，年纯收入在两亿元以上。

这些农民老板致富后没有忘记反哺家乡，纷纷返乡投资办起了 500 多家民营企业，有 300 多户人家住上了豪华别墅，成为远近闻名的“老板之乡”。[②] 如果不是自主创业，他们很可能一辈子都过着“面朝黄土背朝天”的贫苦生活。

在山东枣庄市，张宝平可是一个响当当的人物。从过去的泥腿子到现在的大老板，正是张宝平不服“命运”对自己的安排，努力抗争取得的成果。

---

① 《沃尔玛中国简介》，沃尔玛（中国）投资有限公司网，2013 年 5 月 9 日。

② 邵小华：《四千“泥腿子”外出闯市场，江苏有个“老板之乡”》，载《扬子晚报》，2001 年 6 月 25 日。

张宝平的父亲去世时留下3个孩子。当时22岁的张宝平不得不挑起生活的重担,给龙阳供销社拉油。“排车一拉,8毛进家”。为了多挣钱,他每天要在龙阳镇到县城的公路上跑4个来回。

1983年,张宝平东借西贷买了辆大卡车跑运输。由于他吃苦耐劳、办事公道,业务渐渐多起来。很快,一辆汽车忙不过来了,他于是咬紧牙关靠贷款一下子买了5辆卡车。

1995年,张宝平风尘仆仆地赶到河南驻马店、漯河等地,了解到当时的三轮车制造业刚刚起步,市场前景十分广阔。联想到家乡大部分人想致富却缺门路,农闲时节多是靠着墙根侃大山,他果断说服家人卖掉6辆大卡车,同时在滕州市工商局个体协会基金会贷款20多万元,在自家院里办起了三轮车厂。

有规模才有效益,张宝平深深懂得这个道理。紧接着,他又征得村里的同意,租了5亩地、投资80万元建起了车房,购置了设备,并且请来经验丰富的工程师做技术指导。1996年1月,鲁南地区第一家上规模的人力三轮车厂就这样正式投产了,这就是现在的鲁峰车辆制造有限公司。在接下来的几年中,该企业一共研制开发了20多种新产品,保持年产8 000多辆无积压的纪录,并且在全国各地设立了20多个销售点。

后来张宝平看到轮胎市场前景不错,又与南京长天机械有限公司合资兴建了吉路尔橡胶有限责任公司,一期工程投资800多万元,征地48亩,高薪聘请了10名工程师,并且通过考试培训从社会上招收了163名职工,企业很快就进入了正常生产轨道。

现在这家名叫山东吉路尔轮胎有限公司的企业,集开发、研制、生产、销售自行车轮胎、电动车轮胎、摩托车轮胎、天然胶、丁基胶内胎为一体,年生产能力为自行车轮胎2 100万套、电动车轮胎1 800万套、摩托车轮胎500万套、天然胶内胎3 100万套、丁基胶内胎1 500万套,成为中国著名品牌。该企业的NBAS混炼法纳米材料应用技术在2005年就填补了国内空白。

不用说,像张宝平这样自己先富起来,然后带动周围农民兄弟一起富裕的事例又何止成千上万!

也许有人会说:"他们这些人是运气好!"其实不然。

要知道,我国总人口中农民占60%左右。在自主创业之路上,农民同样"有胳膊有腿",一点都不比城里人差。现在进城打工的农民工,世俗眼光还有些看不起他们,可城市在我国的发展历史又有多少年呢?上溯一代二代三四代,又有多少中国人是"城里人"呢?更不用说由于农民特别勤劳、更具动手能力,在某些领域的创业成功率会更高。

说到这里,给大家讲个寓言故事吧。

从前,有位穷青年总是抱怨自己穷、找不到发财的路子。有一天,他终于鼓足勇气敲开了一位大富翁家的门。

"你一定是来向我请教怎样发家致富的吧?"一进门这位穷青年还没开口,大富翁就先问了。

"您是怎么知道的?"穷青年暗暗吃惊。

"因为在你之前,已经有很多自以为一无所有的人来找过我了。来的时候,他们确实贫困潦倒而且满腹牢骚,但是走的时候俨然个个成了富翁。你也具有如此丰厚的财富,为什么还抱怨呢?"

"它到底在哪儿呀?"穷青年迫不及待地问。

"你的一双眼睛。只要你把它们挖给我,我可以用一袋黄金作为补偿。"

"不,我不能失去眼睛!"穷青年大声嚷着。

"好,那么把你的一双手剁给我吧!这样我可以把你想要的东西全部送给你。"

"不,这双手也坚决不能失去!"穷青年简直要咆哮起来。

"的确是这样。一个人有了眼睛就可以学习,有了双手就可以劳动。现在你知道了吧,你有多么丰厚的财富啊,简直是'金不换'!这也就是我所谓的致富秘诀。"大富翁微笑着说。

穷青年听了如梦初醒,谢过富翁后底气十足地回去了。他觉得自己也成为大富翁了,因为他明白了自己同样拥有致富本钱。

日常生活中,有许多人不是抱怨命运对自己不公、恨自己没有出生在有钱人家里，就是抱怨别人“有眼不识泰山”，没有提拔重用自己，唯独没有想过如何依靠自己的聪明才智改变命运。

如果你现在除了聪明的头脑、澎湃的激情、充沛的精力就一无所有，内心深处却渴望成功、渴望创一番自己的事业，那么为什么还要迎着别人鄙视的目光唉声叹气地打工，而不是勇敢地踏上创业之路呢？王侯将相，宁有种乎！

## 9. 自己掌握自己的命运

接着上面的话题，农民创业的理由之五，就是要自己掌握自己的命运。既然不肯屈服于命运的安排，那么只能靠自己了。

通常认为，命运这东西信则有、不信则无。但从现实中看，多数人还是信这个的，他们常常挂在嘴边的一句话是“命中注定”或“命该如此”。可是，即使有所谓的“命运”，可谁都希望能掌握在自己手里，而自主创业就是真正掌握自己命运的途径。

感谢市场经济为农民选择自主创业或外出打工提供了最好的机遇。要是放在“人民公社”时期，这是不敢想象的。

通过自主创业来掌握自己的命运，有以下建议供参考：

### 设计成才规划

每个人都想成才、成大才，但最终能否如愿以偿，离不开科学合理的成才规划。不用说，需要成才规划设计的多是年轻人，而年轻人因为阅历少，往往不容易看清未来的发展方向。所以，这时候能否找到一位好的人生导师就显得非常重要。

古人说“读万卷书，不如行万里路”，现代人在后面又增加了这样两句：行万里路，不如阅人无数；阅人无数，不如名师指路。不管这有没有道理，但对法国的罗曼·罗兰来说确实是这样的。

罗曼·罗兰22岁时觉得自己富有文学艺术素养，希望能选择文学作为自己的事业。可是周围的许多人都表示不解，他们问："文学能有什么用呢？"为此，罗曼·罗兰决定给素不相识的俄国文学大师托尔斯泰写信，寻求指点。他本来是抱着一种试试看的想法，没想到几个星期后真的收到了托尔斯泰长达38页的亲笔回信。在信中，60岁的托尔斯泰向这位素未谋面的异国青年畅谈了选择个人道路的原则，从而使得罗曼·罗兰下定决心终身从事文学事业。最后，他终于成为世界著名作家，并获诺贝尔文学奖。[①]

由此可见，找对人生导师对一个人的成才有多重要。具体到农民创业来说，在你犹豫不决的时候不妨也向一些名家、成功人士请教一下，从中得到的指导常常会让你有"听君一席话，胜读十年书"的感觉。

## 学会"心灵解套"

上面的例子说明，年轻人向杰出人士请教是否适合创业，是一种检验自身决定正确与否的有效方式。换句话说，这时候要学会"心灵解套"。因为年轻人的可塑性强，有许多潜能往往会被自己以各种理由忽略或否定掉。

所谓"心灵之套"，是指一个人事实上能够干好这项工作，可是自己却总认为"不行"。这样的"心灵之套"并非谦虚之词，而是自己对自己的蔑视，是成功路上的一大障碍。

那么，什么时候需要这种"心灵解套"呢？换句话说，就是什么时候需要设计成才规划呢？一般来说，从人的一生看，以下四个时期最需要：

第一个时期是14～22岁

在这个阶段，每个人都承担着学生与求职者的双重角色。主要考虑的问题应当是"我是谁"、"我能做什么"，因为此时不仅缺乏

① 《托尔斯泰给罗曼·罗兰的长信》，载《世界文化》，1983年第3期。

社会经验,同样也缺乏自信。

第二个时期是22～28岁

这个阶段已经参加工作,并且正在逐步熟悉并适应企业文化,建立起了初步的人际关系网。在此基础上重新进行人生规划,需要衡量的是所在企业提供的工作环境、职业种类、待遇等与自己的“职业梦想”是否相匹配,眼前的工作是否就是你的“梦中情人”。因为此时已经有了一定的社会经验,所以这时候有必要与个人的发展目标相比对。

第三个时期是28～35岁

这是个人职业发展的一个重要阶段。这时候的个人已经积累了比较丰富的实践经验,提升或进入其他职业领域也已具备一定的基础。如果你有“这么多年我为什么一事无成”的想法,就表明有了重新进行职业生涯规划的必要。

第四个时期是35～45岁

这时期的人生规划主要是考虑以后的路该怎么走:是继续从事原来的工作,还是个人创业成为管理者、咨询顾问,或者投入另一个陌生领域?

由于很多人这时候要兼顾事业和家庭,所以反而容易出现职业生涯危机,无法真正看清自己的成功方向。

## 正确认识自我

正确认识自我,在这里就是你究竟是否适合创业,一定要建立在正确的自我判断基础之上,理智、客观地审视目前的工作和心理状态。把自己的优点、缺点、性格与职业的匹配与不匹配之处如实地摆上桌面,理性分析产生职业困惑的原因。当然,要做到这一点很不容易,这就需要看书和征求别人意见了。

在此基础上,接下来要做的就是:调整心态;分析优缺点,扬长避短;确定自己需要的究竟是什么;选择适合自己的创业之路。

## 10. 以创业成功带动其他成功

农民创业的理由之六，是希望以创业的成功来带动其他方面的成功。其他方面的成功往往都要用钱，而只有创业的成功能够给你带来足够多的钱，所以这两者之间就这样有机组合在一起了。

不可否认，追求成功是绝大多数人的迫切心愿，当然，这种成功并非一定是指创业的成功。但显而易见，如果创业成功了，则更容易带动其他方面的成功，包括做人、做事等方面，能够帮助你积累财富、拓展人脉，实现其他方面的个人理想。

即使单从心态方面来看，你在创业方面的积极心态也会带动创业及其他事业的成功。正如美国著名人际学家拿破仑·希尔所说："人与人之间只有很小的差别，但是这种很小的差别却往往会造成巨大的差异。这很小的差别就是所具备的心态是积极的还是消极的，巨大的差异则是成功与失败。"[①]好好地领悟这句话，便会知道自己该怎么做。

可是，长期以来根深蒂固的"单位"概念，使得太多的人不敢创业，乃至惧怕失业和跳槽，似乎忘了"靠山山要倒，靠水水要漂"的古训。长期在一个点头哈腰的环境中工作，纵然你是才高八斗，也没机会让人刮目相看。成功是干出来的，不是熬出来的。流水不腐，户枢不蠹。塞翁失马，焉知非福？谁能断定今天的失业、下岗、跳槽不会成为你鲤鱼跳龙门的契机呢？

1995 年黄炳权失业后，就在短短的几年中先是开饭店然后是用坛坛罐罐泡酒，产值每年都要翻一番，最终扩展成了年销售超亿元的经营规模，成为广西的知名企业。

他在创业时深知那些失业人员的艰难处境，所以在企业招聘

---

① 鲁先圣：《人与人之间只有很小的差别》，载《幸福（悦读）》2011 年第 3 期。

时特别照顾失业者,在当时150多个招聘名额中拿出了2/3的比重给他们。他说:“这不是怜悯,而是觉得这些人更懂得珍惜机会,更有责任感。不用这样的人我用谁呢?”

接下来,黄炳权还聘请了四位原来在国有企业担任副厂长的失业人员。为什么只用人家的副厂长而不要正厂长呢?实际上这就和社会上的某种观念有关。有人认为,国有企业的正职是“买”来的,而副职是干出来的。虽然这种观念颇有一点“洪洞县里无好人”之嫌,但也并非没有道理。

黄炳权懂得办企业关键要有过硬的产品。所以十多年来,他无论是开饭店还是办东园家酒厂,都在保证质量上下苦功。他的仓库里摆满数千口容量达1 000升的大缸,里面浸泡着东园酒的原料——数十种动植物。光这些原料的价值就超过一亿元。

产品质量是靠管理质量来保证的。每天下班以前,各个车间班组都要进行生产质量讲评;每个月末,所有员工都要分车间互相评定当月的工作,以确定本月的工作业绩。如果连续出现倒数第一,对不起,只能请你另投他处了。

失业下岗、自我创业的经历使得黄炳权养成了一种稳重的性格,这种不温不火的性格导致他的企业拒绝爆炒,这又反过来避免了昙花一现的悲剧。一些银行行长不止一次地要给黄炳权贷款,这对有些人来说是求之不得的,可是黄炳权却总是拒之门外。他认为,不贷款逢年过节就不用给行长送礼,对方老婆生病、小孩入学也与你无关。其超脱的性情可见一斑。

企业壮大以后,黄炳权的酒厂仍然叫“酒厂”而没有升格为“集团”、“总公司”之类。他认为,这样做的好处是:在和客户交易时,不会被讥笑为“这么大的一个集团还斤斤计较”。

股份制改造现在非常流行,可是黄炳权并不动心,多次借故推掉领导劝他兼并县里别的酒厂的美意。有个房地产商提出用一亿元购买他20%的股份,他没答应,只是答应让对方做代理商。一个韩国大老板来厂里考察后提出要斥巨资参股,黄炳权也婉言谢绝了,他说:“我自己的钱够用了。”

所有这些，看起来似乎与企业家的开拓精神有些不符，这位韩国老板对黄炳权推却送上门来的意外之财同样感到不解。不理解就让他不理解去吧，在黄柄权看来，办企业首先得讲一个“稳”字，不然就可能会栽大跟头。

现在，黄炳权的广西合浦县东园家酒厂已经拥有保健酒生产基地、生态种植养殖园、宾馆饭店、东园珠宝公司四个实体，员工600多人。值得一提的是，这么大的一个产业硬是一无政府拨款、二无银行贷款、三无股民集资、四无特殊优惠政策，完全是靠自己的能力滚动发展起来的。

黄炳权能够做到的，你或许同样能做到。选择一个投资不多、风险不大的行业做起，稳步推进，走向成功。这时候你就会感到，离开了原来的饭碗甚至被老板开除了，并不一定会走投无路，因为你可以自主创业呀！

创业成功了，有了钱，你就可以想干什么干什么，如在家乡造桥铺路、捐建希望小学，或是给村里的贫困老人发福利等。这样，又会带动其他方面的成功，圆你过去不敢做的梦。而如果一直给人打工，恐怕就很难有实力办到这一切。

## 11. 身价10万的时候最想钱

农民创业的理由之七是从平均资金实力看，目前我国农民正处在“最想钱”、最具相应创业基础，也是创业相对容易取得成功的时候。

农民创业离不开资金投入，虽然人人知道小微企业要想从银行获得贷款难度很大，可是总体上看我国民间并不缺钱，缺钱的可能只是你。

资料表明，我国2013年年末的居民个人储蓄存款高达46.1万亿元,比上年增长13.6%。[①] 而我国民间借贷的资金总量至少在两万亿至4万亿元之间,[②]这还不包括大量“藏富于民间”的资金。如果再包括企业存款、社会团体存款,民间资本规模极其庞大。

以上分析说明一个道理:从宏观上看,我国的资金供应完全有能力保证民营企业的发展需要。社会上普遍认为资金紧张的关键在于融资渠道不畅,这些供应量充足的资金无法以最小的阻力流动到创业者手中去;如果这个渠道疏通了,将会有力地推动农民创业蓬勃发展,并最终加速推动我国的城镇化建设。

内地首富刘永好早在2001年时就感慨道,当一个人拥有10万元家产的时候对财富的渴求最强烈,钱对他的重要性也会达到顶峰。当他的口袋里装着1 000万的时候,他的感觉是要什么有什么,这个阶段的人最容易丧失进取动力。而当一个人的财富增加到10亿元的时候,他会觉得自己口袋里只有1亿元,其他的9亿元都和自己没什么关系。[③]

而据2013年4月《福布斯》杂志发布的华人富豪排行榜,2013年刘永好的净资产为38亿美元,约合人民币230亿元。[④] 难怪他要说再多的钱在他眼里也只是一种符号了。

从刘永好的经验中可以看出,人在拥有10万元的时候最想钱,而即使对于比较困难的农民家庭来说,要凑出10万元资金也并非不可能。所以,现在的农民创业相对容易付诸行动。

例如,眼看自己所在的服装厂效益越来越差,44岁的张丽勤就萌生了自己当老板的心思。2001年6月,她在上海市首届开业

---

① 李婧暄:《央行:探索发行面向企业和个人的“大额存单”》,搜狐网,2014年2月10日。

② 中国信息协会民营企业分会研究室:《打通民间资本与民营经济之间的“内循环”》,载《中国民营经济发展参考》2013年第3期。

③ 潘田:《内地首富刘永好谈“心路历程”:拥有10万时最想钱》,载《新闻晨报》,2001年11月12日。

④ 李臣:《2013华人富豪榜:四川首富刘永好排名45位》,载《华西都市报》,2013年4月16日。

项目招标会上看中了贺丰豆业连锁项目，随即投资 10 万元开办了自己的加盟店。很快，张丽勤这 30 多平方米的加盟店每个月的营业额就达到 5 万元，纯利润超过 1 万元。[①]

2000 年，徐永进也正式加盟连锁经营，投资 40 多万元在北京安贞桥附近开办了荣昌洗染加盟连锁店。不到两年时间就收回了全部投资，这让她喜出望外。于是，她又一鼓作气在安贞小区附近开了三个收衣点。这样做的投资并不大，主要成本是房租、一个员工的工资，还有柜台、衣服架等一次性投资。收回了第一期投资后，她乘胜追击，信心十足地投入 100 多万元在亚运村开办了第二家荣昌洗染阳光店，虽然投资额超过了原来的预算，但这位女经理对按期收回投资信心十足。

1999 年，郑直钢的哥哥在河北承德市开了家荣昌洗染店，效益不错。在哥哥的启发下，郑直钢于 2000 年在北京市长安商场也开了一家自己的荣昌洗染加盟店。虽然这只是一个收活取活的小柜台，但依托大商场的人气和便利条件，生意特别好。此后不久，郑直钢又在芍药居小区开了第二家洗染收衣点。经过一年时间的摸爬滚打，他干脆投资 40 多万元在朝阳区凯基伦购物中心开了家 60 平方米的荣昌洗染旗舰店，自己承接加工洗衣活。

郑直钢坦言道，按照预算，他的 40 万元投资将会在两年之内收回，他有信心通过努力实现年纯利 10 万元。用两年时间拿回 40 万元左右的投资，就意味着一年最起码要赚到 20 万元。这样的赚钱速度，是他原来想都不敢想的。[②]

值得一提的是，郑直钢在开始创业时的启动资金大部分是借来的。正是由于这种敢于借贷、善于经营的勇气，才促使他勇敢地走上创业道路，并最终改变了自己的命运。

---

① 李俊、陆斌：《每月新增私营企业 4 000 余，上海市民愿当“小老板”》，新华网，2002 年 5 月 23 日。

② 《3 万元不嫌少 30 万不算多，开家连锁店潇洒当老板》，载《长江日报》，2002 年 1 月 7 日。

## 12. 创业意识与家庭熏陶有关

农民创业的理由之八，是有些家庭具有创业的传统。生活在这样的家庭中，自主创业不但有先天优势，而且简直是"唯一"选择；同时，这样的创业也容易取得成功。归根到底，这种家庭本身就是一所创业学院，生活在其中的人从小就会受到这方面的熏陶。

在日本，每家每户的小孩稍稍懂事，父母给他讲的第一个故事必定是《鳗鱼的故事》。几乎所有日本孩子从小就被灌输这样的信念：只有勇于挑战，才能拥有成功和希望。

话说古时候日本渔民出海捕鳗鱼，因为船小，众多的鳗鱼挨挤在一起，所以回到岸边时鳗鱼几乎死光了。但是，其中就有这样一位渔民，他的船和船上的各种捕鱼装备以及盛鱼的船舱和别人的完全一样，可是每次回来，他的鱼都是活蹦乱跳的，因此，他的鱼可以卖到比别人高一倍的价钱。没过几年，这个渔民就成了远近闻名的大富翁。

直到这位渔民身染重病再也不能出海捕鱼了，他才把这个秘密告诉了他的儿子。原来，这位老渔民的秘诀是，在盛鳗鱼的船舱里放进一些鲶鱼。鳗鱼和鲶鱼生性好咬好斗，为了应付鲶鱼的攻击，鳗鱼只好竭力反击。一直处于亢奋的战斗状态中，鳗鱼的求生本能被充分调动起来，"置之死地而后生"。而其他渔民的鳗鱼之所以会死，是因为它们知道自己被逮住了，等待它们的只有"死路一条"。生的希望破灭了，所以在船舱里没过多久便死去了。

渔民最后给儿子留下这样的遗嘱：要勇于挑战，因为只有挑战中的生命才会充满生机和希望。

从小生活在这样的商业熏陶中，日本人的创业比例要比我国高得多。据日本国民生活金融公库综合研究所的研究，在日本，由于受家庭环境熏陶而走上创业道路的比重高达 14.2%；除此以外，还有 9.7%是受亲戚朋友经营企业成功的影响，9.6%是在单位受老板生活方式的影响,4.2%是受媒体上宣传的经营成功案例的影响,3.5%是在大学及职业院校受相关创业教育的影响。总体来看,创业者周围的环境和工作单位的影响,会对他们创业意识的产生起决定性作用。[①]

在中国没有看到这样的调查数据,但这种规律依然存在。

在浙江临安市,童晓理的父亲是一位生产和销售山核桃的商人。父亲在创业初期也遇到过许多困难和挫折,但还是坚持了下来。童晓理把这种百折不挠的精神看在眼里、记在心里,她既心疼父亲的辛苦,又崇拜父亲的成功,所以一直想长大后也像父亲这样自主创业,养活自己也养活家人,从小就自觉学习经商知识。而父亲也很支持她的这种想法。

后来,童晓理如愿以偿地考入浙江工商大学。在大学里,她与有着相同家庭环境的同学马成、孙娇一起,在家里的支持下进行设计实践。后来又在飞来投资的支持下,一边在校学习,一边以工作室名义开展业务。2010 年 2 月,在即将毕业时,她们顺理成章地选择了自主创业,在杭州成立了一家广告设计公司和视觉艺术生活馆,专门从事视觉艺术设计和视觉艺术展览销售。

童晓理欣慰地说,她们的创业非常成功,主要得益于父母商业意识的熏陶,以及有一个好的团队——她们三人虽然来自不同省份,但都出身于商业家庭,彼此之间非常信任和团结。[②]

2011 年 5 月,美国《福布斯》杂志有一篇封面文章题为《创业才干能否遗传》,是该刊记者对不同创业背景经历的企业家进行采访后撰写的长篇报道。

文章认为,这种遗传不应仅仅关注经济方面,此外还有更令人吃惊的相似点,这就是这两代人之间往往都倾向于冒险和寻求新

---

① 池仁勇:《日本创业主体分类及其特征分析》,载《外国经济与管理(沪)》2001 年第 4 期。

② 杜天:《飞来投资帮助浙江工商大学姐妹花创业》,飞来投资网,2010 年 3 月 29 日。

奇，追求自我实现的空间，具有思考大事的能力。容易看出，这才是环境熏陶中更本质的东西。

而美国凯斯西储大学（Case Western Reserve University）教授、行为经济学家 Scott Shane 则通过长期对双胞胎进行对比研究得出结论：一个人能否意识到商业机会的能力有 45%来自基因遗传；在对外部环境的兴趣上，遗传因素占 60%。这和聪明的父母有聪明的子女、有魅力的父母有有魅力的子女是一样的道理。[①]

需要指出的是，家庭环境对创业的熏陶有两方面的含义。一种情况是，这些父母原本就是企业主，家庭经济条件好，子女从小耳濡目染，长大后也会积极仿效；并且他们的经营意识也比其他人要强，在许多方面甚至会是“自来熟”。而且有家庭的支持和指点，不但可以少走弯路，还能在关键时刻扶一把。还有一种情况则相反，是指原本家庭条件太差，迫切希望通过自主创业走上发家致富之路，这种情形也是存在的。

对照现实，我们与日本人的教育观念相反，平时所受的教育往往来自父母和长辈的“既来之，则安之”古训：凡事不要轻举妄动，“一停二看三通过”。甚至总是发扬“阿 Q 精神”，以为逆来顺受也是人生之福！就像歌曲《常回家看看》中所唱的那样，“老人不图儿女为家作多大贡献呀，一辈子不容易就图个团团圆圆/一辈子总操心就奔个平平安安。”安分守己、得过且过可想而知。

也许这就是中国父亲与日本父亲的区别。因为安于现状、满足于既得利益、不敢接受任何挑战，最后的结果往往是把一个本来可能有大作为的青年变成一个平庸之辈，多可惜呀！

## 13. 致富为了咱爸咱妈

农民创业的理由之九，是为了报答父母，报答乡亲父老。一句

① 皖东：《福布斯：创业才干能否遗传》，新浪财经，2011 年 6 月 1 日。

话，是为了报答这片生我养我的土地。这种感情虽然很朴素，但实在得让人起敬，并最终催生一批成功的农民企业家。尤其是农村生活的群居特性，使得邻里关系相对融洽，这就几乎注定农民创业成功后会更加注重回馈乡里，即使在外地取得了成功也会千方百计"衣锦还乡"，愿意带领乡亲们一道致富。

1990 年，徐宏卫从宿迁市果园职业高中电子班毕业后，在常州无线电三厂打工。在这期间，他结识了深圳市主向电脑有限公司总经理张迅。在无线电三厂濒临倒闭时，他及时跳槽到主向公司，很快就担任生产厂长，当时的月薪高达 3 000 元。

徐宏卫人在深圳、心在宿迁，时刻不忘为家乡寻找科技含量高的创业项目。张迅被徐宏卫的精神所感动，亲自带人到宿豫县大兴镇集东村考察投资环境和人文环境，最终决定支持徐宏卫返乡办分厂，让他负责该公司寻呼机蜂鸣器的全部生产业务。

徐宏卫不负众望，自投产之日起每月为总公司生产 10 万只蜂鸣器，不但保证了本公司寻呼机生产的需要，而且 70% 的产品由总公司对外销售。后来，深圳老板见徐宏卫条件已经成熟，便于 1999 年初在财务上脱钩，同时依然同意徐宏卫以深圳总公司的名义对外联系业务，生产的产品也由总公司包销。很快，徐宏卫每年生产的蜂鸣器产量就达到 100 万只，年产值上百万元，共接纳回乡青年和失业员工 400 多名。现在，他的企业有员工 700 多人，他本人也光荣地当选为宿迁市人大代表。①

像徐宏卫这样为家乡父老乡亲而创业的农民大有人在。过去玩金鱼、现在成为金鱼大老板的王永河就是其中之一。

王永河是河南郑州市邙山区老鸦陈镇南阳村农民，在 2001 年 11 月举行的郑州市农业科技成果推广展示会上，他因为带去了五彩斑斓的金鱼而成为令人瞩目的明星。王永河当时 32 岁，已养了十多年的金鱼。他说，以前自己养金鱼完全是凭兴趣玩玩的，大热

---

① 《本土创业先锋：宿迁市宏升电子厂徐宏卫》，宿豫全民创业网，2012 年 9 月 5 日。

天他光着膀子蹲在院子里观察金鱼,一蹲就是几个小时。特别是在金鱼“甩子”时,他在家里一闷好多天不出门。慢慢地,王永河养金鱼出了名,来向他要鱼的人越来越多。有朋友就给他出主意说:“为什么不卖鱼苗呢?”

说者无意,听者有心。1994 年,王永河建起了自己的养鱼场,五个温棚、100 多个金鱼池。每个金鱼池 16 平方米、金鱼品种有五六十种,年出售鱼苗 100 多万尾,远销欧美和日本。①

在养金鱼的同时,王永河根据自己十多年的养鱼经验写了本观赏鱼养殖技术手册,免费送给到他那里买鱼苗的人。紧接着,他又带动周围六七户邻居养起了金鱼,共同走上致富之路。

在天津市津南区葛沽镇三合村,王树林在这方面做得更大。他 1984 年仅靠 8 000 元资金、3 个人、4 台设备创建了天津三合机械厂。由于他懂经营、会管理,年销售额很快就突破1 000万元。

王树林致富后,不断有人劝他趁有钱赶快建座豪华别墅,或者游山玩水及时行乐什么的,可是他并不这么想。

他认为,把钱花在为村民们办实事上最有意义。他说:“如果百万富翁的财富属于自己,那么亿万富翁的财富就应当属于社会。”他非常赞同“财富其实是帮助别人的一种资本”的观点。所以,他的企业虽然是私营企业,实际上却是“公”有制,他总是千方百计做慈善、做好事,回报乡里乡亲。

村东南的一口井坏了,他不但主动出资 10 多万元修好,而且还负责每年 6 万元的维修费、管理费、电费等,解决了全村 600 多人的吃水难题。村里发展农业需要打机井,他又拿出几十万元弥补资金缺口。原村公路经过多年碾轧已全部损坏,给全村人带来诸多不便,他在 1995 年主动投资 80 多万元,与村里的其他企业一起重修了这条长 4 公里、宽 6 米的公路。从 1996 年到 2001 年间,他陆续投资 120 万元在村路两边种植树木、修建草坪,并设专人管

---

① 《昔日玩金鱼的小青年,如今卖金鱼的大老板》,载《大河报》,2001 年 11 月 22 日。

理。1996年，他拿出66万元，设立全国首个“南开大学德育奖励基金会”。1997年，他捐赠12万元兴建了一座小学。1999年南开大学80周年校庆时，他又出资50万元整修校园主干道……据不完全统计，十多年来，他在扶贫济困、救灾解难、尊师重教方面的捐赠累计超过1 000万元。2008年遇到全球金融危机时，他明确表示不裁减一名员工，不减少员工一分钱收入。

现在，王树林的立林机械集团拥有4家子公司，员工近2 000人，十多年来一直是天津市百强民营企业，位居全国石油井口设备及工具行业前三名。[①]

① 《立林机械集团有限公司董事长王树林》，湾区网，2010年1月11日。

# 第二课
# 你是否真的适合创业

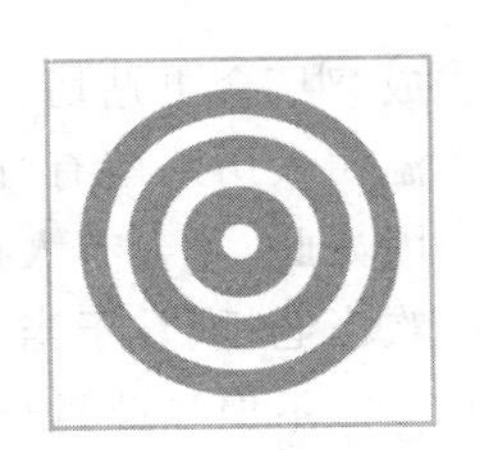

并非人人适合创业,更不是人人创业都会成功。就像只有受精后的鸡蛋才能孵出小鸡来一样,最好先掂量一下自己的分量,再决定是否创业。

## 14. 最重要的是经营头脑

衡量一个人是否适合创业,最主要的是看他是不是具有生意头脑。常常听人说“这个人是一块做老板的料”或者相反,看什么?主要就是看这一点。

那么,什么是经营头脑呢?这差不多可以用精明头脑来指代。

换句话说,农民创业最重要的资源是观念,主要包括创新思维和商业头脑,人、财、物倒在其次。你如果有了创新思维,就会想方设法地寻找市场空间,去琢磨怎么买怎么卖;你有了商业头脑,就会开动脑筋去研究产品设计和更新,从满足市场需求的角度去销售商品。至于人才、资金、设备、项目,虽然“一个都不能少”,相比之下却还是其次的,因为这些都可以从外部取得,唯有“头脑”和“思想”是别人无法取代的。

俗话说:“无商不奸,无奸不商。”这话虽有贬义成分,却也并非没有道理,否则也就不会流传到今天了。如果更进一步,将“奸”改成“艰”会更贴切。因为创业艰难，所以非“奸”（精明）不可。例如，温州人历来就有“以当老板为光荣、不当老板为耻辱”的民风。正因如此，才会有人把温州人称为中国的“犹太人”，理由是温州人喜欢当老板、甘于当老板。

不但如此，温州人还特别愿意把自己的管理经验传授给别人。当他们接到外地及高校邀请他们去讲课的通知后，一般都会欣然接受的，这同样又能看出他们的精明之处——不用一分钱的广告支出，就能收获“文化侵略”的效果，扩大企业和企业家的影响，何乐而不为呢？

仔细研究温州老板的成功之处，就可以总结出以下几条农民创业者必备的行为方式和思维方式来：

## 系统构想

企业，哪怕是再小的企业，都会构成一个完整的经营管理系统。成功的创业者往往会从总体上把握企业的整体发展，这种整体观念表现在以下两方面：

### 布局上的系统性

企业中发生的问题，表面上看可能只涉及某一方面，而实际上则往往会牵涉到全局。

例如，一笔数额较大的货款如果不能及时回收，从某个部门和普通员工的角度看，往往会把它当作销售或财务部门的事，而实际上它反映的是企业的财务能力，涉及还贷、进货、发工资等多方面。老板所处的地位不同，考虑问题的角度也会不一样。

### 动态上的系统性

企业处在不断发展过程之中，任何一项事务都会对企业的未来发展产生影响。老板发出的任何一个工作指令，都必须起到承上启下的作用，如果只是孤立地看待和处理某件事，就很成问题。

## 创新思维

创新是企业的生命力。所以，如果创业者不具备创新思维，那么这个老板的领导能力就很值得怀疑。

创新思维主要体现在生产企业的产品设计、销售企业的营销策划上。在市场竞争激烈的情况下，新产品的推广和销售最能集中体现这种创新思维。每一个有志于创业的人，都必须下大气力学习和掌握创新能力；而具有创新思维的老板，则往往会在机构设置和对员工的考核制度方面有独到见解。所以，你可以着重从这两个方面来考察别人、对照自己。

## 逻辑思维

老板每天遇到的事情错综复杂，有时用“日理万机”来形容也不为过。这时候就要有足够的逻辑判断能力，才不会被搞得焦头烂额。也就是说，一定要善于抓主要矛盾，以及主要矛盾的主要方面。这样，工作起来就很有条理，自己也不觉得累。

从内容上看，逻辑思维主要包括两个方面：演绎和归纳。所谓演绎，就是根据事物本身的发展规律和演变趋势来推导对策；所谓归纳，过程恰恰相反，就是要从中总结出一些基本特征来，从而寻找解决方案。

## 抽象思维

抽象思维的主要特征是透过现象看本质。因为只有抓住事物的本质，才能以不变应万变。相反，如果整天只是忙着处理具体事务，就无法摆脱琐碎事务的纠缠。

所以能看到，擅长抽象思维的人，处理起问题来就善于化繁为简，别人看上去他很轻松，实际上他的确是很轻松。

### 辩证思维

任何事物都是辩证统一的，所以，辩证思维是老板应当具备的一种重要的思维方式。它可以帮助你权衡利弊得失，从而正确分析、判断事物的正反两面，从中发现企业的生存危机，并捕捉商机。

能够进行辩证思维的老板，往往会在形势大好的情况下保持清醒的头脑，而在经营不佳的时候避免步入更大危机，较好地把握企业发展的节奏。

看了上面所说的，你千万不要有无所适从的感觉，以为这些都是枯燥乏味的东西。紧接着看以下内容，你就知道成功创业者的经营头脑具体分布在哪些方面了，并非一定高深莫测。

## 15. 知道赢利点在哪里

成功创业者的经营头脑，首先体现在他知道自己这个项目或企业的赢利点在哪里，赢利点有多大，以及可以做多久，从而始终坚持、呵护、壮大这样的赢利点，确保自己有钱可赚。

任何创业的目的都是为了赚钱，这没什么不高尚的。所以，你在创办任何一个项目时，都必须明确你的赢利点究竟在哪里，这也是判断你是否适合创业的主要标志之一。

就好像在战场上打仗，你首先要知道你的敌人在哪里，谁是你的敌人、谁是你的盟友。如果连这些问题也没搞清楚，这仗怎么打呢？

那么，你的赢利点究竟在哪里呢？俗话说："三百六十行，行行出状元。"各行各业的经营方式不同，这方面也千差万别。

这里以最常见的商业项目为例，来看怎样寻找赢利点。

首先判断，任何商业行为的本质都源于古代社会的物物交换。

所以,它的赢利模式只能是“购—销—调—存—赚”,即通过商品(服务)的购进、销售、调拨、存贮,最终达到赚钱的目的。

接下来,顺理成章地只有当销售价格超过购进成本,并且在扣除了费用、税金后还有剩余,才能产生赢利。否则,如果某种商业行为只是为了提供运营商业的基本资金,就只能说它是非营利性的,如红十字会、各种基金会的运作等。

在此基础上看商业项目的赢利点,主要有以下几大块:

## 产业利润的让渡

按照马克思主义政治经济学的观点,商业利润属于生产领域创造的剩余价值的一部分。也就是说,商业领域本身是不创造价值的(但会实现价值),从本质上看,商业利润只是产业利润的一种让渡。

明白了这一点就知道,采购商品时的价格越低越好,而不是把希望寄托在抬高今后的销售价格上。进货价格越低,表明这种商品在生产领域让渡给你的剩余价值部分越多,你将来的赢利空间就会越大。

## 销售价格超过进货成本的部分

销售价格必须超过进货成本,才谈得上有商业利润。这时候,这种商业利润在数额上就等于销售价格减去进货价格、流通费用和税金。

但显而易见,销售价格不是你随意定的。更确切地说,并不是你定多高的价格都卖得出去。从本质上看,销售价格取决于生产领域所创造的剩余价值让渡给了你多大的部分。如果销售价格低于购买成本,表面上看是产生了亏损,实质是你没能得到这部分应该得到的剩余价值让渡,就这么简单。

## 商业利润必须在流通领域实现

商业利润虽然是生产领域剩余价值的一种让渡，但归根到底要在流通领域才能得到实现。这就是为什么同样的商业企业，以同样的进货价格采购、经营商品，最终仍然有赚有亏的原因。

因为它们中有的能把这部分商业利润转化出来，变成自己(本企业)的利润；有的则无法进行这种转化(无法销售变现)，最终还会造成损失。就好比吃同样的东西，有的人“吃了会长肉”，有的人吃了“就是不长肉”，每个人的“转化功能”不一样。

明白了这个道理，就知道为什么要采购适销对路的商品，并尽力减少库存了。原因很简单：销售是实现赢利的硬道理。

## 加速资本周转能够提高商业利润

商业资本的周转形式很特殊，那就是首先必须从货币资本转为商品资本(进货)，然后再从商品资本转变为货币资本(销售)。从中容易看出，它并不包括生产资本在内(所以不会产生剩余价值，不会直接影响全社会的平均利润率)。

但商业利润是可以在商业资本的加速周转中得到提高的。因为随着资本周转的加快，一定量的利润会被分配到更多的商品之上，这样，单个商品分配到的流通费用和商业利润份额就变少了，从而有利于降低商品的销售价格，最终通过薄利多销来赚取更多的利润。

例如，同样是10万元流动资金，如果A店能实现年销售额200万元，B店只有100万元，那么在其他条件相同的背景下，就表明这笔资金在A店会比在B店产生多一倍的商业利润。虽然这时候它们的费用率、税率都可能是相同的。

这里的区别在于，它们的资金周转速度相差一倍：A店的流动资金年周转速度是200÷10=20次，B店是100÷10=10次，从而表现出赢利水平也正好相差一倍。而实际上，资金周转快的A店利润率可能会更高、成本费用率可能会更低。这是因为企业中有许多成本和费用（如房租）是固定的，与销售额大小无关。销售量大了，这时候的成本费用平均分摊的比例就小，从而有条件降低商品售价，这也是"薄利多销"的根源所在。

所以，商业经营中有一条原则叫"勤进快销"，除非是紧俏商品，否则谁也不愿意压货。一般来说，销售量大的商业企业价格可能会更低，而顾客也更愿意去这种生意好的地方购物，不用说，这样的企业赢利会更多。

由此可见，单从商业角度看，要想获利更多就要降低采购成本和费用水平、提高商品售价、加快资金周转。在这其中，降低成本和费用相对要容易些。换句话说，就是谁能降低生产成本、采购成本、经营费用和税负水平，谁就能胜券在握，这就是商业经营最大的赢利点，一辈子也探索不完。

## 16. 知道风险在哪儿

任何投资都有风险，有的风险还挺大，甚至注定必输无疑。如果创业者看不到自己的风险在哪里，或者考虑不周，这本身就是最大的风险。这同样是考察你是否适合创业的主要标准之一。

仍然以上面提到的商业投资为例。

任何商业行为都存在着不确定性，这种不确定性就意味着风险的存在。商业投资风险简称商业风险，是指交易双方中某一方或与之有关联的某一方导致的风险。最常见的有：商品款式过时、价格过高、质量投诉、商业机密泄露等，它们或多或少会影响投资效益，甚至导致倒闭。不过话又说回来，商业风险并不是一无是处，只要能控制在自己可以承受的范围内就行，并且这时候还可能会利用这种风险创造出更高的风险性收入呢。

总体上看，商业风险主要体现在以下几方面：

## 中介地位

商业的中介地位，即一头连着生产、一头连着消费，意味着它必然要受到上下游各方面因素的影响和制约，如商品供应不上造成脱销、商品供应充足（确切地说是商品适销不对路）会产生积压等，这是谁也无法完全避免的。

## 外部环境的变化

商业经营的外部环境随时随地在发生变化，哪一项都不是企业能控制得了的，你只能适应它。

如人口年龄结构变化、全社会家庭状况变化、消费者收入变化、消费需求结构变化、生产者供给变化、某种原材料的暂时短缺、技术进步导致产品升级换代加快、执法环境的改变等……谁适应得好，并且还能抓住时机，谁就会把风险变成机遇，大赚特赚；否则，就会造成亏损甚至巨大亏损，最终被市场淘汰。

## 内部环境的变化

商业经营的内部环境变化主要有：当企业在经营场地选择、规模、信息、进货渠道和销售渠道、资金来源等方面发生变化时，会形成经营条件变动所产生的风险；当企业经营的商品花色、品种、款式等方面发生变化时，会形成商品不再适销对路的经营对象风险；当企业经营遇到欺诈性交易行为、商业贿赂行为、诋毁与贬低竞争对手的行为、侵犯商业秘密的行为、附加条件的交易行为、强迫性交易行为等不正当交易时，会形成经营行为风险。

## 意外事故的发生

意外事故谁也不愿意看到，却随时有可能发生，如商品丢失、霉变、腐烂、破碎、毁灭、被盗等自然因素，以及因为火灾、水灾、风灾、地震等自然灾害造成的损失，还有运输和保管过程中经常发生的一系列意外事故等。

发生事故后，除了可以从保险公司获得部分赔偿外，其余的就构成了你这个企业的商品损失，是要直接扣减利润的。

## 汇率波动

无论是对外贸易还是国内贸易，商品价格都会在一定程度上受人民币汇率变动的影响，从而使得企业获得意外收益或损失。

## 投机商业风险

商业风险按性质不同可以分为两大类，即纯粹的商业风险和投机商业风险。

纯粹的商业风险是指静态风险，指这种风险发生后一定会造成某种损失，如商品丢失、破碎等。而投机商业风险则不同，它在风险发生后有可能会造成损失，也可能会带来利益，所以又称为动态风险。由于动态风险常常令人捉摸不透，所以它的危害也更大。

## 其他因素的影响

其他因素导致的商业风险比较复杂，如同行竞争、不正当竞争、信誉受损、商业机密泄漏、商品价格异常波动等。

例如，有的合作方在企业重组或换了老板后，过去的债务就基本上一概不承认了，既不和你对账，哪怕是口头对账，也不给你在对账单上盖章和签字。如果你找他，他就无赖地叫你“找原来的经办人”。这时候你的坏账损失有多大可想而知。

以上种种情况，在你开始计划创业时就应该有所了解，并且最好还要认真想想对策。如果碰到事情时再去临时抱佛脚，或者“满打满算”，这就是创业者的不成熟了。

## 17. 熟悉商业运作模式

衡量一个人是否适合创业，必须看他是否熟悉商业模式。虽说任何事情都可以从头学起，现在不会将来可以学，但终究懂比不懂要好。因为你只有熟悉各种商业运作模式，才能更好地看清自己是否适合创业，以及从哪个领域入手更能看到成功的希望。

具体到农民创业来说，更要侧重于了解农民创业都有哪些类型。虽然没有谁规定农民创业只能围绕这些类型展开，但显而易见的是，有些行业会更有助于发挥农民创业优势，更容易成功。

归纳起来，适合农民创业的商业模式主要有：

### 自我发展型

创业的一大动因是追求自我发展。尤其是当你看到自己具有许多适合自主创业的条件时，这种冲动会更强烈。

这些条件主要包括：资本投入（资金优势）；自己或家庭成员的一技之长（技术优势）；本地农业资源优势（资源优势）；自己或家人在外打工，消息灵通（信息优势）；等等。

从实践中看，具备上述优势的农民往往更善于创业，会更早地加入到创业队伍中去。即使只是具备单一优势的农民，也会经过一定组合形成创业团体，优势互补，并在这个过程中得到发展壮大。

## 打工带动型

现在的农村除了一些老年人在家种地之外，年轻人几乎都外出打工了。跳出狭小的地域范围，融入城市大环境中，人的思想观念、能力、技术、信息收集和分析、资金积累规模和速度都会发生翻天覆地的变化。

最常见的是，一方面，大多数农民创业的初期都是以外出打工为主，从而完成资本、技术、信息积累过程的；另一方面，外出打工又会有助于他们积累资金、学习技术、适应环境、了解市场、更新观念、收集信息、发现市场空白，为下一步的填补市场空白（创业）打基础。其中有相当一部分人，不是回乡创业就是在城市扎下根来，甚至带动一大批家乡人共同走上了经商、办厂、劳务中介的创业之路，这样的脚步迈得踏实，会越走越远。

## 科技致富型

都说科学技术是第一生产力，这一点在农民创业中是怎样体现的呢？可以看到，农民创业的成功案例中就不乏科技型创业，一帮能工巧匠凭借自己的手工工艺，最先走出了一条条致富之路。

社会发展到现在这个阶段，迫切需要调整农业生产结构，开发名、特、优、新产品，创立优质、高产、高效、特色、精致的现代农业，进行产、供、销一条龙技术服务。而在这个过程中，就处处都需要用到先进的科技，传统的农业生产和技术已经不再适应了。谁有某方面的一技之长，然后被良好的创业契机所点燃，谁就容易取得成功。

## 城郊开发型

农民创业的一个重要依托是土地资源，而土地资源具有不可移动性，所以，不同地段的土地，其经济价值高低相差很大，甚至相差成千上万倍。在这其中，地处城郊结合部的土地经济价值最高。所以，充分利用这样的土地资源用于自主创业，或者土地资源被征用后利用城市建设征用补偿费进行个人创业或集体创业，不失为水到渠成之举。

举例来说，如果某自然村因为土地被征用可以得到2 000万元补偿款，10 户人家平均每户可得 200 万元。这时候与其把它全部分光，不如创办一家集体组织，如饭店、宾馆、商场、旅馆、门面出租、建材贸易、蔬菜基地等，既解决了资金来源，又能避免一些农民资金到手后吃光用光然后陷入窘境的尴尬局面。而这种机会在非城郊结合部就相对较少。

### 完全市场型

就是说，这种农民创业完全没有“三农”优势和特色，甚至完全看不出是农民创业；或者说，这种所谓的农民创业只是表明创业者的身份是农民而已，从其他方面看，你完全看不出这和城里人的创业有什么两样，他们只是因时制宜、因人而异，该干什么干什么。

## 18. 具备成功者的必备素质

俄国文豪托尔斯泰说：“幸福的家庭都是相似的，不幸的家庭各有各的不幸。”套用这句话说，成功的创业者都有一些共同的基本素质，由此我们可以先总结出这些必备素质，然后用以对照个人，看他是否适合创业、创业成功的把握有多大。

总体来看，创业成功者的必备素质主要有：

### 懂得成功必须具备决心和野心

创业者是否具有自主创业的决心和野心非常重要。对，就是决心，而不是首先强调环境之类的外部因素。要知道，一个人如果坚决不肯从事某项工作，那么任何外部因素都是无用的。

至于说野心，这个词语有些中用不中听。因为平时只要一提野心，大家都会觉得反感，但如果创业者根本没有通过创业取得成功的企图，要想取得事业成功是非常难的。

## 懂得把金点子发扬光大

每个人都有金点子，可金点子是什么？是黄金。如果金点子仅仅停留在“点子阶段”，充其量不过是纸上谈兵。只有把它发扬光大并投入商业运作，它才能真正身价百倍。

富豪们之所以能成为富豪，就在于他们敢于把好的点子及时利用起来。虽然他们可能不是这个创意的发明者，甚至连发现者也谈不上，但他们会利用适当的时机把点子变成财富。

世界著名富豪比尔·盖茨的成功就是有力的证明。众所周知，比尔·盖茨是靠电脑操作系统DOS发迹的，但是他并不是这个系统的发明者，真正的“DOS之父”很早就在一场酒吧斗殴中丧生了，享年54岁。是比尔·盖茨把这项发明投入商业运用才取得巨大成功的。

## 懂得“杀人不见血”

创业离不开与人打交道。成功的创业者通常都非常善于使用违反常规的行为模式展开商业竞争，以便竭力扩大自己的财富。只要有利可图，他们甚至不惜与人作对，“厚黑学”更是运用得淋漓尽致。

例如，全球最大企业沃尔玛的创办人山姆·沃尔顿在竞争中就经常扰乱市场价格，只要有合适的机会他就会不讲情面地向供应商杀价。这些供应商们都知道，和沃尔玛做生意非常不容易，但是为了争取到这个巨大的市场份额，他们不得不与他打交道。

从这个意义上说，一味一团和气的性格并不适合创业。这也是长期在“你好我好大家好”的环境熏陶下，绝大多数机关工作人员不适合创业的原因之一。

## 懂得怎样抗拒短期诱惑

企业经营中充满形形色色的艰难困苦和大小诱惑。要想财富长久，创业者就必须具有足够的定力，既能克服存在的困难，又能拒绝短期利益诱惑，从而抱紧核心资产。

例如，比尔·盖茨之所以能多年蝉联全球富豪榜首，主要原因就在于他不断抗拒各种诱惑，坚决不放弃微软的大部分股权。

## 懂得怎样捡便宜货

说穿了，企业要赚钱就必须贱买贵卖。为此，创业者是否具有独到眼光，能不断、及时发现便宜货在哪里就显得十分重要。

成功的创业者往往能在别人还没有发现这样东西具有投资价值时就坚决买进，然后待价而沽。当他们觉得某项资产的现价已经大大低于其“潜在价值”时，就会觉得淘金机会来了。

## 懂得怎样面对投资风险

任何投资都有风险，成功的创业者们当然懂得这个常识。那么，他们是怎样对待投资风险的呢？研究发现，这些人大多是玩牌高手，而且婚姻生活稳定，个人生活也有规律。为什么喜欢玩牌呢？原来，他们可以从中学到气定神闲呀！

任凭风吹雨打，胜似闲庭信步。有了这样的气定神闲，在进入投资低潮时更善于渡过难关。

## 懂得关心国家大事

很多商业机会是和国家大事紧密联系在一起的。国家政策的任何变动,都会直接或间接影响到商业机会。所以,成功的创业者们通常会关心国家政治形势和宏观经济形势变化,特别是从事房地产、证券投资、资本运作,更是必须精于此道才行。

## 懂得学习现代知识

不学习的创业者现在已经不多了,因为谁都知道不学习就要落后。但是,究竟学什么、怎样学却大有讲究。关于这一点,这里想多讲几句。

看看我们周围,不少老板整天忙着打麻将、“斗地主”,平时看的总是“红顶商人”那一套封建时代的权术,或者总是想把军事上的战略战术和兵法搬到商场上去。这些显然已经过时了。

为什么?因为现在的企业员工毕竟不是战士,对手也不是死敌。如果只看一些畅销书哪怕是乔布斯的自传也不行,因为我们国内的市场环境、社会风俗与国外根本不一样。不懂得这些简单道理,这样的学习就没有什么用。

例如,外国企业的老板喜欢与员工通过纸条进行交流,这一招在国内就行不通。不信你也学着给异性员工写张纸条试试看,不给你们传出点绯闻来才怪呢。

再例如,外国老板可以随时解雇员工,你就不能这样干。如果你随随便便解雇一个人,“武”一点的会拿着菜刀追着你满街跑;“文”一点的,会默默地跟着你回家吃晚饭。不是我们的员工不讲理,实在是因为社会保障制度不健全,如果你突然不给他饭吃,他就真的无饭可吃啦。

## 遵从智慧法则

智慧法则要求创业必须尊重自然界的客观规律。创业者如果能时时处处认识到这一点,他的成就必定大,即使是企业发展遇到了暂时的困难,也会把困难降到最低程度。

自然界的客观规律非常多,所以智慧法则也可以分成许多种。创业者要掌握两条最主要的法则:农场法则和森林法则。

农场法则

所谓农场法则,就是农民创业和种田一样,有一个播种、施肥、除草、耕耘、收割的过程。当然,在这过程中必须要有适宜的气候和土壤,这是前提。但无论在怎样的环境中,经营企业都不能违背农场法则。例如:

有些创业者没有播种、不去施肥除草、不想耕耘,就想直接收获,最好还要能取得大丰收,怎么可能呢?

也有的人虽然播种了,可是所选种子不好,结果产量很低。

有的人种子倒是选了优良品种,可是播种的季节不对,明明是夏季作物却在冬季播种,最后当然是颗粒无收了。

有的人虽然也懂得从播种到收获的整个过程,可是却把其中的顺序搞颠倒了,当然就无法取得理想业绩。

所以,一个成功的创业者必须深入研究和遵守农场法则。

森林法则

所谓森林法则,是指一棵小树要长成参天大树,必须"上天入地"。

"上天"是指要尽可能地长高,以争取更多的光照;"入地"是指要尽可能地深入地下,以吸收土壤中的养分。另外,自然界的法则是"独木不成林",越是树林茂密的地方(如原始森林),就越会出现令人叹为观止的大树、奇树。

森林法则告诉我们,创业者不要害怕竞争,而是要充分利用竞争给自己创造加速发展的有利机会,让自己的企业长成一片树林中的一棵参天大树。

## 英雄不问出身

成功的创业者最初投入创业时的身份各有不同，既不表明农民身份就比别人低一等，也不表明会占有多大的优势。从我国改革开放以来的情形看，创业成功者主要是以下几种人：

*第一种是政治家和具有宏观经济管理才能的人才*

这些人大多具有在管理学院读书的经历，非常善于研究中国的宏观政治经济形势。

他们在政府机关或研究院待了几年后，逐渐看清了国家在市场开放过程中量变引起质变的发展轨迹，于是纵身一跃投入商海，悠然自在地办起了实业，成为真正的老板。

看看我们的周围，这样的人为数不少。有些人称他们是“高台跳水”，而实际上，他们的从政经历使得他们具备过人的眼光，而这种眼光就是一种“生产力”，非常有助于取得创业成功。

*第二种是技术专家，即具有一技之长的人才*

他们本来靠自己的本事也是有饭吃的，可是由于所处环境不理想，或者是想更好地发挥自己的长处，所以干脆把自己的技术长处投向市场，自己创业了。

这种人一旦投入创业很容易获得成功，因为他们的技术本来就是一种无形资产。他们可能没有在科研院所待过，但他们与市场结合得天衣无缝；他们的技术不一定是最先进的，却一定是最实用的，因而具有很大的市场潜力。

*第三种是职业经理人，包括在大企业独当一面的部门经理*

职业经理人在我国出现的历史还不长，他们虽然不能称为企业所有者，但他们对自己的工作极其投入。

民营企业在解决资金问题后，很重要的一条就是要有一个或一批具有职业经理人素质的经营管理人才。有了这样的人才，企业的发展才会少了许多后顾之忧。

同样的道理，如果这些职业经理人自己出来办企业，也同样会办得很好。当然，这时候他们的身份也就变了。

第四种是从商场上摸爬滚打起家，逐渐从小老板做到大老板

这种老板起家的过程明显受制于当时的政治经济环境和个人素质的高低。外部环境好时，他们的成功率也高；外部环境不佳时，成功率就低，这通常可以从“生意好做”、“不好做”中听出来。当你到处听说“生意难做”时，或许就真的是处于困难期了。

在我国，目前1 100多万家中小企业的预期平均寿命只有2.5年，[①]绝大多数企业都没能逃脱“第一年糊里糊涂、第二年踉踉跄跄、第三年倒地不起”的命运，所以能够逃脱这一命运的成功创业者寥寥无几，他们的经验很值得学习。

第五种是半路出家的后来者，如失业工人

他们本来并没有自己创业的人生规划，只是由于某种外来因素的影响，才被迫走上了自主创业道路。

受条件限制，他们往往只能从最基本的行业做起，经过模仿、革新、创造这样一个奋斗过程，其中一部分具备良好经营素质和人脉关系、善于抓住机会的人取得了成功。

第六种是学生创业，包括大学生创业和没有完成义务教育的中学生创业

这些人中存在两个误区：一部分人认为读了点书自己就有了知识，就可以干一番事业，可以“无往而不胜”了；另一部分人则相反，认为自己读书不多无法创大业，只能做“小生意”。

这两种观点无疑都是错误的。尤其是在我国，校园和社会严重脱节，学习和创业基本上是两码事。读书确实可以学到一些知识，但不一定能学到智慧。在当今社会里，智慧比知识更重要。也就是说，要想做一个成功的创业者，仅仅读了一点书是远远不够的。

这不但是因为书本上的知识有限，更在于知识天天在更新。

---

① 傅洋：《我国中小企业平均寿命仅2.5年，平均就业人数13人》，载《北京晚报》，2012年9月3日。

“今天”出来的新经验、新知识，书上是看不到的，只能从实践中加以学习。如果拒绝接受新事物，就一定不会有大智慧。可以说，几乎没有一个真正的老板是读书读出来的。

## 19. 善于与人打交道

每个人的性格各有不同。性格是否外向、是否善于与人打交道，也是衡量是否适合创业的标准之一。

美国前总统、历史学家西奥多·罗斯福就说过：“成功的第一要素就是懂得搞好人际关系。”而搞好人际关系的前提是要善于与人打交道。

其原因在于：和各部门打交道是老板的职责之一，所以这一点必须是他们的长处。一般人总感觉老板们四面威风、八面玲珑，关系网编织得很大，这是和客观现实相符的。

### 不善于与人打交道，甚至连员工也做不好

有人曾向 2 000 名老板寄出了同样的调查问卷：“请查阅你公司最近解雇的 3 名员工的资料，然后回答：你为什么要他们离开？”得到的结果令他们大吃一惊。因为无论什么工种、企业处在哪个地区，竟然有 2/3 的答复都是“因为他们与别人相处得不好”。

由此看来，老板们都特别重视自己与他人打交道的能力。同时，他们也关注手下员工这方面的能力。如果员工不善于与人打交道，就可能遭到解雇。

美国一家大型铁路公司前总裁 A. H. 史密斯这样说：“铁路的成分 95％是人，5％是铁。”这句话典型地反映出一些企业家的共识，这也为多项科学研究所证明——无论你从事什么工作，学会处理人际关系都能帮助自己在成功道路上前行 85％的路程，帮助自己在个人幸福的道路上前行 99％的路程。

尤其是在我国这样一个特别重视人际关系的国度，与人打交道的重要性更为突出。一份在美国商界所做的领导能力的调查资料也能证明这一点：

管理人员的时间平均有3/4花在处理人际关系上；

大部分公司的最大开支是用在人力资源上的；

任何公司最大的、也是最重要的财富是人；

管理人员所定的计划能否执行，关键也是人。

## 改善人际关系的有益建议

有人也许会说："我并不善于与人打交道，又想创业，该怎么办？"很简单，那就改善人际关系呗。要搞好人际关系并不神秘，也不是与生俱来的，大多数人通过后天的学习和锻炼完全可以做到。

下面这些就是你衡量自己是否具有交际能力，以及怎样改善人际关系的有益建议。

### 把注意力从你自己身上转移到对方身上

要建立良好的人际关系，最重要的一点就是把自己的注意力转移到对方身上去。只要你能做到这一点，搞好人际关系的可能性就会大大增加。

### 真心真意关心别人

人心都是肉做的。如果你能真心真意地去关心别人，对方就能切身感受到你的存在。《华尔街日报》发表过一家名叫国际出发点的调研公司所做的一项研究结果：在对1.6万名公司主管人员所做的调查中，被列为"最有成就"的13%的主管人员，把对人的关心与对利润的关心放在同等重要的位置。

### 认真倾听对方的意见

认真倾听对方的意见，会让人觉得受到尊重和无比亲切，接下来就好沟通多了。拿破仑将军当年能叫得出他手下全部将官的名字。他喜欢在军营中走动，遇见某个军官时就用他的名字跟他打招呼，不失时机地探讨士兵的家乡、妻子和家庭情况，这往往会使他的下属大吃一惊。当下属知道将军竟然对他们的个人情况一清二楚时，也就变得更忠心了。

不要低估任何人的价值

许多老板想拥有较大的影响力，却不懂得影响力是怎么来的。实际上，每个人都能对单独见面的人发挥最大的影响。所以，你要以积极态度去对待每一个人，不要低估任何人的存在价值。这样，总有一天你也会受到对方的尊敬。

充分考虑别人的感情

人是有感情的动物，所以，我们在讲逻辑、讲道理的同时，不能忘记讲感情。在商业交往中同样如此。

有这样一个真实故事。一位女士走进鞋店买鞋，实习生营业员很努力地替她找合适的尺码，但就是找不到，最后只好说："看来找不到适合你的了，因为你的脚一只大一只小。"女士听了很生气，可看在她还是实习生的分上没有吵，只是站起来就走。而就在这时，鞋店老板走出来了，他已经听到了她们的对话，于是请女士留步。实习生眼睁睁地看着老板劝那位女士重新坐下来，没过多久就卖出了一双鞋。这就是感情因素在起作用。

良好的服务最容易建立人际关系

在激烈的商业竞争中，良好的服务最容易建立人际关系，成为企业不竭的利润之源。正如美国西部诺斯特洛姆百货公司座右铭所说的那样："商店之间的唯一差别是待客之道不同。"

请看该公司对顾客不再光顾商店的原因的分析：

1%已经去世；

3%迁居别处；

5%因为与别的商店建立了良好关系；

9%因为其他企业之间竞争的因素；

14%因为对本店商品质量不够满意；

68%因为店员对顾客态度冷漠。

从中容易看出，在流失的顾客中，有2/3是因为他们没有得到满意的服务。这正说明改善服务态度、建立忠诚的顾客关系是最重要的促销措施。

与人打交道的学问很多，如果你暂时还不擅长开展人际关系，那也不必失望。一方面，你可以边干边学，在学习中提高自己；另一方面，你也可以物色合适的助手弥补自己的缺陷。当然，你也完全可以根据自己这方面的能力来选择适当的创业机会。

## 20. 善于发现细节

创业契机从哪里来？从某种意义上说，就在细节中。发现细节、抓住并弥补细节漏洞，一个巨大的市场就可能呈现在你面前，从而成为你走上创业之路的基石。换句话说，就是善于发现别人不能发现的细微之处，也是创业的一项基本功。

### 平凡中见伟大

俗话说："平凡之中见伟大。"如果没有切身感受，对这句话的体味就不会太深。而当你真正体会到这其中的内涵时，可能就离伟大不远了。

一位美国青年在一家石油公司工作，他每天的任务就是双眼瞪着机器看：当石油罐在输送带上移动到旋转台位置时，就会有焊接剂自动滴下并沿着盖子回转一周，一项工序就这样完成了。

他每天的工作就是不停地注视着这个旋转台，单调而乏味。

如果他这样年复一年、日复一日地工作，终究只是个碌碌无为的"小工人"而至"老工人"，遇到经济萧条还免不了要失业。如果不出差错，或许能弄个"平均奖"，但基本上不会与"先进工作者"结缘，因为他的工作实在太缺乏技术含量了。

然而，这位青年平时就特别喜欢琢磨。他反复观察旋转台的工作状况，最终发现，罐子每旋转一次，焊接剂便会自动滴落 39 滴，然后这项焊接工作便宣告结束了。他想：在这一连串的工作中，有没有什么可以改进的地方呢？例如，如果将焊接剂减少一两滴，会不会影响产品的质量呢？

经过一番研究，他终于发明出了“37滴型”焊接机。但是他很快发现，利用这种机器焊接出来的石油罐，偶尔会漏油。他没有灰心，接着又研制出了“38滴型”焊接机。这次效果非常好，得到了公司的高度评价，不久就生产出了这种焊接机，推出了全新的焊接方式。

这一改进虽然只是节省了一滴焊接剂，却让公司每年降低5亿美元的成本。这位青年就是后来掌握全美制油业95%实权的石油大王约翰·D.洛克菲勒。改良焊接机的举措彻底改变了洛克菲勒的人生轨迹，也在他以后成为大老板的道路上起了关键作用。

## 以人为本的企业文化

创业者是否善于发现别人不能发现的细微之处，是判断他是否具有过人之处的标准之一。这种“过人之处”能够比别人更早预见企业未来的发展方向，以便及时调整策略，迎接挑战。

早在2001年6月，我国第一位博士镇长、时任广东顺德市容桂镇委书记的邓伟根，就在中国首届民营企业（顺德）总裁特训营上预言：“今后几年将有2/3甚至更多的民营企业被淘汰；有的民营企业能活5年，有的寿命可能更短；社会财富只是阶段性地掌握在你手中，民营企业应时刻在市场竞争中保持危机感。”[①]这一席话让台下的老板们听得坐立不安。此后一周的讨论及近10位著名企业首脑的讲演，通通都是围绕民营企业如何生存和发展展开的。现在十多年过去了，预言完全得到了印证。

有什么办法来预防这一点呢？这就要从细微之处做起了。

---

① 刘慰瑶：《民企老板聚顺德：五年死大半，民企怎么办》，载《南方日报》，2001年6月8日。

我们知道,一个人在社会上立足需要有自己的品位,一个企业同样如此,需要有企业文化,这是企业立足和发展的立身之本。正如大家能想到的那样,许多创业者感觉企业文化是最让他们摸不着头脑的话题。

对此,科龙总裁徐铁峰是这样认为的:企业文化虽然并不直接解决企业赚不赚钱的问题,但是它可以解决企业可持续发展的问题。他说,企业的发展 5 年靠的是机遇、10 年靠的是领导、15 年靠的是结构、20～30 年靠的是文化。

企业文化的本质内涵是"以人为本",而现代企业制度就是先进企业文化的集中体现之一。所谓以人为本,在这里就是要求创业者能够通过一系列的激励机制,充分调动每一位员工的积极性。任何一家企业,它可以模仿别人的技术、引进管理模式,但唯有企业文化只能产生于企业内部,要靠自己创建和积累。

而所有这一切,都与老板是否善于发现细节、塑造细节分不开。如果你对所有东西都大而化之、视而不见,当然不善于发现企业运营中业已存在的问题,不会顾及别人的感受,不会塑造企业文化了,而这是不利于创业成功的。

## 怎样自我锻炼

有人会说:"我想创业,可很'粗心',该怎么办?"很简单,锻炼呗。对于每一个有志于自我创业的人来说,平时都要有意识地加强这方面的锻炼,活到老、学到老。

道理很简单,创业成功最重要的是时刻保持核心竞争力,尤其是适应市场环境变化和预测未来的能力。创业者要想自己将来不被别人吃掉,甚至还要去吃掉人家、谋求发展,很重要的一点就是老板必须具有敏锐的眼光。只有这样,才能有更多的时间和精力去及早纠正问题,摆正企业的发展航线。

但众所周知,"细心"和"粗心"与每个人的性格有关,应该怎么锻炼呢?实际上,农民创业者不外乎两种类型:有过打工经历的和还没有打工经历的。

想当初，这位全球第一位亿万富翁洛克菲勒也是在打工时发明"38 滴型"焊接机的。从中我们可以得到启示：做老板必须完成一定的原始积累才行，这种原始积累包括资金和工作经验两部分。相对来说，经验往往比资金更重要。

工作经验从哪里来？这就牵涉到打工生涯了。对于没有打工经历的人来说，最好是先到正规大企业去经受两三年的实践工作积累，从最基层一步步做起，不要看重薪酬。等到技能、经验等方面"翅膀都硬了"再出来单飞，这时候的创业会更顺手。

对于现在已经在打工的人来说，道理就更简单了。首先是要安心工作，专心致志地学一个专长，在理论上打好基础。如果有条件，去找一个好些的企业蛰伏一两年，等该学的都学到了，资金也攒了个七八成，社会关系也建立了一大把，这时候你跳出来自立门户就具备了相应基础，这种创业不成功才怪！

## 21. 并非都要大投资

毫无疑问，农民创业要有资金投入，这是衡量是否适宜创业的条件之一。但这里要说的有两点：一是有投入并非一定要大投入，所谓"看菜吃饭"，有多大的能力办多大的事就行；二是这种投入也并不是完全看你持有多少现金，还包括你能够调度到多少资金(借贷)，以及可以动用的物资。

更极端的是，有些创业只要投入极少的资金，甚至不需店面或办公室。尤其是对于有一技之长的农民来说，创业完全可以从"我"一个人开始做起。等到自己慢慢积累了一定的知名度，再扩大规模和业务量，这是一种比较稳妥的创业方式。

不需要大投资的创业项目主要有以下几类：

## 自由人

自由人的概念包括兼职、Freelance(自由职业)、SOHO(工作室,意思是在家里工作的小额创业者)。

根据自由人的工作范畴进行划分,大致可分为以下几种类型:

创作(音乐、摄影、电影等);

信息科技(互联网、软件开发、网站设计等);

写作(新闻稿、书稿、商业稿等);

翻译(法律文书、产品目录等);

设计(平面设计、包装设计等);

市场调查(顾问);

专业服务(地摊、沿街叫卖、网店、手工制作等)。

要注意的是,虽然这样的创业规模不大,但同样需要进行市场调查,内容包括产品或服务的市场定位、针对的顾客对象以及预计第一年的收入和支出金额;同时,至少要预备一年的支出金额,以防在创业失败时陷入困境。

## 关键是一技之长

创业项目的资金投入规模与很多因素有关,但其中之一是看创业者是不是有一技之长。换句话说,如果你有一技之长,就可以利用这种技术来从事创业项目,或者技术入股后变成钱,从而减少实实在在的资金投入。

这里说一个相对特殊的例子。鲁迅先生是妇孺皆知的文化巨人,其实,他同样可以看作是我们今天个人创业的好榜样。

鲁迅生活在 20 世纪上半叶。当时的中国战火不断、民不聊生,科技远远不如现在发达。然而,就是在这样的背景下,以鲁迅为代表的一代文化大师层出不穷。为什么?《文汇报》的一则消息给我们揭示了其中的答案。

据2000年1月4日《文汇报》报道："鲁迅前期（北京时期）是以公务员职业为主，14年的收入相当于现今的164万元，平均月收入相当于现今的9 000多元；中间（厦门、广州时期）一年专任大学教授，年收入相当于现今的17.5万元，平均月收入相当于现今的1.4万元；后期（上海时期）完全是自由撰稿人身份，9年收入相当于现今的210万元，平均月收入相当于现今的5万元以上。"

也就是说，鲁迅从32岁开始到56岁逝世的24年中，总收入相当于2000年的人民币374万元，9年自由撰稿人时期的收入210万元，比当公务员的14年还要多46万元；月收入是当公务员时期的5倍多。顺便一提，鲁迅的收入在当时并不是最高的。

而据作家陈明远的研究，鲁迅在当自由撰稿人期间的收入相当于1995年的每月2万元、2009年时的每月4万元，不但可以养活一大家子人，而且足可确保他的自由思想和独立人格。[1]

要知道，鲁迅并不是一个"老实听话"的顺民文人，而且始终与政府作对。他这样一个体制外的思想者，甚至涉嫌体制外的行动者，几次遭到政府通缉，以至于后来不得不用了80多个笔名，但所有这些都不妨碍他成为"百万富翁"。这就再次证明，经济自由制度并不反对人们卖文为生——政治上再严，只要经济上有活路，文化大师便会踊跃出现。

这里也容易看出，鲁迅后期所从事的完全是一个自由人的工作，一种成本极低的个人创业，只是他不能算是农民而已。

## 22. 小时候有没有做过这样的梦

人活着总得有梦想，没有梦想的人生是很可怜的；而为梦想活着，虽苦犹甜。如果创业恰好是你的梦想，那就最好不过了。

---

① 陈明远：《为文化名人算经济账：鲁迅时代何以为生》，陕西人民出版社，2011年。

也就是说，这样的人最适合创业。因为创业是他一生的牵挂或家族的希望——创业成功了，就圆了一辈子的梦；即使失败了，也不枉此生。

## 个人梦想成奋斗动力

个人的梦想会一辈子催人奋进，成为其发展动力。

来自河北隆化县的马国利，于1998年在山西长治与人合伙开了家煤炭公司。别看他已到而立之年，企业办得也很成功，可是他从小的梦想却是自己开着飞机在蓝天自由翱翔。

2000年10月的一天，他偶然得知飞行爱好者可以在位于四川新津县的中国民航飞行学院新津分院参加驾机训练，于是迫不及待地报了名，准备学习开飞机，好在空中过一把"驾机瘾"。

当他体验过驾驶飞机的快感后，他又想：为什么不自己买飞机呢？虽说目前的经济条件还不允许他买架飞机当座驾，但与他有相同想法的人一定不少，这同样可以用于创业呀！就这样，他又盘算起了买飞机。

2000年11月，他参加了在珠海举办的中国国际航空航天博览会。展会上他看到有一架捷克EV-97型飞机，便想把它买下来，自己组建通用航空公司，开拓体育市场。可由于捷克的这架飞机还没取得中国民航总局的民航适航许可，他的这一想法最后只好不了了之。

从此以后，经营头脑特好的马国利逐渐认识到，自己小时候的梦想不仅只是为了满足个人快感，更重要的是这本身就是一个巨大的市场空白，发展潜力不可估量。

他想：光是山西省每年就要进行多次人工降雨，一些单位还要进行航空拍摄等空中作业，需要租用飞机的机会很多。而且当时山西省在"十五"规划中就已经明确提出，要增加使用轻型飞机进行相关飞行作业的费用。

联想到自己当时所从事的煤炭行业正在不断趋于饱和，而通用航空业则有很好的发展前景——如果自己买到飞机，不就可以在航空领域探索出一条新的创业路子，找到一个新的经济增长点了吗？于是，他时时处处留心买飞机的机会。

2002年初，当他偶然得知乌鲁木齐的一家拍卖行里正在拍卖飞机时，便精心进行准备，最终以730万元的价格买到了三架Y－12型飞机，既圆了儿时的梦，又由此萌生了一个新的梦想——在企业得到更大的发展后，在山西组建一家个人创办的飞机驾驶训练学校，帮助更多的人实现开飞机的梦想。①

正是在此基础上，现在的山西成功投资集团已经从当初的煤炭行业起步，发展到涵盖汽车制造业、通用航空业、能源产业等国内外进出口贸易。在航空领域，该公司拥有高端公务飞机、Y－12型飞机6架。在2012年的胡润富豪排行榜上，马国利以个人资产20亿元名列第873位。

马国利的经历告诉我们，梦想一旦与创业结合，就会形成奋斗的动力，既赚钱又快乐、边赚钱边快乐。如果你从小也有这样的梦想，不妨把它变成现实，变成创业契机。

## 家族梦想助事业成功

如果说马国利的梦想是个人的，那么出生于开锁之家的王迟拥有的梦想则是家族的。所以，即使在研究生毕业后，他依然没有忘记当一个“开锁老板”的梦想，并最终把它变成了现实。

王迟出生在东北的一个小县城，他的爷爷辈中有好几个是当时“街头配钥匙大军”中的成员，而他爷爷的修锁、配钥匙、开锁手艺更为娴熟。他的父亲虽然对这个行当也相当熟悉，可是并没有子承父业，而是当了老师，后来又做了干部。

生活在这样一个家庭里，王迟从小就熟悉锁具。后来，王迟考

---

① 谭旭、杨连芳：《山西民营“老板”买飞机》，新华网，2002年3月21日。

上了南京理工大学(当时叫华东工学院),毕业后在锦州港工作。1996年底,他应聘到锦州电视台新闻部,一干就是4年。2000年,王迟考入北京广播学院读研究生。

在锦州电视台工作期间,王迟有一天看到路旁一个大牌子上写着"开锁大王"字样,长期蛰伏在他心灵深处的梦想一下子就被唤醒了。他马上意识到,自家的开锁技术一定比他强。从此,他开始考察市场,结果发现这是一个市场潜力非常大的行业,如果能引进现代商业的规范做法,一定会有很好的发展。

1999年,还在电视台工作的王迟与父亲一起,从南京到上海沿线考察了南京、镇江、常州、无锡、苏州、上海等地,每个城市与锁有关的业务都被他们细摸了一遍。虽然这些城市与他们想象的一样,基本上是地摊式做法,但由于这些城市经济发达,这个市场已有一定规模,所以他们认为并不适合进去。

随后他们来到唐山考察,马上就决定从这里起步。王迟父子的第一家"王氏开锁有限公司"就此诞生了。

在一般人眼里,开锁只是门小手艺,怎么能成为一个行业呢?殊不知,随着社会的发展,钥匙的用途已经不再仅仅停留在木门、铁门、防盗门上,还扩展到了车门、特种锁具方面。很快,唐山80%的开锁业务被王迟父子的开锁公司所垄断。此后,他们又很快在哈尔滨、大庆等地开了5家这样的连锁店。

生意越做越大。2002年3月1日,还在读研究生的王迟利用实习期间在北京开了家分公司,招聘了20多名员工,配备多辆汽车,添置了价值几十万元人民币的解码设备,当上了王氏开锁有限公司的总经理。每天,电话不断,公司所有员工都会从早上8点一直忙到晚上八九点,可见其繁忙程度。王迟微笑着说:"现在我一个月的收入比过去一年的工资还要多。"①

现在,"王氏开锁"总部设在北京,京津唐连锁,在全国几十个

① 《王迟之芝麻开门:研究生与开锁老板》,载《科学投资》,2002年7月18日。

城市都有核心企业，专门为客户提供应急开锁服务，包括开修换各类防盗锁、匹配汽车芯片钥匙，开启保险柜、取款机密码锁，安装指纹锁、密码锁，更换空转锁芯、叶片锁芯，承担大小锁具安装工程等。可以说，这是王迟爷爷辈们想也不敢想的。

由此可见，如果你也有一门家传的精湛技能，只要适当加以现代商业包装，就可能成为一条很好的创业之路。

## 23. 有时只要多一点勇气

有人整天嘀咕着要创业，可总是缺少那么一点勇气，所以总是迈不出这关键的一步。推而广之，一个人如果总是怕这怕那，必定不会有什么大出息；相反，那些敢作敢为、不怕失败的人更容易取得成功。正如一句名言所说的那样："哪怕是一个天才，如果缺乏勇气，到最后必然是默默无闻地走入坟墓。"

创业也是如此。一方面，创业需要一定的胆量（称为"胆商"，与"情商"同等重要）；另一方面，胆量这东西又实在是不能强加于人的。所以，从这个方面估摸一下自己是否真的适合创业，是非常有必要的。

想当年，美国前总统林肯为什么敢废除黑奴制度？其实就与勇气有关。一位名叫马维尔的法国记者在1865年采访林肯时这样问道："上两届美国总统都想废除黑奴制度，《解放黑奴宣言》也早在他们那个时候就已经完成，可是他们都没有拿起笔来签署它。请问总统先生，他们是不是想把这一伟业留下来给您去成就英名呢？"林肯幽默地说："可能有这个意思吧。不过，如果他们知道拿起笔需要的仅是一点勇气，我想他们一定会非常懊丧。"

这位记者还没来得及继续问下去，林肯的马车就出发了，所以一直没机会弄明白林肯这句话的真正含义。直到林肯去世50年后，这位法国记者才在林肯致朋友的一封信中找到答案。

林肯在信中谈到了自己幼年时的一段经历。他说："我父亲在西雅图有一处农场，上面有许多石头。正因如此，父亲才得以较低的价格把它买了下来。有一天，母亲建议把上面的石头搬走，父亲说，如果可以搬，主人就不会卖给我们了，它们是一座座小山头，都与大山连着。”“有一年父亲去城里买马，母亲便带着我们在农场里劳动。我们开始挖那一块块石头，不长时间就把它们给弄走了。因为它们都是一块块孤零零的石块，只要往下挖一英尺，就可以把它们晃动。”

林肯在信的末尾说，有些事情一些人之所以不去做，是因为他们认为不可能。其实，有许多不可能只存在于人的想象中。

读到这封信的时候，马维尔已是一位 76 岁的老人了，也就是在这一年，他决定学习汉语。3 年后(1917 年)，他就能独自在广州旅行采访，并用流利的汉语与孙中山会话了。①

1956 年，16 岁的美国穷孩子查克·诺里斯第一次打工，在洛杉矶附近一家超市里包装零碎食品(就是把大包装的食品分拆开来后重新包装)。第一天干下来，他自我感觉很不错，可是下班时老板却对他说他第二天不用来了，因为他干活的速度不够快。

查克·诺里斯的性格非常内向，但是他又渴望得到这份工作，好赚点小钱贴补家用。这时，他自己也不知道从哪里来的勇气，突然高声喊道：“不，明天我再来试一试，我一定会做得很好！”

就凭这句话，老板答应给他一次机会。第二天，他的动作快了很多，老板十分满意。

许多年过去了，这一幕在他记忆深处一直磨灭不了，也使得他终于懂得这样一个道理：如果想在自己的一生中有所成就，就不能只是坐等命运垂青，而必须设法让成功来临！

36 岁时，他准备改行做演员，可那时他在演艺方面还没有任何经验！而当时仅仅一个好莱坞就有约16 000名演员在失业。可想而知，这时候的他要取得成功是何其艰难！

可是他最终没有说“我不行”，否则我们就再也看不到这样一

---

① 刘燕敏：《愿望与成功之间》，载《同学少年·作文》2012 年第 6 期。

位美国哥伦比亚广播公司的电视节目明星、空手道世界冠军、主演过 20 多部叫座电影的大明星了。

回到现实中来。2002 年 3 月，为了能在西安召开的“2002 年春季糖酒会”上为家乡打造“中国最大白酒原酒基地”声势，四川邛崃市的 29 家酒类、食品企业，集体包下一架西南航空公司的波音757飞机。而由此造成的轰动效应，使得邛酒在这次展会上十分抢眼，销售量不断飙升。

专机抵达西安的当天，就有一个河南的商家找到邛酒老板们，经过不到两小时的谈判，就签下了数额高达 4 000 万元的销售合同。而在糖酒会落幕的当天，山东临沂的一个老板又专程赶到邛崃，在经过实地考察后与邛酒企业签下 2 000 万元的供销合同。

花费不到 10 万元的包机费，竟然取得 11 亿元的销售额，这令邛酒老板们喜出望外。这个例子再次说明，成功有时候真的并不需要多少复杂的技巧，只要一些勇气就行了。

在大学生越来越多的今天，各大企业招聘对学历方面的要求已经越来越看淡了，他们更看重的是“三商”，即智商、情商和胆商。正如中欧国际工商管理学院执行院长刘吉所说：“胆商就是胆略，有商战的胆略；要敢于抓住机会，该出手时就出手！”反过来，这也应了一句老话：“秀才造反，三年不成！”

上述故事告诉我们，创业过程中有许多决策是只要我们凭勇气就可以拍板的，你有这样的素质吗？

## 24. 有恒心才会有未来

谁都知道创业是一个艰难的过程，谁都希望能一夜暴富，但这种事情可遇不可求。俗话说：“罗马不是一天建成的。”创业既要注重短期回报，更要注重长期规划，有恒心才会有未来。

冯国强是标准的“苦出身”。5 岁时母亲就去世了，他一直跟着在小学当数学老师的父亲生活。父亲是农村人，家里常常是吃了上顿没下顿，穷得连别人给他爸爸重新介绍的对象都不敢登门。

在这样的艰苦条件下，上小学的冯国强最大的梦想是以后有钱了可以买一三轮车的北京小吃“糖耳朵”。到了 27 岁时，他最大的梦想是能赚买一辆奔驰车的钱。

他是如何一步一步实现这种转变的呢？

中学毕业后，冯国强做起了商店售货员等临时工。由于平时喜欢画画，所以每天晚上他都要画些京剧脸谱、风筝之类的小工艺画拿到地摊上去卖。他的作品后来在 1990 年的庙会上被一位老板看中，老板说他可以负责包销，就这样，冯国强每个月能有 700 元收入，相当于当时大学毕业生大半年的工资。

1995 年冯国强 26 岁时，他家附近先后有 3 户人家在装修房子，从马路边找来装修工人，最后请冯国强清理垃圾，他一共赚了 300 元。从中他体会到，干这个活虽然累些、脏些，可是比画小工艺品来钱快。所以，他干脆买了辆旧三轮车，专门给人清运装修垃圾。第一个月他赚了1 000多元，有时候一天就能赚个六七百元。后来认识的人多了，生意越来越好，他干脆投资两万元买了辆二手 130 卡车，一个月就把本钱赚回来了。

由于当时很少有专业的装修公司，装修工买材料每次都要花一两百元运费，这样，冯国强就把汽车直接包给他们拉货。

在和这些装修工、装修材料商打交道的过程中，冯国强慢慢学到了其中的窍门。1997 年 4 月，一家餐厅准备装修，他接下了清理建筑垃圾的活，谈好的价钱是 500 元。可是当他按照约好的时间去运垃圾时，老板愁眉苦脸地告诉他装修工人全跑了。

于是冯国强试探地问：“要不我来试试？”老板开始时根本不相信他，可又实在想不出别的办法，只得没好气地说：“我原来和别人谈好的费用是 14 万元，现在已经损失了 2 万元，所以我最多只能给你 12 万元；并且要在 30 天内完成，材料和质量不能有任何问题，否则我一分钱都不会付给你！”

冯国强因为从来没干过装修，所以心里也没底，根本就不知道究竟要用几个人，糊里糊涂地就去找了两个瓦工、两个木工、两个小工，并且连夜绘制好装修草图给老板看。老板看了，说："还行，比原来的那个设计要好！"然后就预付了2万元材料款。

整整21天，冯国强吃住在工地上，提前完成了工程，然后请老板来验收。整个验收过程老板是赞不绝口，所以当时就全部结清了装修款。冯国强仔细一算，他从中能净赚6万元。

这次误打误撞让冯国强感到其实做装修也蛮不错：一来自己有美术功底，二来自己会精打细算，三是这两年也积累了不少这方面的知识，各方面的条件基本上都具备了。就这样，27岁的冯国强有了新的梦想：有生之年一定要赚够买一辆奔驰车的钱，即使花光所有的钱连住的地方也没有，只能睡在车子里，估计感觉也是蛮好的。

1997年9月，雨辰装修装饰公司正式开张了。"雨"和"辰"摞起来是一个"震"字，他希望自己的装修公司可以"震"动京城。公司成立后，上面提到的这位餐厅老板马上就给他介绍了一个酒吧装修工程。两个工程做下来，他就掌握了餐厅、门面房的专业装修技术，而当时其他公司还很难做到这点，这也使得他第一年的赢利就达到80多万元。1999年4月，他真的买了一辆奔驰车。①

现在的冯国强早已成了大老板，可是他自嘲地说自己当了20多年的穷人，就算"穿上龙袍也成不了天子"。其实，他是丢不了那艰苦朴素的好品德。

回顾自己的奋斗历程，他深有体会地说：任何人要想取得成功，都必须有长远打算，然后一步一步地往前走。他在创业5年内就从一家公司发展到两家，资金也从最初的10万元至少达到800万，靠的并不是运气，而是踏踏实实、一步一步的努力，有恒心就有未来。

关于这一点，有必要多说两句，因为现在社会上对创业和创业者的理解存在误区。他们总想一口吃成个大胖子，或是一夜就掘

---

① 《三位千万富翁告诉你：钱是怎么赚来的》，载《世界经理人》，2007年4月5日。

出个金元宝，实际上这种想法很害人。

这里讲一个小故事。一位外贸公司职员与新加坡公司总裁交谈时，偶然看到办公桌上放着一份15年发展规划，为此受到极大震撼。

这份发展规划预测、分析了今后15年内该公司面临的市场环境及发展趋势、企业目前的产品定位及现有业务在未来的发展方向、需要拓展的新增长点、如何为未来发展建立完善的组织机构等，厚得像一本教材。这位职员翻看过后脱口而出道："15年，太遥远了！谁知道那时候会是什么样子呢？"

总裁很认真地看了看他，不屑一顾地回击道："我虽然在新加坡，但经常接触一些来考察的中国企业家，他们考察项目时总是先问我什么时候能收到回报。注重回报是应该的，但如果过分强调回报就有负面影响了。我们办事不是这样。尽管我们也强调短期回报，但更注重长期回报，注重长期效益。因为我们认为，企业是一个活体，和人一样是一个累积发展的过程。即使是最伟大的企业，也不可能一夜辉煌。"

这话讲得非常有理。一个人也好，一个企业也好，总得有符合实际的长远规划才能得到健康发展，不能揠苗助长。如果目光只盯着眼前的三五年甚至一两年，这种企业想发展恐怕也发展不了，这种创业想起步也起步不了，因为你很难找到回报率高得出奇的项目。

有心人可以翻阅一下过去的报纸。前些年各大媒体上所称的企业家，现在还在"活动"的有多少？他们不是只顾眼前、缺少长远规划，就是空有口号和目标式的所谓宏伟规划，结果往往是半途夭折。"罗马不是一天建成的"，说的就是这个道理。

更多的是，有些老板每年都非常忙碌，可是连他们自己也不知道在忙些什么；如果你问他，他的企业在5年、10年以后可能会是什么样的一幅图景时，大多答不上来。

从管理学角度来看，这些老板犯了一个策略错误。因为无论你这老板有多大、领导的企业有多大，你所做的事情总可以提炼出两大类别来：一类是紧迫的，另一类是重要的。许多人成功，原因就在于他们善于把 20%的时间用来处理紧迫事情，用 80%的时间来处理最重要的事情。这就是管理学上的“二八法则”。

相反，如果你把大多数时间都用来处理最紧迫的事，到处充当“救火员”，根本没时间去考虑最重要的事情，那就糟糕了。这就像你今天开车出门一样，根本不知道要开到哪里去，而是眼睛盯着方向盘，走一步算一步，这又怎么行？不用说，有恒心才会有未来说的正是要有长远目标，忌鼠目寸光。

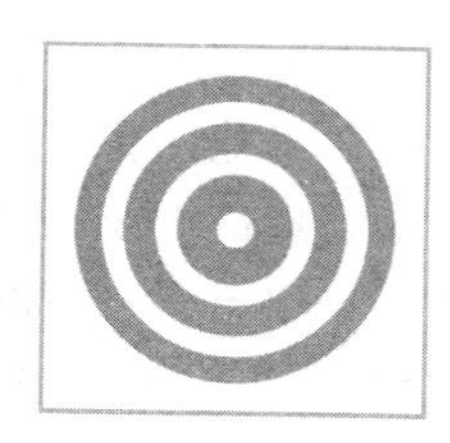

# 第三课 你的创业优势在哪里

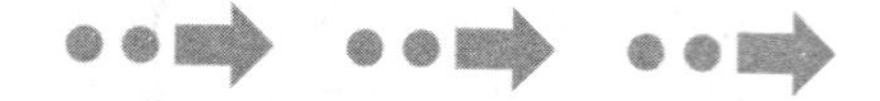

“扬长避短”人人会说，但真正到落实时就容易给忘了。农民创业很重要的一点是要发挥你的优势，从优势入手既顺理成章又事半功倍。缘木求鱼，岂能成功？

## 25. 人生目标

农民创业能够在多大程度上取得成功，与个人是否有明确的人生目标，以及他的人生目标里有没有创业有关。

道理很简单，人人都想取得成功，可是如果你的目标不是创业而是其他（这很正常），那么你就不一定适合创业；即使创业了，也可能举步维艰。

1982 年宁君从南昌航空工业学院毕业后，回到家乡大连的一所军事院校从事教学科研工作。用他自己的话来说“那是一段平静有序的生活”。由于科研成果显著，他荣立过两次二等功、多次三等功，30 岁时就成为当时沈阳军区最年轻的教授。

1997 年，40 岁的宁君突然决定下海经商。他解释说，在他的人生履历中，工农兵学商里少了一个“商”字，所以自己一定要尝试创业，这就是他的人生目标。

这个理由看起来有些可笑，但宁君真的由此下定了决心。

他骑着自行车到处找工作，希望能进入一家高科技企业。可是虽然他爱高科技，高科技却不爱他。这些高科技企业需要的都是 30 岁以下的年轻人，一听说 40 岁，连门都不让他进。

一次偶然的机会，宁君到大连雅奇电脑公司买软件，碰到了公司老板刘寒柏。两人一见如故，交谈甚欢，于是宁君走进了这家公司。仅仅做了 15 天，他就从最底层升到了总经理一职。

就是这样一个计算机外行，又是一个从来没有搞过经营的书呆子，在不到两年的时间里，就把原来只有 6 个人、3 万元流动资金的电脑公司做成全国最大的 MIS 软件公司，一度垄断全国 80% 的市场份额，他个人也因此被人称为“东北软件王”。

宁君成功的秘诀在哪里呢？在于他找到了成功方向。

后来，宁君又以一个外行的身份进入互联网行业。外行到什么地步呢？这时候的他连一封电子邮件都没有收发过。这在有着许多海外背景的同行听来简直不可思议。

IDG 中国区总裁周全是让宁君从事互联网的关键人物。作为投资人，周全对他所欣赏的人才有着“愚公移山、挖山不止”的执着。后来在周全及几位朋友的劝说下，宁君终于答应到北京去看看。

到了北京，他一下飞机就受到“金融街”董事长王新政的热情接待，于是二话没说就留在了金融街担任 CEO。就这样，一个连电子邮件都不会发的人，管理、运作起了这家互联网公司。2004 年，金融街在美国纳斯达克成功上市，成为中国财经信息概念第一股。

回顾这段历史，宁君说他的管理方式就是做人：“什么叫管理，管理就是为人处世，把人事关系处理好。”宁君的确不懂互联网，但是在金融街公司，他却会把最适合的人放在最适合的位置上，而这就足够了。

金融街定位在做中国的 QUICKEN，这有着令投资者看好的前景。他先对金融街的市场进行细分：中国当时有 13 亿人口，其中9亿多是农民，城市人口有3亿多；在城市人口中，1/3是60岁以上的离退休职工，1/3是学生，另外1/3是20～60岁的人。这最后的1/3是需要理财的，其中有0.6亿股民、200万期货主和5 000万超前消费者，这些人才是自己的服务对象。

搞清楚了服务对象后，金融街迅速推出了小巧、快速、好用、实用的实时行情系统"报价精灵"；同时，又迅速推出了"股民茶馆"、"股市专家在线"、"期货专家在线"等。金融街从接手时的日访问量5 000人，一下子就猛增到1 765万人。

当初宁君下海的时候，原打算做成功了一个企业就见好就收，可是这时候他才觉得人是一种"好斗的动物"。他说他喜欢不断迎接挑战。[①]

遗憾的是，宁君在2005年因健康原因不得不离开自己热爱的事业，加入IDGVC任合伙人。但他的成功创业告诉我们，一个人如果有了创业的人生目标，并且又找对了目标、有一个好的平台，那么他在以后的创业道路上就会如鱼得水。

不用说，每个人的目标是不一样的，为此所选择的道路也各有不同。但只要找到了、找对了，就会成为创业优势；相反，如果一时找不到，那就不要匆忙创业。请记住，商场如战场，不打无准备之仗，这是很简单的道理！

接下来请你对照下面这张表，看看自己的成功之处究竟在哪里，是不是适合创业，以及创业成功的把握有多大。

---

① 《宁君：从员工到总经理用了15天》，博思人才网，2008年10月30日。

| 题　目 | 你的回答及得分 | | | |
|---|---|---|---|---|
| | 很对 | 有些对 | 不很对 | 不对 |
| 快乐的意义大于金钱和地位 | 0 | 1 | 2 | 3 |
| 完成某项工作有难度，但不怕 | 3 | 2 | 1 | 0 |
| 有时候的确是以成败论英雄 | 2 | 3 | 1 | 0 |
| 对自己造成的过失会非常自责 | 1 | 3 | 2 | 0 |
| 非常重视自己的名誉和地位 | 3 | 2 | 1 | 0 |
| 适应能力很强，可以应付变化 | 3 | 2 | 1 | 0 |
| 决心做一件事就会坚持到底 | 3 | 2 | 1 | 0 |
| 很在意别人说自己是重任在肩 | 3 | 2 | 1 | 0 |
| 喜欢高消费，也有能力高消费 | 3 | 2 | 1 | 0 |
| 成功在望，会全力以赴去实现 | 3 | 2 | 1 | 0 |
| 把团体成功看得比个人更重要 | 3 | 2 | 1 | 0 |
| 尽可能有效地利用每一分钟 | 2 | 3 | 1 | 0 |
| 工作再忙也很少把工作带回家 | 0 | 1 | 3 | 2 |
| 每天工作太忙，24 小时不够用 | 2 | 1 | 3 | 0 |
| 千方百计减少工作时间 | 0 | 1 | 2 | 3 |
| 见缝插针，经常利用零碎时间 | 3 | 2 | 1 | 0 |
| 把工作交给别人总是有点不放心 | 0 | 1 | 2 | 3 |
| 为了完成工作，可以通宵不眠 | 2 | 3 | 1 | 0 |
| 工作只是生活中的极小部分 | 2 | 3 | 1 | 0 |
| 喜欢很多份工作同时进行 | 3 | 2 | 1 | 0 |
| 多做多错，容易遭到别人埋怨 | 0 | 1 | 2 | 3 |
| 经常在周末加班加点 | 2 | 3 | 1 | 0 |
| 如果有可能，根本不想工作 | 0 | 1 | 2 | 3 |
| 凭能力可以提升职位，但不愿意 | 1 | 2 | 3 | 0 |
| 和别人比较，你的工作特别多 | 2 | 3 | 1 | 0 |

| 题　目 | 你的回答及得分 | | | |
|---|---|---|---|---|
| | 很对 | 有些对 | 不很对 | 不对 |
| 周围人都反映你工作太拼命 | 3 | 2 | 1 | 0 |
| 如果打零工可糊口感觉也不错 | 1 | 2 | 3 | 0 |
| 希望什么也不做，尽情享受休假 | 0 | 1 | 2 | 3 |
| 天气好有时会放下工作出去玩 | 3 | 2 | 1 | 0 |
| 总有一些事务和约会等待处理 | 3 | 2 | 1 | 0 |
| 手上没事做会忧心如焚 | 3 | 2 | 1 | 0 |
| 相信事业越大烦恼也越多 | 2 | 3 | 1 | 0 |
| 自己安排的工作经常超负荷 | 1 | 2 | 3 | 0 |
| 认真工作时其他事都不管 | 3 | 2 | 1 | 0 |
| 认为整天工作太乏味、缺少乐趣 | 2 | 3 | 1 | 0 |

以上一共有 35 项，根据每项中你的得分分值进行加总，如果总分值在 0～35 分之间，表明对你来说，成功的意义是圆满的家庭生活和精神生活，并不是权力和金钱的获得，你不太适合创业。

如果总分值在 36～70 分之间，表明对你来说，也许根本就不想去一争高低，至少目前依然如此，同样不太适合创业。

如果总分值在 71～105 分之间，表明对你来说，你具有获得权力和金钱的倾向，创业当老板有优势，相对来说也容易成功。

当一个人明确了自己的成功方向，并且又适合创业，那么接下来在创业过程中就会少走许多弯路。

## 26. 家族优势

与城里人创业不同的是，农民创业更注重家族观念，所以在农村，你能看到家族企业更多，有的整个村镇的骨干企业乃至所有企业的老板都是亲朋好友。究其原因在于，当初创业时他们有更多的家族优势可供利用。仔细考察你会发现，几乎每个农民家庭在这方面都有一些优势，只不过多少、程度不同罢了。

农民创业若能好好利用这种优势，会大大缩短进入市场的进程，降低投资风险，甚至可以说水到渠成。

这种优势主要体现在以下三方面：

一是凭借家族成员之间特有的血缘关系或亲缘关系，能够以较低的成本迅速聚集人才，拓展社会网络，在短时间内完成原始资本积累。

二是家族内部整体利益的一致性、家长制领导的权威性，能够大大缩短决策过程，提高企业凝聚力和执行力。这样，整个企业的运营成本和代理成本就大大降低了。

三是家族成员之间相互了解、彼此信任，以及经营权和所有权高度统一，使得企业的监控成本大大降低，真正做到心往一处想、劲往一处使。

刘氏家族的成功创业史就是典型的例子。

1982 年，刘育新从四川农业大学毕业时就告诉母亲，一定要回乡当农民，发展养殖业。母亲心疼地说："农村这么苦，你当了十多年农民还没当够吗？"后来，他被分配到县农业局当技术员，但心里依然念念不忘要自己创业。

1982 年的一个星期天，他和在某军工企业计算机室工作的老大刘永言、从事电子设备设计的老二刘永行、在四川省机械工业管理干部学校任教的老三刘永好，兄弟四人一起开了个家庭会议，决定全部辞职一起回乡搞实业。

他们的理由是，四个人都是大学生，这就是他们最大的资本。事实也是如此，当时他们变卖了所有的财产，如手表、自行车等，仅筹集到1 000元钱。后来，他们利用这 1 000 元首先开发出了一套鹌鹑养殖繁育技术，摸索出了用鹌鹑粪养猪、猪粪养鱼，再用鱼粉养鹌鹑的生态循环养殖法。

到 1988 年时，四兄弟创办的新津县育新良种场的鹌鹑年产量已达 15 万只，成为远近闻名的养殖大户。很快，他们又带动当地农民创办了专业化鹌鹑养殖基地，到1993年时鹌鹑年产量300万只，产值超过1亿元，成为国内最大的鹌鹑养殖基地。[①]

现在，刘氏家族的新希望集团早已蜚声海内外，2012年年末集团拥有子公司800家，员工超过8万人（其中一半从事与农业相关的工作），年销售额753.81亿元，总资产超过400亿元（其中农牧业占72%），并且带动450万农民走上了致富道路。[②]

刘氏创业成功的经验有很多，但其中很重要的一条是家族优势。这就是古人所说的“兄弟同心，其利（锋利）断金（金属）”，意思是说，只要兄弟齐心协力，就会无坚不摧，无往而不胜。

再看沿海侨乡，多数人都有亲朋好友在海外，这时利用海外资金和渠道来进行创业就是一条切实可行的成功之路。

与此同时，当然如果要赴海外进行投资也会方便得多，这就是现在时髦的境外投资、国际投资，说穿了就是去国外投资，通过资本的跨国运动去赚外国人的钱。

为什么要这样做呢？理由当然多种多样，但对农民创业者来说，最简单的理由有两点：一是自己有这方面的优势，甚至早就熟门熟路，比较容易进入这个领域；二是通过这种方式来寻求低成本扩张，能够避开国内激烈的市场竞争，提高成功率。

尤其是这几年全球经济形势都不景气，如果你手中握有大量的现金或其他资源，或者能够筹集和调动到这些资源，遇到恰当的机会，就很容易通过收购、兼并等资产重组实现梦想。

需要注意的是，国外市场与国内市场相比风险更大，有些陷阱可以说防不胜防，所以要尽量使用知识产权、无形资产投资，少投现金。说穿了，到国外去投资，外国人的钱也不是那么好赚的。更由于人生地不熟，对法律政策、人文历史等方面两眼一抹黑，投资风险显而易见。

---

① 《中国最富家族回归农村创业史》，阿里巴巴网，2012年5月4日。

② 《2012中国民企500强发布，沙钢、华为、苏宁列前三》，新浪财经，2012年8月30日。

从整体上看，我国目前在海外拥有1.82万亿美元净资产，位居全球第一，可是投资净收益却是负的。也就是说，总体上是亏的，2012年亏了574亿美元，2011年更是高达853亿美元，从2004至2012年的9年中有6年是亏的。相比之下，日本、德国也是全球主要海外净债权国，可是从2004年开始这两个国家的海外投资净收益都是正的，即都是赚钱的，这就是我们的区别。[①]

所以，考虑到农民创业的实力相对不足，比较有效的办法是尽量参加集群式投资模式来扬长避短，而不是单打独斗。

例如，截至2012年7月，我国已在13个国家开工建设了16个境外经贸合作区，并且已经进入良性循环的发展轨道。其中，有9个合作区通过了我国商务部和财政部的确认考核，相对可靠。[②]

这些所谓的境外经贸合作区，说穿了就是我国国内的"外商企业投资区"。这些经贸合作区最先都是由"走出去"的大型龙头企业首创的，一开始也只是供该企业使用的生产和贸易基地，后来才慢慢发展成具有制造、物流、贸易等多功能的综合性园区，然后成规模地吸引我国生产企业进入该园区。

根据国家商务部的规划，自从2006年11月我国第一个境外经济贸易合作区(巴基斯坦—中国经济贸易合作区)成立后，最终将在境外建立50个经贸合作区，国家对每个园区都将给予2亿到3亿元人民币的财政支持，以及不超过20亿元人民币的中长期贷款。

不用说，农民创业的对外投资如果能优先考虑进入这样的经贸合作区，就不仅能享受到我国政府的一系列优惠政策，而且有助于发展目标国的相关产业。因为这样的经贸合作区在设立之初，都是由两国共同商定建设的，符合所在国产业发展方向。

---

① 唐玮：《中国海外净资产1.82万亿美元，净收益却频频为负》，载《华夏时报》，2013年5月3日。

② 林浩：《中国加快境外经贸合作区建设，助企业"走出去"》，中国新闻社，2012年9月24日。

换句话说，在这样的境外经贸合作区投资发展，既能享受到“走出去”的各种优势，又能形成上下游配套的产业集群，还能提高环境安全、企业利益维护等保障，何乐而不为?

不但如此，在其他国家开辟新的境外经济合作区，这本身也能成为民营企业对外投资的具体途径之一。

例如，江苏某农民企业就在埃塞俄比亚投资建立了东方工业园区，离首都不到40公里，规划面积5平方公里，很快就吸引了水泥制造、钢管生产、彩钢板生产、纺织服装、建材机械、金属加工、皮革深加工等企业进园。凡是进入该园区的企业都可以享受一系列优惠政策，其中最突出的是这里生产的产品可以免税进入20国东南非共同市场，纺织服装产品出口到欧美国家也不用缴纳关税，竞争优势显而易见。[①]

农民创业如果能把这种家族优势和集群优势结合起来，就好比把家乡的乡镇企业全部搬到了国外，能够起到如虎添翼的效果。

## 27. 一技之长

每个人都有特长。从自身特长出发从事创业，当然会多一分成功的把握，这就是你的创业优势。对于那些还不具备一技之长的年轻人来说，与将来的创业方向结合起来、及早规划并发展特长就显得很有必要。

### 荒年饿不死手艺人

俗话说：“荒年饿不死手艺人。”意思是说，一个人只要有一技之长，到哪里都会有饭吃。对于农民创业来说，根据自己的一技之

① 邵生余:《跨国投资，正是难得好时机》，载《新华日报》，2009年5月15日。

长，从手工艺制作开始，是一条成功捷径。看看那些外出的民工，他们常年在外面闯荡，绝大多数靠的就是一技之长。

所以，如果能把自己的手艺进一步发扬光大，很容易形成创业项目。而且，由于这样的项目投入较少或根本不需要投入，又是自己非常熟悉的领域，成功的概率就更大。

限于篇幅，下面只介绍两种适合农民创业的致富之路，主要供从中举一反三，找到适合自己的创业项目用。每个地区也可以根据自身特色来确定主导产业，建立关系和渠道，形成广阔的市场，为农民创业提供更多致富门路。

专做烫画葫芦年收入30多万

烫画葫芦是陕西的一种传统工艺品，不管是花鸟鱼虫、三国豪杰、西游人物，还是电影明星，全都能烫上去，而且栩栩如生。品种有酒葫芦、茶葫芦、水葫芦、药葫芦等，琳琅满目。精美的图案、天然的葫芦清香，盛物不变质、不走味，送礼自用两相宜。

在2000年举行的西安农业博览会上，任海庄的烫画葫芦绝技让海内外人士大开眼界，一个精品葫芦烫画能卖到700元，千余只葫芦在博览会上不到一天就卖光了。

任海庄的烫画绝活继承于岳父叶老。叶老是民间艺人，会用名字作画，更擅长做烫画葫芦。平时他在公园、商场、校园、机关门口现场制作，赶上节假日更是招人，小摊前常常被挤得水泄不通，每天能赚六七十元。

一开始，初中毕业的任海庄自己开了一家玻璃店，所以还有些“瞧不上”烫画。没想到，只用一两天他就学会了这门手艺。由于年轻，任海庄便想方设法去创新。现在，创新后的葫芦烫画不仅具有立体效果，而且从颜色到质地面貌焕然一新。很快就有3家礼品店看中他的作品，不但自己代销而且还销往日本。[①]

2001年，他和妻子带着葫芦作品去参加三门峡国际黄河旅游节，全部售出。回家后，他们立刻种了三亩地的葫芦，第二年收获

---

① 夏洋：《专做烫画葫芦，月赚九千》，载《现代营销》2002年第5期。

了上万只葫芦，全部烙上了画，运到全国各地进行销售。

2002年，他们在西安开了家葫芦工艺品专卖店，生产"紫气东来"、"老子著经"等老子系列，"贵妃醉酒"、"贵妃出浴"等贵妃系列，"金陵十二钗"等红楼系列，以及三国、水浒、西游等系列，最高价的一组能卖到5万元。2003年，他们的收入高达30多万元，2004年就有了上百万元家产。烫画葫芦在他们手里俨然成了一个有文化意蕴、无竞争对手的产业。①

变废为宝形成新产业

在一般人眼里，废弃的汽车轮胎、破旧的塑料椅简直一无用处，可是在厦门市马巷镇桐梓村，这些废品居然能够形成年交易额几亿元的新产业，成为农民创业的新途径。

20世纪80年代初，福建晋江的一些人在该村设立了废品收购点，从各处收来废品后，再用车沿着324国道运到泉州进行销售，收入颇丰，这让当地农民十分羡慕。

他们想：外地人都来这里收废品，我们本地农民不是更有优势吗？所以，他们纷纷仿效起来，从此村里便出现了一道奇异的风景：妇女挑起扁担组成扁担队，男子则踩着自行车组成了自行车队。他们每人一个袋子一杆秤，走街串巷收废品，厦门和泉州到处都留下了他们的足迹。

当时，一个人一天就能赚到10多元，这可不是个小数目。所以很快该村就涌现出了身价百万甚至千万元的大富翁，一幢幢小洋楼拔地而起，很多人家都买了小轿车。

桐梓人收废品有个特点，那就是品种不限，只要有利用价值，什么都收。而实际上，所有废品几乎都是有利用价值的，所以他们称自己是"棺材板也收"。就这样，经过十多年努力，现在已经形成集回收、加工、销售于一体的废品集散市场，成为全省最大的废品回收集散地。全村有80%以上的家庭、200多户从事废品回收，废

---

① 曹桢：《用文化理念卖葫芦，土产品出大生意》，载《致富时代》，2006年8月1日。

品产业年产值好几亿元，其中年产值在百万元以上的有四五十户，每个大型回收站点每天的回收额有两三万元，小的也有近千元。

令人赞叹的是，远远望去，在车流如织的福州—厦门公路旁，这里的汽车轮胎、废弃塑料制品以及玻璃酒瓶等堆积如山，绵延数公里，可是村里住宅区则看不见一点点垃圾痕迹，道路宽敞通达，楼房鳞次栉比，鱼塘绿柳相映成趣，是典型的新农村景象。①

## 没有一技之长怎么办

有人也许会说："我没有一技之长，怎么办?"很简单，有两种办法：一是从现在开始学，二是靠力气吃饭。

因为从自身特长出发选择创业项目、提高成功率虽然顺理成章并理所当然，但毕竟不是每个人都有拿得出手、适合创业、还能赚钱的特长。退一步说，如果你有一副好身板，这本身也是创业的本钱。你能说劳务输出不是一条创业之路吗?

说到底，农民创业本来就是不拘一格的，并不意味着一定要办工厂、开商店，也并非一定得有实体。如果自己年纪轻，先到国外去闯荡几年，积累一点资本，这对白手起家者来说更可能是一条完美之路。

以个人出国劳务输出为例，正常情况下，一年会有一二十万甚至二三十万元的进账，这和开办一家小型企业的年利润也差不多了，而且很可能会更简单、省事。

吉林省有个县级市叫延吉，在该市的成宝大厦，230 多位业主中就有 80%以上是出国打工后回国创业的。该市每两户人家就有一人在国外打工，每年出国打工人员的总收入高达 50 亿元人民币。这些人在国外打工几年后，积累到第一桶金就回国创业。所以，许多人在出国之前都会有意识地选择一些适合的行业，一边打

① 戴舒静：《废品回收经济撑起翔安桐梓村，全村"收破烂"年产值数亿元》，厦门网，2010 年 9 月 25 日。

工，一边学习先进经验，为以后的自主创业打基础。

例如，林春玉去韩国打工4年多后，就回国自己经销韩国商品了，专门做厨房日杂用品生意，现在一共开了8家店，雇工100多人，年收入几百万元。①

顺便提一下，在从事出国劳务输出时，注意以下细节才不至于“出师未捷身先死”，最终成功地迈出第一步。

了解目标国相关信息

就是说在出国之前，就要通过电视、广播、报纸、网络等媒体了解目标国的相关信息，最主要的是辨别真假，以免上当受骗。

选择正规的出国渠道

当你在选择出国渠道时，首先要了解中介机构（经营公司）是否具备国家商务部颁发的《对外劳务合作经营资格证书》或《对外承包工程经营资格证书》；重点了解对方公司和外国雇主的名称、工作内容、工作期限、有没有试用期、每月或每周工作天数、每天工作时间长短、工资待遇等。在这其中，特别要了解清楚工资待遇，包括每月基本工资、超时和节假日加班费，以及它们的计算和发放办法。

一般情况下，外国雇主会把工资直接付给你，但也可能会通过经营公司转交给你，或者存入你的银行账户。

签订劳务输出合同

你要签订的合同有两份：一是你和经营公司签订的《外派劳务合同》，二是你和外国雇主签订的《雇佣合同》。

要注意的是，这两份合同的内容一定要和经营公司与外国雇主签订的《对外劳务合作合同》相同，尤其是《外派劳务合同》要和经营公司而不是个人签订。

支付费用

出国前你要支付的费用有：体检费、适应性培训费、护照费、签

---

① 毕成功：《出国打工后回乡创业，工程师年收入上百万》，载《东亚经贸新闻》，2011年10月22日。

证费、打预防针费、合同公证费等。这里的适应性培训费包括教材费、考试费、培训费，一般是每人150～600元人民币。这种适应性培训很重要，它会帮助你了解目标国的情况，并且提高你的维权能力。只有在培训并参加考试合格后，你才能取得《外派劳务人员培训合格证》，否则是不能被派遣出国务工的。

出国务工不需要缴纳任何形式的保证金(押金)，也不需要向任何人支付中介费，但经营公司可能会要求你投保履约保证保险。

经营公司向你收取的服务费，总额不得超过你在出国工作期间所得合同工资的12.5%。具体数额由双方协商确定，但你一定要保存好收据。

出国手续

出国手续包括国内手续和国外手续两部分。国内手续主要有护照、签证、出境证明、《外派劳务人员培训合格证》等，有的还要提供打预防针、个人资料公证等，一般由经营公司统一办理。国外手续包括入境许可、工作准证等，由外国雇主负责。

需要注意的是，在出国务工期间，只要你不是通过不正规途径出国的，也没有在所在国违法犯罪，那么你作为中华人民共和国公民，就一定会得到国家为你提供的合法权益保护。

这里所指的违法犯罪主要有：出国前经营公司应当为你办好在国外的合法工作准证，如果你是以商务和旅游签证出境却在国外工作，那是违法的；在为雇主工作时不能为其他人打工，否则就叫“打黑工”，会遭到抓捕或被遣送回国；不要去赌博场所或色情场所；遇到问题不要采取罢工、游行等过激行为和违法举动，否则很可能触犯当地法律；不要参加当地的任何政治组织和邪教组织。

## 28. 商业能力

一个人的创业优势在哪里，可以简单地从以下四个方面来寻找：一是商业能力，二是品牌注意力，三是抓住机遇的能力，四是创新能力。如果你在这四个方面都觉得还行，就基本上可判断为比较适合创业，否则就要三思后行了。

在这里，先来说说商业能力、品牌注意力和创新能力，关于抓住机遇的能力留在下一章探讨。从大的方面来说，品牌注意力和创新能力也是商业能力的一部分，在当今，注意力经济和创新显得尤为重要。要知道，我国加入世界贸易组织后，创富规则与过去相比已经大不一样，人人都觉得“生意难做”，其实质就是你的品牌缺乏关注，你的创新能力还不够。

## 商业能力

商业能力是创业者的一种非常重要的基本素质，可以说是排在第一位的。如果一个人“天生不会做生意”，虽然也可以后天学习，但毕竟要逊色许多。更何况还有人“天生就学不会”呢！所以，商业能力强、悟性高的人在这方面是很占优势的。

请想想看，如果你只是一名技术工人，那么你只要拥有一技之长就不愁没有饭吃，所谓“此处不留爷，自有留爷处”。可是对于创业者来说，仅仅有好的技术还不行，还必须具有销售这项技术本领，这就是商业能力之一。

1991 年，哈拉里和拉比这对恋人在一起学习绘画艺术。有一天，拉比突发奇想：我们为什么不拿这些作品出去卖钱呢？两人说干就干，没想到一张招贴画能卖到 5 美元。

5 美元对他们来说并不多，可是却让他们从中体味到了创业的快乐。他们决心做一个真正的创业者。

1994 年，他们用卖招贴画所赚的一万美元，投资生产一种叫“地球伙伴”的玻璃头饰，一个月的销售额居然有 100 万美元。后来，他们认识了学国际商贸的瓦拉迪。瓦拉迪的加盟使他们如虎添翼，技术上不断创新、业务上不断拓展，生意十分红火。继“地球伙伴”成功之后，他们设计的另外两种产品——魔棍橡胶水玩具和空压动力玩具飞机很快就风靡欧美。

作为加拿大多伦多 Spin master 玩具公司创始人，他们三人的公司从 1994 年创业以后销售额就连年增长，1999 年时已经达到 420 万美元。

面对很多买家提出的企业收购要求，这三个年轻人不为所动，他们认为自己有能力把公司做得更好。技术能力和商业渠道都很成熟了，管理也有条不紊，为什么要卖呢？他们坚信，只要自己具有商业潜质，那么以后的成功几率就是双倍的。

## 品牌注意力

现在已经进入注意力经济时代，谁能关注并掌握注意力动向，谁就容易取得创业的成功，这也是现在的“炒作”越来越多的原因，目的就是吸引注意力。说到底，注意力仍然是商业能力的一部分。

29 岁的克莱格和 28 岁的朱莉姬是一对美国夫妇，两人在 1997 年创办了 Willowbee & Kent 旅行公司。这是一家为旅游者提供全套服务的“旅游超市”，1998 年的销售额达到 100 万美元，1999 年更是达到了 350 万美元。

他们成功的关键在于，可以在同一家公司提供订票、购买旅游指南和探险服、与旅游相关的其他事宜等全套服务；可以挑选数以百计的游览手册，在交互式电视前就完成世界各地的虚拟旅行。

为此，他们在店堂门口放置了一个两层多高的多媒体中心，不断播放着旅游胜地的秀美景色。这样温馨的服务情调，放在现在似乎已经没多少神奇了；可在当时，这却是其他任何同行都提供不了的，所以旅行者都感到非常物有所值。

为了开办这家公司，克莱格夫妇大学毕业后花了近 3 年时间来研究旅游市场，并频繁参加旅游主题会展。然后，他们把自己的创意告诉 Retall 设计公司，请他们做形象策划。这家著名设计公司很少为小店做设计，但最后还是被克莱格夫妇的创意所打动，觉得这样的定位新鲜而独特，一定能吸引旅游爱好者，于是决定为他们设计一间极富个性的商店。

由此可见，要想创业取得成功，认真进行市场调查、分析市场潜力，了解做什么生意能吸引顾客的注意力非常重要。因为只有在此基础上，才可能千方百计去提高自己品牌的注意率。越是收视率高的电视节目，该时段的广告收费标准也高，体现的就是这个道理。所谓广告标王，不都是在这个时段出现的吗？

## 创新能力

这里所说的创新能力，并非要你成为发明家，而是指你要有所创新，不能跟别人的完全一模一样，否则就只能获得“平均利润”。只有有所发现、有所革新，才可能比别人更成功。

1997 年 6 月，杰里米冰淇淋公司在美国成立了。这家公司的创始人是三个小伙子，最小的 21 岁，最大的也不过 23 岁。该公司 1998 年的销售额是 100 万美元，1999 年就达到了 500 万美元。

冰淇淋是一种最常见的冷饮食品，他们是怎样取得成功的呢？原来，他们的秘诀就在于创新。

他们三人之中的克劳斯本身非常具有商业头脑，在读高中时就挨家挨户地上门推销净水器，赚了 6 万美元。进入大学后，他就在宿舍里做起了冰淇淋，不久遇到同校的另外两个伙伴加入，自然而然地就成立了这家公司。

在公司正式成立之前，他们通过市场调查发现，冰淇淋的口味 20 年来一直没有变化，他们觉得这就是他们的创业理由——因为口味一直没变化，所以他们就可以创新；只要创新后的口味适应市场，就容易一炮打响。为此，他们专门请教了啤酒商萨缪尔·亚当斯，使用啤酒酿造技术制作口味奇特的冰淇淋；并且与当地的乳酪厂联系，由他们提供特制奶酪。

果不其然，口味的创新使得这家小型冰淇淋公司很快就吸引到了风险投资，新产品上市后更是供不应求。不但如此，它的这种独特风味很快就成为一种饮食时尚，风行欧美及世界各地。[①]

## 29. 信用和人缘

现在做生意已不像从前，想通过"斩一刀"迅速获利已不太可能。如果你真的这样做，遭顾客投诉或报复的可能性很大，到头来反而"偷鸡不成蚀把米"。有鉴于此，建立自己的信用品牌，通过良好的信用和人缘来赢得口碑，是重要的创业优势之一。

### 信用和人缘本身就是财富

信用和人缘本身就是财富，这在创业初期尤其突出。当你还没有站稳脚跟的时候，别人在一旁帮忙还是挖墙脚，对你有着至关重要的影响，而这正是你过去付出的应有回报。

王家亮是安徽六安人，在浙江金华职业技术学院学室内设计。在校时，他身兼数职，无论是金华市学生联合会执行主席、校学生会主席、建筑工程学院学生会主席还是校创业园管理部主任，一个个头衔都很响。学生工作很好地锻炼了他的交际能力，释放出他的人格魅力，他与学生、老师的关系极好。

在这样的背景下，他在大学三年级时创办了一家广告设计公司，全校 12 个学院中有一半广告业务定点在他那里做，使得他第一年的营业额就达到 54 万元。

2010 年毕业时，他是有机会留校的，可他放弃了，因为他觉得自己更喜欢有冲劲、有挑战的工作。很快，他应聘到义乌一家工厂工作，最后还担任了行政厂长。可最终他还是选择了离开，因为他想自己创业。

---

① 《年轻人的创业真经》，载《韶关日报》，2006 年 6 月 6 日。

毕业一年后,他正式成立了金华市速麦电子商务公司,创办了速麦购物网,并作为大学生创业项目正式入驻金华经济开发区国家创业园科技孵化中心。该公司的主要业务是,专门为高校学生送货上门、货到付款,经营范围涵盖日常生活用品,网上下单、线下配货,现在已发展成辐射全国高校的购物平台,每天3次的送货频率是国内任何一家电子商务企业都无法做到的,这就是它的竞争优势。

回顾自己的创业成功史,王家亮总结说,成功从来不是偶然的,他之所以一开始就能站稳脚跟,主要就是靠信用、人缘和服务。创业初期,连最抠门的同学都愿意把所有家当借给他无偿使用;当他遇到资金困难时,无论同学还是老师都愿意借钱给他,并且从来不催着他还,这一点让他很感动。[①]

## 信用和人缘从哪里来

有人说:"我在这方面尚有欠缺,该怎么弥补呢?"其实,信用和人缘不可能从天上掉下来,而是要靠自己慢慢积累。

以下方法可供参考:[②]

言出必行

信用的基本特征是说到做到,不要强调理由。当你答应了别人做某件事情后,即使计划有所改变或有难度,也要想方设法兑现承诺,甚至对自己的苦衷提都不要提。

尊重别人

人与人之间的尊重是相互的,只有你尊重别人,别人才会尊重你。所以,在社会交往中,你要处处学会尊重别人,尊重别人就是尊重你自己,这符合"种瓜得瓜,种豆得豆"的朴素真理。

---

① 据红征:《从打工到创业,从创业到突围,两名大学生的创业故事》,载《金华日报》,2011年11月25日。

② 韩刚:《人缘是财富》,载《躬耕》2009年第7期。

助人为乐

助人为乐是尊重别人的延伸。当然，助人的形式多种多样，不仅指物质上的资助，也包括精神上的慰藉。尤其是雪中送炭，更会让人感激涕零，把你当成一辈子的好朋友。

心存感激

俗话说："滴水之恩当涌泉相报。"有了这一点，人与人之间才会相互尊重、和睦共处。

同频共振

每个人都有自己的"固有频率"，只有当彼此一致时才会产生同频共振现象，也就是我们通常所说的"心往一处想，劲往一处使"。所以，平时不妨多与别人沟通，彼此鼓劲。

真心赞美

每个人都喜欢听到赞美，一个"赞"字就表明赞美者友好、热情的待人态度，会拉近彼此的距离。要注意的是，这种赞美一定要显示出你的诚心诚意，否则只会适得其反。

诙谐幽默

诙谐幽默的谈吐，往往会化烦恼为欢畅、化痛苦为愉快、化尴尬为融洽，甚至化干戈为玉帛，使人与人之间的关系更和谐。所以，语言风趣的人往往有很多好朋友。

大度宽容

人与人之间相处，难免会出现磕磕碰碰，因为人非圣贤，孰能无过？大度和宽容会让人变得很好相处，赢得好人缘。

诚恳道歉

如果你不小心冒犯了别人，就一定要诚恳道歉。这一方面表明你的修养不低，另一方面也是为了给自己台阶下，从而弥补过失、化解矛盾，促进双方心灵沟通，重新赢得对方的友谊。

可以说，只要做到了上述几点，你的人缘、口碑和信用就会不断得到改善和充实，非常有助于你取得事业成功。

## 30. 可用政策资源

政策资源也是农民创业的一大优势，可遗憾的是，专门针对农民创业的优惠政策并不多。但需指出的是，农民很可能还具有其他身份，这些身份也可能有可用的优惠政策。

政策资源当然是一种非常重要的创业优势。所以当你在选择创业之路时，应当首先考虑有哪些创业政策是你可以利用的，以进一步降低创业成本、扩大收益，确保创业成功。

创业政策是根据不同对象、不同创业项目而定的。为此，就需要认真学习，深刻领会政府对农民创业、对不同类型的创业者都有哪些优惠和鼓励措施，哪些行业是国家限制发展的(创业劣势)，以便有的放矢，扬长避短。

从项目规模看，我国从 2013 年 8 月 1 日起对月销售额不超过两万元的小微企业暂时免征增值税和营业税，免征期限暂无规定。虽然这两万元的门槛实在太低了，但对农民创业来说也是利好消息。换句话说，这些小微企业将可以享受到与个体工商户同样的税收政策，其中就有相当一部分是农民创业企业。

据国家财政部测算，这项政策将惠及 600 万户小微企业，实行这一政策后年减税规模近 300 亿元，其中 2013 年当年可少缴税收约 120 亿元。[①]

从创业对象看，如果你是农村退伍军人，那么在自主创业时能够享受到的优惠政策还是比较多的。

根据《国务院办公厅转发民政部等部门关于扶持城镇退役士兵自谋职业优惠政策意见的通知》(国办发〈2004〉10 号)文件规定，凡是"符合城镇安置条件，并与安置地民政部门签订《退役士兵自谋职

---

① 沈玮青:《下月起部分小微企业免征两税，受益企业超 600 万户》，载《新京报》，2013 年 7 月 25 日。

业协议书》，领取《城镇退役士兵自谋职业证》的士官和义务兵，可以享受自谋职业优惠政策。自谋职业的城镇退役士兵，凭《城镇退役士兵自谋职业证》在户口所在地享受自谋职业优惠政策”。

也就是说，符合上述规定的退役士兵自主创业时可以享受一定的税收优惠，具体有“对自谋职业的城镇退役士兵从事个体经营（除建筑业、娱乐业以及广告业、桑拿、按摩、网吧、氧吧外）的，自领取税务登记证之日起，3 年内免征营业税、城市维护建设税、教育费附加和个人所得税”，“对自谋职业的城镇退役士兵，从事开发荒山、荒地、荒滩、荒水的，从有收入年度开始，3 年内免征农业税。对从事种植、养殖业的，其应缴纳的个人所得税按照国家有关种植、养殖业个人所得税的规定执行。对从事农业机耕、排灌、病虫害防治、植保、农牧保险和相关技术培训业务以及家禽、牲畜、水生动物的繁殖和疾病防治业务的，按现行营业税规定免征营业税。”

与此同时，退伍军人自主创业还可以向当地劳动保障部门的小额信贷机构申请专项创业贷款，贷款额度一般为 2～5 万元，贷款期限最长可达 4 年，享受财政贴息政策（也就是说，贷款利息的全部或部分不用你个人负担，而是由财政部门来帮你缴）。当然，也不是你嘴上说说就能拿到这些贷款的，你必须有切实可行的创业计划书，具备创办企业的相应条件，如场地、固定资产等，然后用这些贷款做流动资金。

如果你是农村军队转业干部，持有师以上部队颁发的转业证件，在自主创业时，经主管税务机关批准，可以从领取税务登记证之日起 3 年内免征营业税、城建税、教育费附加和个人所得税。

不但如此，随军家属自主创业的，持有师以上机关出具的能够表明其身份的证明，同样可以在税务部门审查认定后，从领取税务登记证之日起 3 年内免征营业税、城建税、教育费附加和个人所得税。

除了退伍军人自主创业外，退伍军人到新办的商业零售企业工作，如果企业与其签订一年以上期限的劳动合同，并且为其缴纳社会保险费，该企业当年安置的退伍军人人数又达到员工总数的30%，那么，经县级以上民政部门认定、税务机关审核，该企业就能享受3年内免征城市维护建设税、教育费附加的优惠政策。如果是军队转业干部和随军家属到新办的商业零售企业工作，安置人数达到员工总数的60%，经税务机关审核，该企业不但能够在3年内免征城建税、教育费附加，还能免征同期营业税。

需要指出的是，无论是退伍军人自主创业的优惠政策，还是其他有关农民创业的优惠政策，都应该是个人自主创业的助推器，而不能把它当作万能药。

也就是说，既不是单纯依靠创业政策就可以创业，也不是你根据自己可以享受哪些创业政策就非得干这一行。以农村退伍军人为例，并不是因为你是退伍军人，能够享受到上述税收和贷款优惠，就必须创办这些项目，甚至也没有规定你就得自主创业。更重要的是，所有创业都应当首先从个人特长、兴趣爱好和其他具备的资源出发，否则就可能会一叶障目和因小失大了。

## 31. 穷

虽然人人都不喜欢穷，可它却是创业优势之一。所谓“穷则思变”，如果“不穷”，“思变”的愿望或许就不会那么强烈。

创业投资虽然是一个固定词组，可是它们之间还是有区别的：有钱人管它叫投资，没钱人管它叫创业。意思是说，投资往往表现在个人投入自己的一部分资产，其资金所有权是自己的；而创业投入的资金并非一定是自己的，或者只有其中一小部分是自己的，大部分要靠借贷。

请不要小看了这种借贷方式，只要运作得好，往往能起到“四两拨千斤”的作用。这就是为什么手中有一点小资本的人，都特别喜欢做发财梦的原因。

## 从 50 只鸡开始创业

韩伟出生于辽宁旅顺市三涧堡镇,家中有 9 个兄弟姐妹。在他的记忆中,难以抹去的除了贫穷就是无奈。

初中毕业后,韩伟成了当时镇里的畜牧助理,主要任务是帮助镇里发展养鸡、养猪业。当时国家每年给该镇的派购鸡蛋任务是 6 000 千克,韩伟的主要职责就是为落实这项政治任务服务。

在担任畜牧助理期间,他从一份资料上看到,发达国家的蛋鸡产蛋量比当地要高出好多倍,便感到不服气。他想:我为什么不自己办个养鸡场跟外国人比一比呢?

他的这个想法别人并不理解。家里除了妻子支持他,其他人一致反对,为此他还与兄弟姐妹吵了几架。要知道,在一个贫困偏僻的山村,能够进政府机关是一件多么光宗耀祖的事。然而,韩伟已经下定了决心,所以毅然辞职,买了 50 只蛋鸡,和妻子一起合开了一个家庭养鸡场。

养鸡场规模一天天扩大,没过几年就从最初的 50 只蛋鸡发展到 8 000 多只。1984 年,他向银行贷款 15 万元,成了当时东北地区第一个贷款的农民。在那个年代,不要说 15 万,就是 1 万元在农民的心目中也是一个天文数字呀!

有了这 15 万元贷款,韩伟掘得了第一桶金。从 1997 年起的连续 3 年间,每年都有日本人来考察他的鸡蛋质量,这让他有了国际视野。从长远考虑,他斥巨资买下了旅顺口东泥河村的五座山头,搭建了一座特大型养鸡场,逐步打造绿色产业链条,搭建新的产业平台。

现在,大连韩伟企业集团已经建成以畜牧业、海洋生态产业、蛋粉深加工业为支柱的农业产业化国家重点龙头企业,蛋鸡饲养规模居全国首位,年蛋鸡存栏量 300 万只,旗下的“咯咯哒”品牌更是早已成为我国蛋品行业第一品牌、蛋品行业唯一中国驰名商标。韩伟因此被人们尊称为“中国鸡王”。

韩伟认为，他能取得成功，关键在于有毅力，踏踏实实，没有半点赌性。另外就是“穷则思变”，要不是因为当时家里穷，他绝不会迈出这一步。

## 打工妹一年成富婆

穷则思变的奇迹古今中外皆有，这里说一则台湾的故事。

1998年6月，台湾彰化县员林镇18岁的何忻芳从高等职业学校毕业后，就面临着找工作的现实问题。学历不高，当时的就业形势又很不好，要找一份好工作实在难。

所以，她一开始就去了泡沫红茶店打工，每天从下午4点一直干到晚上12点，遇到节假日更是要工作到凌晨一两点。虽然累得要命，可是月薪只有18 000元新台币。

工作之余，何忻芳忍不住想：这样的日子何时才是个头哇？我为什么不自己创业，自己做老板呢？接下来，她就开始留心起有什么适合自己做的小本生意。

一天夜间下班后，她路过员林火车站广场上一家名叫食神卤味的摊位，那里的生意非常好。于是，她便开始留心观察起来。她一连观察了半个月，发觉天天都是如此，期间她也买过几次食神卤味，觉得味道真不错。为保险起见，她又询问了一些同事的意见，大家一致反映食神卤味味道好、百吃不厌。

就这样，何忻芳认准食神卤味就是自己的创业方向，果断地向食神卤味总部提出了加盟申请。

经过仔细测算，加盟食神卤味需投资12.6万元，加上购置冰箱、锅、煤气炉等的两三万元，初始投资有15万元就够。于是，何忻芳第一次硬着头皮向亲朋好友借钱，东拼西凑总算够15万元了。

接下来，食神卤味总公司总经理黄锡聪夫妇热心指点何忻芳物色经营地点。他们建议何忻芳把摊点设在离员林火车站食神卤味总店不到300米的地方。从距离上看，两家摊位靠得很近，实际上它们分属于完全不同的两个商圈，生意上不会有冲突。

何忻芳聪明好学，很快就掌握了卤汁、酱汁等的调配以及餐车操作等经营技巧。

1998年12月，何忻芳开设在员林镇中正路、民生路交叉路口的食神卤味中正店正式开业，开业后的第一个月营业额就达到8万多元，其中毛利4.5万元，扣除9 000元房租、5 000元水电费和煤气费后，纯利润3万元。虽然不算多，却差不多是她原来打工收入的两倍，况且这还是第一个月的收入呢！所以，何忻芳对自己的未来充满信心。

后来的经营业绩证明了她的想法是对的。在不到半年时间里，她就将经营业绩稳定在每天7 000元以上、每月25万元以上，扣除所有费用成本，每月纯利润10万元以上。很快，经营业绩又继续稳定在了每天9 000元以上，遇到节假日更是高达13 000元。剔除每星期二休息日，每月营业收入在30万元以上。按照毛利率60%计算，扣除所有费用成本，每月纯利润仍然稳定在10万元以上。何忻芳第一年就成了百万富婆。

1999年何忻芳店里的生意越来越好，她一个人已经忙不过来了，于是她把男友黄先生叫过来帮忙，两人一起打拼。

在不到4年的时间里，何忻芳依靠白手起家，用自己所赚的钱买了一处住宅和一部全新的商用车，花了400多万元。她现在考虑的问题是准备把摊位搬进室内，让顾客有个更好的用餐环境。[①]

## 32. 年轻

俗话说："自古英雄出少年。"年轻就是一种资本，因为年轻，更少保守、闯劲足，所以更容易走上创业道路。走上创业道路后，凭着这股冲劲，也更容易取得成功。

---

① 《台湾22岁女孩，两年拼出百万》，载《创业论坛》，2010年12月20日。

最近流传一种说法，说“29 岁是青春保质期”，29 岁以后就 Time out（过期）了。这就是所谓的“29 岁现象”。

那么，怎样发挥年轻这种创业优势呢？

## 从学生时代开始创业

“年轻”的标志是学生时代，没有谁能“年轻”到学生时代之前（学龄前）就创业的。按理说，学生时代的主要任务是学习，而你在学生时代就开始筹划甚至兼职创业了，那无疑就是最早、最年轻的了。尤其是大学生创业，有机会得到老师的指导，而且对艰苦创业基本上没什么概念，所以往往能闯出一条路来。

1994 年，19 岁的滕云考入湖南大学，就读该校建筑系建筑学专业。1995 年 11 月的一天，他下课后路过学校宣传栏时，看到一则学校体育馆的设计投标启事，他想：我本身就是学设计的，这不是一个好机会吗？投标成功了当然是一大成果，即使失败了也有不少收获。虽然当时他刚读二年级，还没有任何建筑设计经验，但最后还是下定决心参与。

多少个夜晚，当别人进入梦乡的时候，他却苦苦学习和思索。由于不懂电脑，他常常通宵达旦地在纸上画图，然后复印、过塑、装订。努力了半个月，投入了1 000多元资金，结果他的投标方案没能入选。但他也没有垂头丧气。

到了 1997 年夏天，江西瑶金山寺主持释怀庄在前往南岳大庙的山路上遇见了滕云的朋友周琴。谈着谈着，释主持就谈到她所在的寺庙上来了。她说：“那座庙有1 300多年历史了，在“文革”时被毁掉，庙里想重新修复，但是付不起设计费，找了许多设计单位求助但没有一家愿意免费给寺庙设计。”听完释主持的诉说，周琴道：“我有一个朋友可以免费做，他是建筑设计系学生，可以让他试试吗？”释主持听完以后连忙表示感谢。

不久，经过周琴的牵线，滕云就自费坐车去了江西萍乡，开始进行建筑设计。从萍乡到长沙，他在半年时间里往返了六次，全是自己掏钱。每次去江西瑶金山寺，他还要给寺庙捐上一点钱，用他自己的话说是“花钱买实践”。

1998年6月，滕云在图书馆看书时无意中看到中国建筑学报上一则关于举办“首届全国电脑建筑画大赛”的消息，他觉得这时候自己已经有资本参加全国性的大赛了。回到宿舍以后，他就把消息告诉了同学们，动员大家一起参赛，结果被人讥笑为“疯子”。最后，他只好一个人上阵。

在时间十分紧张的情况下，滕云不惜旷课，在花费了2 000多元、熬了13个通宵之后，终于完成了“江西瑶金山寺玉佛殿”的电脑建筑画。不出所料，他最终成为全国获奖者中唯一的在校大学生，轰动全校乃至全国。

都说年轻没有失败，正是因为有这种不怕失败、勤奋学习、勇于创业的精神，滕云在28岁读湖南大学建筑专业研究生时，就已经成为全省最大的建筑模型、电脑建筑画基地老板了。而该公司当时在湖南建筑模型市场上所占的份额已经高达70%，跻身于湖南民营企业五百强之列。[①]

## 创业的最佳年龄是25～30岁

25～30岁基本上可以看作是大学毕业走出校门后的最初5年。按照中国人的眼光，这些人“嘴上没毛，办事不牢”，但是当你看到他们一个个雄姿英发地出现在高档场所和报刊媒体时，就不得不佩服他们在创业上取得的成功。

有些除了年纪什么都不具备的人或许会对此很不服气，认为他们缺乏相应工作经验。然而，对于创业，尤其是新兴行业，如网络软件、广告、策划、咨询、证券、投资等知识密集型行业来说，“创新精神”要比“经验”重要得多。

---

① 荷洁、文少保：《滕云：努力成就创业梦想》，载《大学时代》2003年第10期。

翻开报刊上的招聘广告你会看到，大凡“有经验者优先”的，主要是一些司机、厨师、超市收银员、会计之类的熟练工。上海有关部门所做的一份调查表明，80%以上已经创业或正在创业的企业老板，都在29岁以前就掘到了他们的第一桶金，并且，这个年龄越来越呈年轻化态势。

调查报告还显示，一个人创业的最佳年龄在25～30岁。因为这个时期是创新思维最活跃、精力最充沛、最好动脑筋、创造欲最旺盛的高峰期。也就是说，人在29岁以前是最具有创新精神的，如果你迷信只要凭经验就可以从事自己的工作，那么也就间接表明你对于创业来说可能已经落伍了。

1999年5月的一天，在芯片王国英特尔公司的会议室里，德高望重的英特尔创始人摩尔和格罗夫正在听一位满脸孩子气的年轻人为他们讲授“如何在互联网上做生意”。这个年轻人就是当时已经拥有3.21亿美元财富的WEBMD公司执行总裁阿诺德。

对于这些“背着书包的老板”，《基督教科学箴言报》评论说：“由于电脑和互联网的缘故，通晓技术的青少年现在正逐步发现开办公司如同学骑自行车一样易如反掌。”

“29岁现象”表明，创业界论资排辈的规则已经一去不复返了。在过去，刚毕业的大学生到单位后，一般都要有一两年时间的基层锻炼，先学“做人”再学“做事”。如果稍露锋芒，领导就会说你“不成熟”。现在不同了，大学毕业生一上班，领导就会要求你迅速到位、独当一面。应该说，这是社会的一大进步。

但也应当承认，由于受传统观念的影响，绝大多数30岁以前的中国人依然没有能力和胆量去开创属于自己的事业。他们更重要的任务是结婚生子。如果放弃好饭碗而成为“个体户”，恐怕连对象都难找。

## 已经过了“青春保质期”怎么办

有人说，我现在已经过了29岁，怎么办？其实，每个人的情况不同，并非所有人都要在29岁以前就创业，更不可能都会在29岁以前成为百万富翁。如果你已经过了“青春保质期”，又有志于自主创业，这时候有以下三点值得注意：

一是创业时间虽然有早有晚，但成功不分早晚。如果你到了一定年龄仍然找不到职业方向，也不必惊慌，更不能认为自己这一辈子就只能这样碌碌无为了。只要能时刻保持创新思维和心态，努力追求自己的目标，终究会有事业成功的一天。

二是成功是无法复制的。你不可能把别人的成功经验完全嫁接到自己身上，凭空造出一个百万富翁来。所以，一定要从自己的实际情况出发，不要盲目赶时间；在进行人生创业规划的时候，切忌随波逐流、漫无方向。

三是在每一次创业起跑之前，最重要的是先认清自己。看清自己创业的方向，找到自己最容易进入的领域，加上适当的机会，这样更容易取得成功。

## 33. 受委屈

受委屈也是创业优势吗？没错。也许有人会说，一个人活在世上，哪能不受一点委屈呢？这话也对。但革命只要没有革到自己头上，说话总可以轻飘飘的，一旦落到自己头上就受不了。

俗话说：“此处不留爷，自有留爷处。”在这些“留爷处”中，往往就潜伏着自我创业的契机。

### 家中装修露富

张建国是山东莱阳某机械厂的一名供销科长，1988年厂里效益特别不好，产品销售出了问题，所以他不得不一年有10个月在全国各地跑来跑去搞推销。

一个偶然的机会，张建国一位手下的母亲突然患病住院，大笔医药费把这位手下压得喘不过气来，所以想把几年来派购的3 000多元国库券赶快变现。部下有难，科长当然要帮忙。可是张建国找来找去也找不到肯接手这些国库券的人，只好自己把它买下了。

两天以后，张建国出差上海，发现银行前面有人在排长队买国库券，一打听，100 元的国库券可以卖到 110 元。而回想自己家乡，100 元的国库券只能卖到 80 元！张建国回家后马上让妻子用5 600元去换来7 000多元国库券，加上自己家的3 000元，凑了一万元带到上海的银行去兑现，赚了3 000元，相当于当时夫妻两人一年多的工资！

初战告捷，张建国迷上了这一招。每次出差之前，他都要专门挑穷地方去收购国库券，然后到上海这样的大城市去卖，最多的时候每百元差价达到 40 元，也就是说利润率有 40%。

由于当时没有个人本票，所以来来往往只能背着现金。于是他索性让妻子辞掉工作，以月薪 150 元雇几个人专门在全国各地打听国库券行情。一来二去，张建国的资金很快就变成了十几万、二十几万，不到两年时间，当年的一万元本金竟然变成了 140 万元。

接下来，得改善一下居住条件了。于是张建国装修了新家，购买了高档家具。这却让厂领导决定调他去办公室工作。

究其原因，在于厂里的人背地里都在怀疑他吃回扣。想想也是，作为一个供销科长，全厂的进料、出货都要通过他，他不拿回扣谁信呢？再说了，每月 100 多元的工资，你哪里来的钱装修房子、买高档家具？张建国虽然也曾听到过这样的议论，但还是想弄明白调职的缘由。这位山东大汉向来是吃苦可以、受累可以，受委屈却不行！

于是他马上问副厂长："这个调动太突然，总得有个理由吧？"副厂长起初还想敷衍他两句，后来被他逼急了，嗓门也大起来说："张建国，你是搞供销的，那是个肥活儿。这年头办事情的行情大家心里都有数，调你离开是为你本人好！"

话说到这分上，张建国的脾气也上来了："甭为我好，不就是怀疑我拿回扣嘛！我还就讲明白了，我赚钱了是不假，什么二三十万，你们也别猜了，我干脆告诉你们，我现在手里有100多万。可这些钱一没用厂里一分钱做交易，二没有吃拿什么回扣，是我自己做国库券生意赚来的。不信你们可以去查。你们不就是见不得别人挣钱嘛！你们眼红我，我还不愿意在这干了呢！"

一个月以后，供销科的工作，厂长和书记亲自到张建国家里去"负荆请罪"，对他说一切都是误会，希望他能回去继续担任供销科长。

有道是："士可杀不可辱。"1992年，张建国彻底辞掉工作，全家迁往北京。凭借这140万元做本金，他开办了一家贸易公司。1996年，他的个人资产就突破了1 000万元大关。

提起张建国，到现在那个机械厂里的人还没弄明白，当时大家手里都有国库券，为什么就张建国一个人发财了呢？[①]

从上容易看出，要不是这次受了委屈，张建国是绝不会走上创业道路的，也不会变得如此富有。因为这波行情只有短短的两年——两年后，各地银行之间联网了，这般好事就再也没有了。

## 外烟请客露富

张建国这样的故事无独有偶。本书接下来提到的"杨百万"（杨怀定）的经历也如出一辙。杨怀定当年通过倒卖国库券成为百万富翁名扬四海，但很少有人知道他为什么会走到这一步。

原来，在此之前，杨怀定是上海铁合金厂的一名工人，后来当上了仓库保管员。由于收入不高，所以他在暗地里和妻子悄悄地干起了第二职业——由妻子承包浙江上虞一家乡镇企业的销售业务，他自己则在业余时间帮助妻子，慢慢地家里就有了2.9万元积蓄，这在20世纪80年代可是一笔不小的财富。

家里条件改善了，杨怀定出手也大方起来，有时候会买上几条外烟请厂里的工友们抽。可是这样一来，引起了工厂保卫科的关

---

① 《张建国的梦幻国库券》，载《科学投资》，2002年5月14日。

注。尤其是有一次他所在的仓库被盗，大家自然就怀疑他是监守自盗了，就连公安局也出面请他“谈话”了。

杨怀定感到非常委屈，可是没办法，这种事情说不清。还好一个星期之后事情就查清了，根本和他无关，可是这件事却深深地伤了他的自尊。他想：我对工作这么负责，可是到头来大家都不相信我。既然这样，我辞职！

而就在他辞职时，他的第一篇经济论文《用活奖金，促进生产》在行业报上发表了，厂里觉得他是块“材料”，于是百般挽留。可是杨怀定“好马不吃回头草”，铁定了心要走。

这一天是 1988 年 4 月 21 日。正是这次自断退路后，杨怀定冥思苦想致富途径，才最终走上倒腾国库券这条暴富之路。①

## 34. 百折不挠

创业是“天下第一难事”。或者说，如果一个人自主创业，并且还能取得成功，那么他无论处在古今中外都可以过得不错，还会被人贴上“成功”的标签。

但现在的问题是，几乎所有的创业都不可能一帆风顺。正因如此，百折不挠、愈挫愈勇的精神就成了农民创业中一种非常宝贵的财富和优势。

### 创业需要有百折不挠的精神

任何人在创业之初，都要考虑好创业成功和失败分别会给自己带来什么样的影响，尤其是后者。因为相对来说，项目赚钱了，一切好办；而失败的结局是很多人不愿接受，也承受不了的。

特别是对于农民创业来说，这个问题一定要考虑清楚。如果

---

① 《“杨百万”股市中的幸福生活》，深圳新闻网，2007 年 7 月 27 日。

家庭条件较好，创业失败可能还不至于会影响吃饭；可是对于比较穷的家庭来说就不一样了，很可能会倾家荡产。特别是有些创业者是真正的一穷二白，当他们抱着一种破釜沉舟的心态去创业，只许成功不许失败时，其后果想想都有点可怕。

贾军原来在外资企业工作，后来因为一位朋友的小孩在接受一家护理机构的上门日常护理，从中得到启发：我能不能开办一家“超市”，把婴幼儿服务项目进行打包组合，放在其中让顾客任意选购呢？

她为自己的这个想法欣喜不已，可是与朋友探讨后，并没能得到大家的认同。但她经过深思熟虑后坚持认为，中国每小时有2 000名婴儿出生，这个市场非常大，值得去做。

但直到此时，贾军对这个行业实际上还是一无所知，甚至连一个完整的计划也做不出来。所以，从 1998 年 10 月起，她连续 7 个月进行创业前期准备，包括了解市场信息、了解国外的教育模式、实地调查等。而仅此一项，她就把家里的存折、朋友的小金库都掏空了，先后筹资 70 万元。

遗憾的是，在 1999 年 3 月开业后的半年中，她的东方爱婴中心不仅没有赢利，甚至累计营业额也没能超过 6 万元，而她每个月的开支就达到 6 万元。这样一来一去，每月至少要亏 5 万元。加上开业时的新闻发布会、办营业执照、注册服务商标等费用，半年下来累计亏损 69 万元！

这真是雪上加霜啊！这时候的贾军不得不重新反思自己当初的所作所为，看是不是有考虑不周的地方。但一番论证下来，她从顾客逐月增多、场地慢慢变好、人员越来越专业的变化中坚持认为自己原来的选择没错，成功只是时间问题。

有了这样的基本判断，她继续壮着胆子四处筹钱，从亲戚朋友处融得了第二笔资金，终于在开业后第六个月实现了盈亏平衡！而在经历了“借钱—亏损—借钱—赢利”的过程之后，东方爱婴中心也终于迎来良好的资金循环局面。

贾军这种百折不挠的创业精神是她后来取得成功的保证。当初她有没有考虑过万一失败了怎么办？应该有，但她每一次反思都更坚定了当初的选择，否则也不会“一错再错”下去了。

截至2013年5月，东方爱婴已经从当初的一间教室发展成拥有12个直营城市、管理九大公司、加盟连锁全国180多个城市500余家早教中心的中国第一早教品牌。

## 创业的难处主要表现在哪

俗话说：“知己知彼，百战不殆。”那么，农民创业的难处主要有哪些呢？这里做一个简单的归纳，以供借鉴。

看不清自身所处环境

这主要表现在以下两点：

(1)政府过于务虚

我们经常可以在报纸上看到这样的文章内容：“去创业吧，去赚钱吧，去创造自己的饭碗吧……”，甚至在头版头条也会出现“政府尝试造一批小老板”这样的标题。可以看出，在这鼓励中多少还有一些哀求的味道。

然而，这样的“服务”过于务虚，效果甚微。在这大张旗鼓宣传的背后，一方面是政府鼓励创业、专家倡导创业、媒体宣传创业，另一方面是创业者依旧是怕这怕那、无法绕开创业漩涡。

以北京为例，北京市人力资源和社会保障局、北京市商务委员会等系统都不止一次地开展过免费创业培训班，但遗憾的是报名者并不十分踊跃，培训效果也不理想。

有人对此进行研究，认为主要原因在于目前为创业者构造的创业环境还存在着误区。这些误区不解决，创业者的热情就会大受影响。因为归根到底，能够让创业者赚钱才是硬道理；如果创业赚不到钱甚至还要伤痕累累，再怎么鼓励都没用。

(2)个人过于务实

从创业者个人层面看，个人过于务实的背后必定危机重重。

实事求是地说，现在希望自主创业的人还真是不少，但更多的人会理由十足地问:到底干什么能赚钱?怎么干能赚钱?怎么样才能保证我今年投下10万元,明年能赚回20万?

说实话,这样的问题谁都无法回答。这种情况反映了创业者普遍存在着急功近利思想,想赚钱却不愿意承担风险。

据北京市人力资源和社会保障局创业培训项目负责人车志刚介绍,他们提供的创业指导特别细致,简直到了手把手地教他们如何创业的地步。然而,即使这样,许多人的创业还是停留在口头上,战战兢兢、迈不开步,因为他们不肯承担风险。

所以,在掂量自己是否是一块老板的材料时,就必须考虑以上因素。归根到底,创业并不是个人的单相思、想怎么样就怎么样,每个人都生活在特定的社会环境中。如果只强调正面指导,却有意无意地忽视创业风险提示,这对政府来说是危险的。一个成功的创业者可能会带动10个人去创业,而一个失败的创业者则有可能会吓退100个未来的创业者。

外部环境不如人意

农民能不能创业、农民创业能够取得多大的成功,主要取决于外部环境是否合适。遗憾的是,这一点目前很不如人意。这主要表现在以下五点:

(1)兵马未动,"监管"先行

从行业归口角度看,"创业"涉及劳动就业、科技创业、中小企业、非公有制、民营经济、投资融资等许多部门。

为了鼓励自主创业,近年来许多地方热衷于设立上述管理机构,名义上是为了更好地把这项工作抓起来,可实际上呢,每一个机构都要配备专门的人员,有了人就要有相应的办公房子、车子、位子……一句话,就是要有钱。

政府的拨款显然不够,剩下的只能是"羊毛出在羊身上"了——管谁就向谁收费,结果倒霉的还是创业者!

这样的多重管束,使得本来就本小利微的创业型企业望而生畏。

(2)资金缺口无法解决

困扰创业者最大的难题之一是资金不足，虽然政府部门多次号召金融部门“增加向小微企业的贷款”，并且出台了与之相关的一系列政策，可是小微企业的普遍感觉是贷款难度不但没有减少反而还增加了。

表面上看，造成这种困境的原因是银行的观念没有真正转变过来，总觉得贷款给民营企业尤其是农民创业者的金额小、麻烦多、来回跑、不合算。而实际上，这是国有银行体制与小微企业存在着不兼容。

这就是2013年下半年我国尝试由民间资本发起设立自担风险的民营银行的初衷和政策背景。企业经营已经相对自主化了，金融机构也应当拥有完全自主的决策权，才会与经济发展相适应，才会从根本上解决企业贷款难问题。

(3)审批手续异常烦琐

虽然各地都在简化创业者投资办企业的各种手续，然而，如果你想注册一家公司，仍然必须有足够的时间、精力、耐心去跑各种各样的“相关手续”。通常情况下，还要准备一笔不算少的车马费、公关费和注册登记费、验资费以及多种手续费。

如果你想省心省事，好，工商局大院附近为你开办的多家营业执照代办机构，收你几千块钱就能帮你办好一切手续。

也就是说，你还没有开张，就有一笔数目不小的费用莫名其妙地产生了。市场准入环节的成本和门槛之高，对农民创业者来说就是一种严重的阻碍。

我国早已加入WTO了，WTO规则要求所有成员国必须取消创办企业的“批准”制度，特别是取消创办各种特种企业(如银行、外资企业)的许可证制度，可是我们做到了吗?

各种跨入门槛不打破，创业成本就降不下来。为什么国人在国外创业容易成功，在国内就不行呢?原因之一是现行体制扼杀了创业愿望和机会，这与政府鼓励创业的初衷是矛盾的。既然你鼓励我创业，我现在也已经准备创业了，为什么还要你批呢?

(4)政府授信，自己挖坑

在北京中关村，曾经连续发生过几家电脑租赁公司老板卷款逃跑的情况，不少受骗者只好到工商局去讨说法。

有人认为，受骗者不该去工商局“闹事”，而应该去公安局报案。可是这些受骗人认为，这些企业都是经过你工商局严格审核批准的，出了问题你当然就脱不了干系！

这种说法不无道理。因为很多企业从出生开始就是假的，虚假的验资、虚假的资料，从一开始就埋下诈骗的祸根，受骗人不找工商局找谁？那些会计师事务所更是为虎作伥，只要收钱就盖章，出事是早晚的事。在上海，某机构在一年多时间里就为580家企业代办了虚假验资，虚报注册资金总额达14亿元。①

办企业要有注册资金的做法本来就是个坑。创业者反映，他们的注册资金造假实在是被逼出来的——我创业本身就是为了来挣钱的，因为没有钱所以才要挣钱；可是现在倒好，银行贷款要看注册资金，贷款额还不能高于注册资金，注册资金少了税务局还不给增值税发票，我除了造假还能怎么办呢？

(5)创业观念先天不足

2013年被称为大学毕业生“最难就业年”，这样的情形至少还要延续5年。针对大学生就业难，有人提出了“就业不如创业”的口号。可是这部分人没有看到这样一个现实：中国大学生普遍缺乏创业能力，所以这注定是空口说白话！

据教育部、共青团中央和中国科学技术协会所做的一份社会调查显示，中国青少年中自信心强、有强烈好奇心、能够质疑和意志坚强的青少年仅占4.7%，只有14.9%的青少年具有初步创造力特征。这种温室里的花朵，与市场经济的无情原则是背道而驰的。

从这个意义上说，中国现行的教育体制和教育方式并不适合鼓励创业。不但如此，大学生的就业难问题也可以从中找到答案。

---

①　陆一波：《为580家公司虚假验资14亿》，载《解放日报》，2008年3月26日。

## 35. 懂得怎样才能赚到钱

一个人是否适合创业,要看他是否懂得怎样才能赚到钱。虽然懂得怎样才能赚钱与最终能否赚到钱是两码事,但显而易见的是,如果你根本就不知道怎样才能赚到钱,要想最终能够赚到钱,那是很玄乎的。就好像一道很复杂的运算题,你根本就不知道该怎么做,最终居然还做对了,这是很有点异想天开的。

诚然,农民创业的途径各不相同,但必然懂得怎样才能赚到钱。研究表明,我国失败的创业者中,有23%是因为战略失误,28%是因为执行问题,49%是因为没有找到成功的赢利模式。[①]由此可见,商业模式对于农民创业来说有多么重要。虽然这不能说是创业成功的唯一理由,但如果你不懂得这一点,这种创业就是盲目的、成功基础是不牢靠的。

下面以创办一家小型加工厂为例,来看看应该怎样赚钱。

表面上看,小工厂的利润是通过生产、加工、销售得以实现的,而实际上更在于它的赢利模式。不同赢利模式决定着不同企业的投资方向、生产经营计划、投资风险和投资回报率。

小型加工厂的赢利模式很多,但对于农民创业来说,最简单、最容易跟进的有以下6种。

### 鱼印鱼模式

鱼印鱼模式的实质在于弱者依附于强者生存,并且想方设法把竞争对手转化为合作伙伴。这种方法不但有效,而且绝对聪明。

---

① 谭小芳:《哈利·波特"魔法"与商业模式创新》,慧聪网企业管理频道,2011年7月29日。

这种模式来源于海洋中的生物竞争。海洋中的鲨鱼十分凶狠,喜欢攻击同类,可是却有一种鱼印鱼能与鲨鱼友好相处。鲨鱼不但不会吃掉它,而且还非常喜欢它,会反过来为它供食。

说到这里也许你就明白了,所谓鱼印鱼模式就是要学习鱼印鱼的生存方式——依附于鲨鱼,鲨鱼到哪儿它就跟到哪儿,鲨鱼有吃的就少不了它的那一份。吃饱喝足了,给鲨鱼身上驱驱寄生虫(权当是提供按摩、保养),鲨鱼就不但不会反感它,相反还十分感激它。因为有鲨鱼的保护,所以它的处境十分安全。

具体到小工厂来说,如果你能为大企业提供配套、贴牌、代理服务,就能很好地借助于大企业的营销渠道获得高回报。

## 专业化模式

专业化模式就是只搞一门,把这门做好、做深、做透、做精,然后坐等"一招鲜,吃遍天",这样的赚钱方式简单,却也并不容易。

说简单,是因为你只要懂这一门就行了,可以集中人力、物力、财力攻关,组织形式和管理都相对简单。一旦打开市场,后期几乎不需要有更多的投入,利润率可达60%～70%。哪怕是生产最小的产品,创业者都很容易变成亿万富翁。说不容易,是指在这样一个多元化诱惑的年代,如果你想静下心来专精一门,并把它做到全国、全球前五名,是很不容易的。

## 利润乘数模式

利润乘数模式就是借助于一种被市场广泛认同的形象和概念进行包装。

这种做法有点像跟风,但不同的是,它不是另起炉灶模仿着创造另一品牌,而是完全借用某种成熟的产品或形象,所以没有产品研发和开发成本,上市速度快。当然,它是需要你支付专利使用费的。

利润乘数模式的利润来源十分广泛,既可以是卡通形象,也可以是一个动听的故事，还可以是一种有价值的信息或技巧。而让它产生利润的方式，就是不断地重复叙述、复制、使用，并赋予它们种种不同的外部形象，如各种授权使用的米老鼠形象等。

## 独创产品模式

独创产品模式是指你生产的这种产品具有与众不同的生产工艺、配方、原料、核心技术，并且又有长期市场需求，所以值得把它作为一个产业来发展经营。

由于这种模式具有独占性，所以它的利润回报率注定是相当高的。

这方面最典型的是用祖传秘方制作的中医药产品和保健品，因为这种祖传秘方和独创技术可以确保你的知识产权不被侵犯。不用说，并不是所有人都拥有这种先天条件，但你可以通过购买专利和技术来获得，从中开发新品。

要注意的是，这样的独创产品一旦走向市场就要大力推广，争取在别人的仿冒产品出来前就先赚个盆满钵满。

## 策略跟进模式

策略跟进模式的对象必然是强者，即行业中的龙头老大，所以这和盲目跟风是有很大不同的。不但要对自己所跟进的目标对象进行研究，还要分析自己的优势和劣势分别在哪里，并对未来作出判断。

从策略上看，这有点像马拉松比赛中运动员形成的第一方阵和第二方阵。在大部分赛程中，第二方阵的运动员都处于跟跑位置，所以他们对第一方阵运动员的一举一动都看在眼里，据此调整自己的节奏，心理压力相对较小。一旦时机成熟，就把积蓄的体能在最后冲刺阶段爆发出来，所以冠军往往会从第二方阵的运动员中产生。

具体到工厂经营来说，创业过程中有许多你拿不定的主意，所以这时候跟着成功者的脚步走，一方面便于观察，另一方面又能降低投资成本和风险，把别人的成败都一清二楚地看在眼里。等到你积累了相当的资金和经验后，再采取侧面迂回办法，对竞争对手还没来得及涉足的新的市场进行开拓，超越对方。

由于你的这种先跟进后超越策略蓄谋已久，对方不是毫无防范就是察觉了也无力反击，所以很容易成功。

除此以外，还有一点对小企业来说非常实惠：在大部分跟进中，基本上不需要什么市场开拓费用，所以利润率会更高。

### 战略领先模式

上面提到的几种都是甘居人后的策略。这些策略都有效，也容易成功，但有实力的农民创业者往往会显得有些不甘心，他们完全可以更上一层楼，采取战略领先模式。

战略领先模式是，如果你一开始就先人一步，应当想到强中自有强中手，会有人很快赶上来并超越你；如果你一开始就暂时甘居人后，那么同样可以反败为胜，通过战略领先策略来领跑这个市场，从而喝上味道最鲜最美的“头道汤”。只有把同行远远甩在后头，才能真正地高枕无忧。

例如，主业领先、技术领先、人才领先等，都会在提高知名度的同时赢得一大批“追星族”，最终拉大与跟进者的距离。

## 36. 选对项目

有人说，我读书不多、见识不广、财商不高，以前也没想过创业，恐怕在这方面没什么优势。诚然，财商高低与创业成功有诸多联系，但比这更重要的应该是选对投资项目。项目要是投错了，要想赚钱就很难。

## 他从书生到富翁无关财商

赵松青的财商并不高，他从中学物理老师到投身创业和财商毫无关系。

在许多人看来，做老师蛮好的，可是赵松青却觉得缺乏激情。用他自己的话来说就是“一眼就可以看到自己 20 年以后的样子，日子像一杯温吞的白开水”。

在工作了两年后，他怀揣着5 000元积蓄准备自主创业。没想到，一位朋友听了他的设想后笑得岔了气，说：“5 000元在北京做个小买卖都困难，你还说要做一番事业?”赵青松觉得受到了莫大侮辱。但直到这时候，他的确不知道自己究竟能够干什么。暑假过后，在全家和朋友都不赞同的情况下，他毅然辞职了，断绝了自己的退路。

由于平时对市场没什么研究，所以他把自己关在屋子里整整一个星期，每天就是翻阅那些报纸、杂志和看过的书，希望能够从中找到一丝灵感。结果，这些项目不是投资太多就是需要有研发过程，完全不适合自己。到了第六天夜里，赵松青心里默默地同意了其他人的看法：自己财商低，不是一块创业的料。

他愤懑地一屁股坐在地上，没想到，这时候屁股底下发出了一种怪声，就像抽水马桶抽水时所发出的那种声响。仔细一看，原来是父亲从美国带回来的一种冰箱贴，制造成马桶的样子。用手一摁，就会发出抽水般的声音。突然，他知道自己该做什么了。

第二天，他就去买了一份《精品购物指南》报，从上面的分类广告中找出几个希望承接制造礼品的小工厂电话。联系了几个都不理想，只有门头沟有个小厂已经好久没生意了，所以厂长在电话里反复强调，他只要有一点蝇头小利就愿意干。赵松青连忙跑过去，一看，所谓的工厂实际上只是个村办小作坊。他想：管它呢，双方彼此彼此，一对难兄难弟。当天晚上，凭着自己学物理的功底，他很快就画出了制作工艺图，可是怎么也发不出抽水马桶的声音来。

天亮后，他手里拿着图纸跑到大兴一个玩具厂，谎称自己是中学老师，想在课外活动中教学生一点有用的东西，所以前来请教。厂方非常热情，专门叫来一个老技师进行讲解。讲解以后才知道，其实这东西很简单，只要将声音模拟到一个模块上就行。

与此同时，老技师还热心地给他介绍了一个生产模块的工厂。赵松青跑去一看，对方报价每个模块 0.32 元，如果生产3 000个，3天后就可以提货。赵松青二话没说就订了货，然后马上跑到门头沟去，对方报价是每个成品 1.22 元。

回到北京后的第二天，他就开始跑各商场的玩具柜台。因为实在不知道这个产品该销往何处，所以只好一家一家地跑。后来经人指点，这种既没有商标又没有谁见过的“三无产品”不能放在大商场里卖，应该放在私人摊位上代销。

他一拍大腿，马上转向跑北京的所有小商品批发市场。结果，这些小老板们非常感兴趣，6 元钱一个，3 天内就订出了1 000多个。于是他马上又向生产厂家追加制作 1 万个。对方自然是高兴万分，因为生产批量大了，还主动让出了 0.2 元的毛利。就这样，在不到两个月时间里，赵松青一共卖出 1.3 万个“抽水马桶”冰箱贴，刨除所有开支和制作费用，一共赚了 5 万元。

就是凭着这 5 万元钱“第一桶金”，赵松青马上见好就收，改做其他新产品。因为在他看来，当时已经有几个工厂在模仿生产这种玩意了，市场价格也一下子跌了一大半。他预测第二年(1998年)夏天将会酷暑难熬，所以把这 5 万元全部投入了冰枕产品。

果然这是一个炎热的夏天，但由于几个厂家同时推出了这种产品，相互压价非常厉害。而他的产品因为成本低，所以在竞争中取得了优势。1998 年 8 月，他的 5 万元已经变成 70 万！

赵松青用这 70 万元成立了自己的商贸公司。冒了一次险以后，他再也不敢把所有资金全部砸在同一个项目上了，而是陆续开发出了 5 个项目。到 2000 年年末时，他在短短 3 年时间里就已经赚到了 600 多万元。

当年那个听说他要用5 000元创业笑岔了气的朋友，后来竟说他是一个极富财商的人。赵青松每次听到"财商"这两个字,他都不知道是该点头还是摇头。因为当初他不仅看不懂财务报告,对怎样管理一个企业更是完全没有概念。如果说这也叫极富财商,那不是恭维也只能说是牵强附会。[①]

## 怎样选择投资项目

容易看出,赵松青当年的成功与选对项目有很大关系。用他自己的话来说就是"一个笨办法,三年赚百万"。

那么,怎样才能找到这样的创业项目呢?这里以小型工厂为例来加以说明。投资小型工厂首先遇到的问题是:选什么项目好?开在哪里?怎么开?确实,定位、规模、选址就是开办小型工厂的三要素,这不但会影响到你的资金投入,更会决定着它今后的生死存亡。

关于这方面,以下思路可供参考:

### 供给缺口

短缺是经济谋利的第一动因,哪里有短缺,就说明哪里的市场需求旺盛,从那里打开缺口、形成产业更容易获取利润。

按照这样的逻辑,空气甚至也可以成为一种商品。事实上,如果是在高原地区或相对密闭的房间里,空气真的能卖钱,因为它在这些地方是严重短缺的。

按照这样的思路去选择投资项目,就很容易找到方向。当然,由于开办工厂必然要考虑可持续发展问题,所以在研究供给缺口的时候,就必须考察这种短缺形成的原因、过程和时间跨度,一句话,要从长计议。

### 时间缺口

现代社会的节奏越来越快,许多人最缺的并不是钱,而是时间。各种先进交通工具如这几年全国各地大力建造的高速铁路、

---

① 赵松青:《5 000 元创造奇迹》,载《中国·城乡桥》2007 年第 7 期。

城际铁路、地铁等，在方便乘客快速到达目的地的同时，实际上追求的就是时间节约。

从这个角度出发，方便食品能够给消费者节省用餐时间、平板电脑和手机能够为消费者节省办公时间、健康食品和保健品能够延长人的寿命时间，在这其中就永远充满着投资机会。

价格与成本缺口

同样的产品，价格卖得越高利润越好；同样的价格，进货成本越低利润率越高，这是一个简单的道理。如果你生产的产品能比别人卖出更好的价格，或者虽然价格不能比别人卖得更高，可是生产成本和费用却能更低，这里面就都蕴藏着无限商机。退一步说，如果实在做不到这两点，能够用价格更低的替代物加以替代，其中同样会蕴含着可靠商机。

这方面的例子实在太多了。可以说，大凡随着科技进步出现的新产品，其中都包含着这两大因素。至于后者所说的替代物，如同样的产品虽然已经有了进口货却仍然可以生产国产货，只要它的成本和价格比进口货低甚至低很多，就都属于这种情形。

方便性缺口

时代的进步和生活条件的改善，促使越来越多的人追求方便、实在，而只要你生产的产品或提供的服务能够满足顾客这方面的要求，就会有立足之地。

例如，手机费用并不比固定电话低，可是它的优势是能随身携带，方便外出时联系；汽车比摩托车价格贵，它的优势是方便跑长途，并且载客量大，坐着舒服。

再如在小型商业投资中，虽然小区附近已经有了大型超市，可是小区门口的烟酒店仍然生意不错，就是因为它在向小区顾客提供烟、酒、公用电话服务时，还会提供更方便的服务，如至少可以少跑一段路，说不定没带零钱还可以临时记个账等。

通用性需求缺口

消费者日常生活中所用的日杂用品，品种多、花色多、规格不一，其中必定有一些是生产厂家较少、市场需求紧缺的产品。善于通过市场调查发现这种缺口(有时候不用调查你就能感悟得到),并考虑通过生产满足这一市场缺口。如果成功做到了,当然就能从中获利了,这就是你的投资项目。

可以说,人类社会每天的衣食住行中,只要有人的地方就会有这种商机。当存在着这种缺口,别人还没有发现你却已经捷足先登,就表明你找到了一个很好的投资机会。

价值性缺口

世界上的万事万物都有它已经公开的用途,但还有它尚未被挖掘出来的潜在用途。你要关心的重点不是大家都已经知道的用途,因为既然大家都已经知道了,很可能这方面的市场就已经基本饱和甚至供大于求了;你更应该关心的是它的潜在用途。如果你能比别人更早发现某种商品的价值性缺口,这里面就潜伏着巨大商机。

例如,2002 年爆发"非典型肺炎"(简称"非典")后,人们突然就发现板蓝根也具有防治"非典"的作用。这时候无论有多少板蓝根都是供不应求的,黑市上的价格翻涨了好几倍,就是这种价值性缺口发现的结果。

中间性缺口

社会经济领域的生产和消费是一环套一环的,而在这一环扣一环之间就可能存在着某种缺口甚至断裂,从中就很容易找到投资良机。

例如,当年美国淘金热中有数百万人从全国各地去挖掘金矿,如果你能想到这些人不可能每人都随身携带着矿泉水,而实际上他们谁都需要喝水时,这时候生产并提供矿泉水出售就是稳赚不赔的行当。

战略性缺口

每个时代都有它的国家战略(宏观)计划,这些战略性计划各有特点,但必然会给投资者带来战略性缺口商机。

回过头来看 30 多年前我国开始的改革开放大潮,当时有几十上百万公职人员主动"辞职"、"内退"、"下岗"、"停薪留职",进军工业、商业、服务业，结果绝大部分走上了致富之路，从而避免了最终的被迫“失业”。这些人实际上很好地利用了这种国家战略性缺口改变带来的机会。

回归性缺口

许多生活用品尤其是时尚商品在沉寂一段时间后，会掀起一股复古风。好好把握这种规律和消费趋势，就可能从中找到投资良机。

例如，这几年红木家具又重新开始流行起来，许多人甚至又怀念起20多年前流行的那种像砖块一样笨重的大哥大手机，纷纷重新购买使用，实际上这就是回归性消费缺口在起作用。

综上所述，在选择投资项目时，一定要从市场需求的产生和满足方式在时间、地点、成本、数量、对象上的不平衡状态中去进行考察。真正做到了这一点，你就会发现几乎遍地都是机会。

## 37. 懂得能干什么和该干什么

农民创业有其一定特殊性，很重要的一点，就是要把握好自己能够干什么和应该干什么。一切从实际出发、实事求是，是取得创业成功的基本点。

### 能干什么

应该说，适合农民创业的项目非常多。根据小额投入、尽快见效的原则来考虑，以下这些行业不妨一试。需要注意的是，这里仅是举几个例子，思路千万不要局限于此。

“农”字当头

农民地处农村，熟悉农村和农活，所以应当优先考虑与“农”有关的项目。尤其是种植业和养殖业，这是城里人不擅长的；而城里人的不擅长，恰好是你的创业优势，你少了一半竞争对象。

例如，各种需要依附于土地的，尤其是具有地方特色的绿色产品、土特产品、水产养殖等，就很符合这一特征。

乡村经济探秘游

不管是有钱人还是穷人，投资创业已成共识。为了满足那些有心赚钱而苦无致富思路的人的需要，可以在现有“农家乐”的基础上，和某些旅行社一起举办“乡村经济探秘游”，形成一个新的旅游品种。

探秘游的路线，主要是考察、探访一些成功的农民企业家所走过的道路，参观和学习他们的先进经验，附带可以参观一下特色村镇及小商品市场、农副产品市场，在受到创业启发的同时也可以带来一些生意机会，带走一些当地特产。

例如，以家庭经营模式为主要特征的“温州模式”，有人把它概括为6个“家家户户”，即家家户户开发项目、家家户户研究管理、家家户户融通资金、家家户户开拓市场、家家户户承担风险，结果呢，当然就是家家户户在创业。而乡村经济探秘游最早就是从温州开始的，当地一家旅行社在一年内就接待了30多个考察团，从中获益不少。

微型酿酒厂

现在的人特别注重食品安全，所以在城里各种各样的酒吧、陶吧、水吧、氧吧等琳琅满目之时，开设一家“微型酿酒厂”，定会受到追吧一族和时尚人士青睐。

所谓微型酿酒厂，实际上就是在酒吧里让顾客自己动手酿酒。

例如，顾客自己动手酿造一瓶750毫升的干红葡萄酒或白葡萄酒，价格只需59元，与市场价大致持平；可是由于是自己亲力所为，顾客关心的主要不是价格，而是那香气扑鼻的体验和食品安全感。在当前白酒消费受到抑制的宏观背景下，无论是从价格还是营养角度看，都会填补这一市场空缺。顾客高兴了，你自然就有利可图，这就叫体验经济。如果你是葡萄种植大户，很可能这么一下就彻底解决了葡萄销售难问题，而且会赚得更多。

宠物“殡仪馆”

宠物现在已经大量进入家庭,有的家庭甚至把宠物看作家庭的一员,其花费和地位甚至不比主人差。

然而,人有生老病死,宠物也一样。虽然现在社会上的宠物店很多,可是还没有专门为宠物整容、设灵堂、放哀乐、举行葬礼仪式、介绍“生平事迹”的服务机构。如果能在这方面开动脑筋,专门为宠物提供各式棺木或骨灰盒,定有利可图。

具体方法可以实行上门服务,或在特设的“殡仪馆”举行。现在,在广州市童心路附近已经有这样的宠物殡仪馆了。

声音美容店

随着个人素质的不断提高,人们越来越注重自己的一技之长和个人才能的发挥。如果你有这方面的特长,就可以开一家声音美容店,主要为顾客提供护理和控制声带、矫正舌位和口形的业务。推而广之,这种“冷门”生意由于独家、新颖、没有竞争对手,生意往往出乎意料的好。

声音美容店在天津出现后,主要顾客对象锁定在希望从事广播电视主持人、演员、公关人员职业的人们(大约占15%),学生、教师(大约占20%),儿童(大约占30%),常常顾客盈门。

新闻密探

一提到密探,总会给人以一种神秘兮兮的感觉。现在的媒体竞争非常激烈,所以对独家新闻的需求量也大大增加。

如果你有优美的文笔,完全可以从事新闻写作,通过给各家媒体撰写独家报道来获取不菲的稿酬。如果你本身不具备这方面的能力,那么可以成为一名新闻密探,四处寻找新闻,然后向媒体索要提供新闻线索的报酬。

一位农民整天做这项工作。他每天深入医院(伤病员身上有故事)、茶馆(道听途说中有信息源)、派出所(流氓斗殴中有血的教训)、殡仪馆(死者中有临终故事)打听独家新闻,然后将线索提供给媒体。每条线索的报酬在50～300元,他每月的收入均在4 000元以上。

生日礼仪店

生日是每个人都重视的日子，很多地方存在着过“满月”、“双满月”、“周岁”、“十岁”、“十八岁”、“二十岁”、“五十岁”、“六十岁”、“八十岁”等重要日子的风俗。

每过一次这样的生日，无异于举办一次重大的宴席活动。这里同样有无限商机。例如，帮人构思、策划生日纪念活动，代办生日礼品及纪念品的定制、经销、递送、请客、郊游、旅游、摄像等，都会吸引不少家庭尤其是中老年人的参与热情。

胎毛纪念娃

许多地方都有在孩子满月时剃胎毛的风俗。用胎毛做成的毛笔是很受家长欢迎的纪念品。现在又出现另外一种纪念方式：将孩子的胎毛、眉毛重新“长”在一个洋娃娃头上，将孩子满月时所穿的衣、裤、帽、鞋等重新“穿”在洋娃娃身上，留作永久纪念。

这种洋娃娃可以是买来的，也可以用陶瓷和泥土烧制而成。不管什么形式都非常具有纪念意义，家长很舍得为此花钱。

亲子商机

每到周末和节假日，各地都有很多家长带着孩子去名目繁多的艺术培训班上课。教室里挤满了孩子，教室外的家长则一溜坐在椅子上，或打瞌睡，或看报纸。这些培训班的上课时间大多为一个小时到一个半小时，中间休息一次。家长们就这样在门外苦等这么长时间，无事可干。

有人看准这个“亲子商机”，就在教室外面摆上儿童读物搞起了教育书展、儿童用品展，以及其他适合家长和孩子共同参与的活动，如假期农家游等，效果出奇的好。

## 该干什么

该干什么和能干什么之间当然有联系，但不完全是一回事。即使是同一个人，他在不同阶段、不同背景下所从事的创业也会与他的能力有一定背离，很好理解。但以下几点是必须坚持的：

### 仔细评估自己的财务能力

所谓财务能力，是指你可以拿出多少自有资金来用于创业。这一点非常重要。因为同样是农民家庭，有的人可能连眼前的吃饭都成问题，要他拿出很多钱来做生意实在是比登天还难；而有的家庭则积蓄比较雄厚，拿个几万或者几十、上百万问题都不大。这样两种人投资于创业，其动机和目标当然是不同的。

评估财务能力的主要目的，是要力争做到有多少钱办多少事，不要过度举债经营，否则很容易陷入财务危机。

### 慎重选择自己要进入的行业

俗话说："三百六十行，行行出状元。"但并不是每一行都适合你，最适合你的行业只是很有限的几种。

农民创业要想成功，就必须慎重选择自己熟悉而又专精的事业，小本经营或与人合作均可。根据我国目前新修订的《职业分类大典》，我国境内的工种被划分为 45 个行业、4 700个种类，1 838种职业分类。在这么多选项中，总有一两个行业是你熟悉的。而越是你熟悉的行业，越容易取得成功，投资风险也相对较小。

### 稳健发展的长期规划

从无到有进行创业，哪怕建立的是一个迷你型企业，也最好有稳妥的发展规划。短期目标是什么？长期目标又要达到什么水平？都要考虑清楚。

即使是有雄心壮志的创业者，也切忌一开始就贪大求全。要知道，"做大"企业并不是"大做"企业。"做大"企业是需要具备前提条件的，这就是利润积累。如果一开始不能赚钱，后面又怎么去扩大规模呢？没有实力支撑的"大做"充其量不过是举债而为，一有风吹草动、市场变幻就会风雨飘摇。

### 一要吃饭二要发展

农民创业特别强调要先求生存、再谋发展，先注重实际、打好基础，然后再步步为营、扩大规模。

要知道，在企业的发展过程中，"稳健"永远比"成长"更重要。这就好像马拉松比赛一样，如果一开始你没有足够的耐力和准备，即使因为投机抢跑比别人快了一拍，到最后也会再而衰、三而竭，善始而不能善终。

一个萝卜一个坑

目前社会上混日子的人依然不少，有的创业者本身就是这方面的能手。可是，现在自己创业了，这种情形就不允许再继续下去了，否则倒霉的就是你自己。

在创业初期，人员上必须力求精兵简政。因为每招一个人，你就必须多付出一份工资，少则每月一两千，多则三五千。每个岗位都必须有明确的职责分工和任务，进行科学和量化考核。千万不要追求表面上的浮华，因为打肿脸充胖子而徒增费用。

不要被困难吓倒

俗话说："吃得苦中苦，方为人上人。"创业是一个艰难的过程，也是不断克服困难、迎接挑战的过程。

有的创业者从来就没有经营、管理过一个企业，一直处于"被人管"的状态，而现在一副重担就要落在自己肩上，要去"管人"了，就会显得一筹莫展。

怎么办？遇到困难时可以发动员工一起商量着解决，也可以请教自己的亲朋好友和过来人，千万不要被困难吓倒。

一个企业建立起来后，不管规模大小，都有一年或半载的"婴儿期"。企业在"婴儿期"内是只有投入、没有产出或基本上没有产出的，绝不要希望刚生下的孩子就会为你做家务。你这时候一定要舍得投入，加倍付出心血，给它吃最好的"奶粉"，以使它快快长大。揠苗助长，只会害了孩子。

适当建立策略联盟

企业经营必须讲究战略战术，特别是对于小企业而言，建立同业联盟会有助于渡过难关。

所谓建立同业联盟，就是在自有产品之外附带推销其他相关产品，以进一步满足顾客需要、提高产品吸引力，同时也壮大自己的实力、增强竞争力和经济效益，也就是一业为主、多业经营。

## 38. 创业没有性别歧视

有人会说，我一个“大老爷们”怎么好意思做生意，或者我一个“女人家”不适合抛头露面，其实这种观点是不对的。创业没有性别歧视，到现在也没有谁能证明性别因素在农民创业中究竟起什么作用。换句话说，就是各有利弊。

有人曾经对“中国十大女富豪”做过研究，发现她们的共同特征是：不甘平庸、胆子大、脑子活、能吃苦、擅长发现机会和把握机会，与性别因素基本无关。

### 有理想、有追求是最重要的

既然创业没有性别歧视，那么，那些成功的女创业者们都有哪些共同特点呢？研究表明，最主要的特征是她们有理想、有追求，说穿了，就是她们勇于创业、敢于创业。

所谓“心想事成”，只有你心里想着自主创业，才会主动走上这条道路，也才会有最后的成功。

沈爱琴出生于杭州市笕桥镇，祖上四代都是蚕农。只有初中文化程度的她，从小吃尽了人间辛苦，种过田、割过草，所以从小就立志要创办丝绸企业来改变农村的贫穷落后面貌。

1975 年，她用卖旧楼板换来的3 600元资金和从大厂退下来的 8 台旧机器开始了艰苦创业，在全国各地到处跑，推销丝绸面料。她到外地出差时，常常和男人一样，只住 5 毛钱一晚的浴室大通铺。结果第一年就赚了 6 万元，这在当时可是一笔不小收入。

20 世纪 80 年代中期，丝绸业一片兴旺、产品供不应求。沈爱琴比别人高明的是，她能在这种繁荣景象的背后看到危机，果断地把所有家当都投入进去搞技术改造。结果，当同行后来纷纷亏损、倒闭的时候，她的“万事利”产品一枝独秀，远销 20 多个国家和地区，直到今天成为全国屈指可数的“丝绸王国”。

有人说沈爱琴现在是“富婆”了，应该享享福了。确实，作为一个有钱的女人，她过着令人羡慕的“富婆”生活，但是几十年来她坚持每天自己做早饭。她认为，幸福和金钱有一定的联系，但没有必然联系。

回顾自己的奋斗史，沈爱琴说：“我们女性不要跟别人去争什么，当初我选择丝绸，是因为这是女性个性化的最好体现。”

现在，算上她的女儿，他们家里已经是丝绸第六代传人了。不用说，她的生意要比祖上大得多。据中国丝绸协会统计，2011年万事利集团的真丝印染绸产量、丝绸文化产品销售规模均位居国内同行首位，她也曾多次登上《福布斯》富豪排行榜。

## 女老板们的秘密武器

既然创业无性别之分，而这些女老板们又显然都是女性，那么这些成功的女老板们又是凭什么取得如此巨大的成功呢？德国《妇女》双周刊曾经专门载文对此进行了剖析。

文章中说，有人认为女老板们要取得成功就必须比男性付出更多努力，甚至认为就必须牺牲色相，这种观点是不成立的。下面就是他们指出的女老板们成功的30条秘诀：

(1)不过分修饰

“好的形象能增强人格魅力，这会对晋升产生积极影响。”(服装设计师基尔·桑德尔女士)

(2)有良师益友

“为自己确立一个明确的努力目标是非常重要的。同时，有良师的帮助也是有益的。”(心理学家于尔根·黑塞)

(3)为面试做好充分准备

“您应该在一个工作日，站在公司的大门口观察一下，以便了解人们的穿着。”(形象顾问玛丽·斯皮拉内)

(4)穿超短裙有损形象

“如果一位女性希望在经济界受尊重，那么她就应该放弃超短裙和刺眼的浓妆。”（人事领导海因茨·魏因曼）

（5）成功并不需要西装革履

“妇女不一定要像男性那样着装，以显示自己的权威和职业特征。”（设计师乔治·阿尔曼尼）

（6）积极的成功压力

“每天我都给自己定出目标，而且给自己以积极向上的鼓励。”（诺贝尔奖获得者克里斯蒂安·尼斯莱因·福尔哈德）

（7）保持头脑冷静

“当您担心做不好事情的时候，您最好是关上门放松自己，然后头脑清醒地走出去。人们应该有明确的目标，而且有勇气实现自己的愿望。”（电视节目主持人扎比内·克里斯蒂安森女士）

（8）有风格

“如果您作为居领导地位的经理，想把企业的成绩归功于个人，这就像是一个人打着同上衣不匹配的领带出门一样不合适。”（企业顾问格特鲁德·赫勒尔）

（9）不给上司施加压力

“哪怕是一次令上司心中不快，他就可能解雇您。”（人事顾问米夏埃尔·巴尔杜斯）

（10）了解工资水平

“如果您想就自己的贡献同公司协商，您应该打听清楚一般岗位的报酬水准以及本部门在劳工市场所处的地位。”（企业顾问西尔维·克尔科女士）

（11）善于指出自己的长处

“善于指出自己的长处，但是，不要说别人的弱点。适时说出自己所起的作用，而不是拿别人做对比。”（企业家达格·克雷默）

（12）学会放弃

“当公司的要求和活动与您的计划矛盾时，您应该放弃自己的计划。”（教练马丹·比尔拉）

（13）不要怕犯错误

“晋升意味着行使权力，这就是说，有时人也会做错事。妇女应该学会承受错误。”（制片人卡塔琳娜·特雷比奇女士）

（14）感情细腻

“许多年轻的女企业家之所以成功，是因为她们考虑问题比男性更加全面，而且是设身处地考虑问题。”（企业顾问苏珊娜·克里斯塔尔女士）

（15）增加工资的理由要充分

“在就要求增加工资问题进行谈话前，您应该列出谈话时要说出的理由，例如您承担了哪些工作，完成得又如何好。”（人事顾问恩斯特·海尔根塔尔）

（16）领导也应该做服务性工作

“我什么活都干。我乐意打扫卫生、为员工们冲咖啡，我不怕弄脏了自己的手。”（设计师沃尔夫冈·约普）

（17）不要试图超过大老板

“不要使大老板黯然失色。如果上司有优越感，那么他们就会提拔部下。”（作家罗伯特·格林）

（18）相信自己

“发扬自己的长处、相信自己，心情愉悦。”（运动员马克·斯皮茨）

（19）重视个人生活

“我不认为，处在领导地位的人，工作就得是生活的全部。”（电视节目主持人佩特拉·格斯特尔女士）

（20）笑口常开

“不爱笑的人没有创造性，没有创造性的人就没有晋升资本。”（教练米歇尔·文克）

（21）不为说大话者蒙蔽

“多数男性对自己评价过高，而且这种现象到处存在，女领导必须始终保持头脑清醒。”（女市长克里斯塔·扎格尔）

（22）自尊是重要的

“为了成功固然需要有雄心，但是也应该注意，不能使自己的

尊严受损。”(女厂长苏珊·里姆库斯)

(23)听取长者的建议

“每当我没有主见时,我就勇敢地听取别人的意见,尤其乐意听从年龄比我大的人和有经验的人的建议。”(电视节目主持人克里斯蒂安·扎尔姆女士)

(24)充分展示自己的能力

“只有那些积极展示自己才能的人才会成功。”(人才开发研究员苏珊克·科茨)

(25)情绪不要太激动

“不要过于流露出激动的情绪,不能太不严肃,也不要做出动作过大的手势。”(女教授乌苏拉·内勒斯)

(26)注意养精蓄锐

“我每天都从事体育锻炼并设法多睡觉。我注意任何时候都保持良好的精神状态。”(女演员杰西卡·斯托克曼)

(27)培养接班人

“必须始终让员工跟上企业发展的整体水平,否则就会在提拔合适接班人的问题上失败。”(银行家西尔维娅·塞格内特)

(28)权威自然形成

“如何同员工们交往是重要的,不必过多地考虑自己的权威。”(女演员乌西·格拉斯)

(29)实行家务分工

“丈夫应该学会管家。妻子应该让丈夫学做家务并给予表扬,当他干活时不要挑剔。”(政治家雪纳特·施米特)

(30)保持平衡

“人的一生中有四个方面是同等重要的:爱情、友谊、职业、金钱。钱只能是达到目的的手段,而不能作为目的。”(心理学家沃尔夫冈·克吕格尔)

# 第四课 寻找你的创业机遇

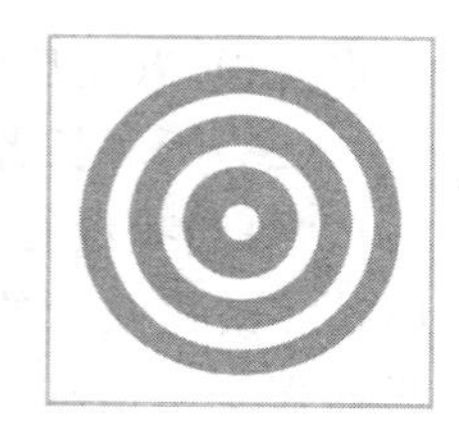

机遇也叫机会、运气，当然是指好运气。创业机会来了注定你要发财，挡都挡不住。但机遇只青睐有准备的头脑，如果你对它熟视无睹或浑然不知，它就会溜走。

## 39. 最主要看市场需求

怎样寻找创业机遇？这方面最主要看市场需求。

简单地说，凡是有市场需求的东西，就说明有投资价值，对你将来打开市场会有帮助。市场需求越大，说明留给你参与竞争的空间就越多；相反，如果你的产品根本没有市场需求，这创业风险也就大了。

如果嫌这样说过于笼统的话，这里以小型商业投资为例略微展开一些来说。

所谓小型商业投资，是指适合农民个人或家庭商业运作的投资项目。从投入资金看，规模从几千元、几万元到几十万元不等，一般不包括几百万、几千万元的大项目。

绝大多数农民投资者都不具备雄厚的资金实力去投资大项目，一开始只能停留在小打小闹甚至白手起家阶段，但他们同样有利用闲散资金投资的愿望和能力，并且这种愿望还很强烈。至于投资能力，则可以在实践中得到培养和锻炼；投资业绩，也同样可以令人瞩目而至辉煌。

只不过，这样的小型商业投资还是有许多要注意的地方，不能因为投资额小就掉以轻心。道理很简单：投资有风险，入市须谨慎。

总体上看，小型商业投资必须遵守以下三条定律：

## 只有我为人人，才能人人为我

有人说"现在的生意很难做"，其实，这句话不仅适用于现在，也同样适用于过去和将来。但有一条原则是不变的，这就是"我为人人，人人为我"。只要遵守这条定律，就不愁没有生意做。只要有人类，就永远需要服务和提供服务，就永远存在着商业机会。

那么，怎样才能做到"人人为我，我为人人"，并从中赚钱呢？这主要包括以下几方面：一是要建立一套快速、稳定的商业服务系统；二是针对现代人工作忙、生活节奏快的特点，提供有针对性的服务；三是细化市场，针对特定的某一类或几类人群提供服务。

顺便提一句，如果你是有心人，就可以打破这个魔咒，所有人的钱都能赚。例如，针对男性销售品牌服装、烟、酒，针对女性销售所有流行的东西，针对小孩销售他们爱不释手的东西，针对中老年人销售养生保健品……这方面的市场可以说广阔无边。

## 容器越大，容量才能越大

投资商业非常重视地理位置的选择，一般首选商业中心区域，次选低一级的商业中心或副中心。在此前提下，商业店面的租金高低反而是次要的。

这是因为，房租归根结底是一种成本或费用，是一种获得收入的预先垫资。如果能够带来更大的收入，这种成本和费用就是值得的；否则，就会形成真正的"费用"。

2008 年全球金融危机爆发后，新一轮商业投资洗牌重新开始。2009年上半年，我国各大城市中心商务圈和非中心商务圈的购物中心租金水平平均下跌7.8%和9.0%，部分零售商扩展经营范围，开展分租业务和自建购物中心，这实际上是趁机扩大规模的具体表现。

看起来这有些不可思议，因为从道理上讲，经济萧条时经营规模应当缩小才对。可是每位投资者的情况各不相同，当别人都在缩小经营规模时，实际上就表明这时候的商业投资成本也在降低。考虑到今后商业发展的需要和自己的经济承受能力，如果能反其道而行之，趁机扩大经营规模，反而能收到低成本扩张的效果。唯一值得注意的是商铺投资的三条最基本的黄金法则：人气、位置、供求关系。

毫无疑问，任何一类商品的销售利润，都会与商业销售架构层次的多少、市场规模有密切关系。

这里的销售架构层次，一般分为总经销、分销、批发、零售等，有的还会根据市场需求在各地建立分销点，从而形成一整套系统销售网络。不用说，这种系统越厚实，对全社会消费者的辐射面和影响力就越大，销售数量和利润就越高。关于这一点，可以从许多保健品铺天盖地打广告推动销售上看出来。

从某种意义上说，任何商品的市场都是无限的，关键是要把这个容器做大了。容器大了，容量才大。当然，这并不是某个普通投资者甚至不是某个大型商业机构能轻易做到的。

## 把不能变成可能，把偶然变成必然

商业投资很重要的一点，是要调查消费者的需求，然后想方设法去满足，这就不愁没有生意做；但更重要的是创造需求，把不能变成可能，把偶然变成必然，这样才能远离杀价竞争，获取丰厚利润。

所以说，在商业投资之前首先要进行市场调查，根据消费者的需求开设投资项目，这是一般人都能想到并做到的。但如果要创造一种新产品、开拓一个新领域，就只有部分投资者能够做到了，而这恰恰比前面的做法更进了一步。

然而，现在的问题是市场上本来就没有的产品，就很难通过调查消费者需求发现，所以重点不能放在市场调查上，而应该去研究消费者未来生活中哪些商品和服务会对他们有“更大的好处”。这就是他们未来的消费需求。即使他们现在还没有这种需求，但以后只要一看到这种商品和服务，就会因为它们对自己有利而立刻产生需求。

这种把不可能变成可能，把偶然变成必然的投资方向和创业项目，能够先于他人占领市场先机，即使将来不能独占市场，也会在这个市场普及开来之前就先赚个盆满钵满。

例如，经过这几年的市场开放和激烈竞争，再加上生活水平的普遍提高、消费结构发生变化，过去“讲究实用”的消费潮流正在被“时尚流行”所取代，商业消费模式正在突破保守传统，现代商业正在形成。为此，商业投资就必须迎合这种潮流，才能取得可靠的回报。

## 在头脑风暴中受启发

有人说，你这样讲还太笼统，我总不能挨家挨户地去了解市场需求吧？其实，了解市场的渠道太多了。除了个人经验和新闻信息源之外，经常与人交流，尤其是通过集思广益的头脑风暴法得到启发，是一条可取之路。

所谓头脑风暴，原本是指精神病患者在精神错乱状态下的胡言乱语；用在企业管理中，是指没有任何限制的自由思考和联想。正因为无拘无束，才会产生一系列新的观念和新的设想。

具体到农民创业来说，可以与同伴一起探讨投资方向和项目，事先不加任何限制，穷尽一切办法，看究竟有多少种选择，然后从中挑选出适合自己或群体的创业方案来。也可以与别人攀谈攀谈、听听别人的意见，从中吸取对自己有利的东西为我所用。

例如,在蔬菜生产基地江苏无锡市羊尖镇南丰村,就有一个很受农民欢迎的“创业沙龙”课堂,每月一次。经常是几十、上百户种植养殖专业户济济一堂,争先恐后地畅谈致富经。

由于可以畅所欲言,所以各种种养信息和市场行情、种养技术和管理经验都能在这里得到充分交流。沙龙不仅邀请本村在外创业的成功人士现身说法,讲述他们的创业历程和创业经验,而且还专门派人到浙江、上海等地了解市场行情,他们带回来的信息就非常及时和实用,很有参考价值。

例如,在一次创业沙龙上带回来的信息是“现在市场上龙硒菜供不应求,应该可以扩大栽种”,“食用菌现在很俏销,不少超市都来订购了”等,就非常具有针对性和指导性。①

## 40. 稳字开头,利字当先

农民创业在寻找创业机遇时,特别强调一条原则,那就是要“稳字开头,利字当先”。说穿了,就是一要稳,二要能赚钱。

道理很简单,对于小本经营来说,如果能赚钱,无论赚多赚少你总是赚的,都是能接受的;可是如果一旦亏损,你可不一定亏得起。不但要蒙受经济损失,引发家庭矛盾,从此一蹶不振,而且很可能会坏了以后的心态,导致一着不慎、全盘皆输。

这里的稳,并不是说完全摒弃投资风险,因为完全没有风险的创业是根本不存在的。它的真正意思是指要把投资风险控制在你可以承受的范围内。不用说,这种承受能力每个人各不相同。

数字表明,2013 年第二季度末,我国居民储蓄存款余额突破 44.17 万亿元,人均储蓄存款余额 3.27 万元,是 10 年前的 3 倍。储蓄率(居民储蓄占国内生产总值的比例)高达 52%,这是全球大

---

① 东流:《农民“创业沙龙”交流致富经》,载《无锡日报》,2011 年 2 月 27 日。

国经济发展史上从来没有过的。[1]

这至少说明两点：一是我国国内消费需求严重不足，居民只好把钱存在银行里；二是人们对前景感到担忧，不敢消费。换句话说，就是大多数人不敢承受未来的风险。

也就是说，如果你完全没有或基本没有风险承受能力，那还是选择银行储蓄、记账式国债、保本式开放式基金、货币市场基金、定投基金等理财产品为好。它们的收益相对稳定，风险几乎可以忽略不计。

只有当你具备一定的风险承受能力，选择面才会变得无比广阔。除了股票、黄金、藏品、期货投资外，自主创业当然就在可选范围之内。

事实上，上述居民储蓄主要是中低阶层用于准备未来小孩上学、老人看病、购房之需的，真正的创业者不会去存银行定期储蓄。

现在的问题是，如何兼顾"稳字开头、利字当先"呢？这实际上就涉及如何兼顾风险和收益两者之间的关系了。

这话说起来容易做起来难。因为大多数农民家庭的经济条件很一般，可是对财富的追求又很迫切，人人都希望能选到高收益、低风险的投资方式和品种。而这时候最要紧的是投资多元化，希望能同时实现本金安全和可能收益的最大化。换句话说，就是希望能"东方不亮西方亮"，把投资风险降到最低。

为了说明问题，这里举个最简单的例子。

如果你手上有历年来的积蓄 20 万元，那么，可将其中的 75% 即 15 万元投放到收益率虽然不高但安全性较强的投资渠道，期望值是一年能赚 5 万元（收益率为 $5\div15=33.3\%$）；另外 25% 即 5 万元用于风险相对较大、收益率当然也可能会较高的投资渠道，期望值是一年能赚个 10 万元（收益率为 $10\div5=200\%$）。

前面的 15 万元由于投资风险不大，年末这 5 万元基本上是能

---

① 莫开伟：《高储蓄率是中国经济之痒、百姓之痛》，证券时报网，2013 年 7 月 23 日。

够赚回来的；关键是后面风险较大的5万元投资，最坏的可能是血本无归，就是一分钱也拿不到。这样，从最坏的角度看，年末你也就只能保本了，但这时候手上仍然有20万元；如果项目成功，当年的赢利就是15万元，这样全年的收益率就会高达75%，年末你手中就有35万元资金了。

相反，如果把这20万元全部孤注一掷，无论用于什么，这风险都有点太大，一般人承受不了——这可是你全家几年来的全部积蓄呀！

## 41. 多看优点，少看缺点

怎样抓住创业机遇？一个简单办法是多看自己的优点，少看缺点。相反，如果只看到自己的缺点而看不到优点，就会信心不足，等到机遇真的来了也抓不住。所以你能看到，成功的创业者很少怨天尤人，只有失败者才会把原因归为运气不好。

北京大学光华管理学院副院长张维迎教授在与《福布斯》中国内地100名首富企业家代表对话时，就曾经提到这样一种有趣现象：大部分企业家在创业之初并没有什么非常稀奇和新奇的想法，一般多靠偶然因素（机遇）。事实证明，运气对于任何一个企业的成功都是非常重要的。

可是心理学研究成果表明，大家往往更喜欢把成功的主要因素归为主观努力，把失败原因归为运气不好，而且这很普遍。他提醒大家，运气非常重要，不要太高估自己主观方面的因素。当然，仅仅有一个好的机会也不一定就能成功；如果没有准备、不具备这方面的优势，也是不会成功的。①

---

① 《张维迎点评首富：找个好的职业经理人》，载《北京晚报》，2001年12月19日。

## 怎样客观地看待自己

为了能够抓住机遇,很重要的一点是首先要客观看待自己。只有首先对自己有一个正确的判断,才会看到自己的长处,才会把这种长处和机遇结合起来,同时又不跑偏了调。

有人也许会说,我看来看去看不到自己有什么长处。如果这不是谦虚的话,那很可能说明你这个人的确不太适合创业。一个人没有长处,这怎么可能?说明你的自信恐怕有问题,成功者必定不是这样的。

台湾的黄美廉从小就患有脑性麻痹症,肢体缺乏平衡感,嘴里只能咿咿唔唔地发出一些别人听不大清的声音。可就是这样一位弱女子,面对许多的不可能,最后获得了美国加州大学艺术博士学位。

当台下一位小学生不懂事地问:"你从小就长成这个样子,请问你是怎么看待你自己的?"

这个问题提得好。在众目睽睽之下,黄博士用粉笔在黑板上重重地写下"我怎么看自己"这几个大字后,龙飞凤舞地写下了以下几点内容:

(1)我好可爱!

(2)我的腿很长很美!

(3)爸爸妈妈这么爱我!

(4)上帝这么爱我!

(5)我会画画!我会写稿!

(6)我有只可爱的猫!

(7)还有……

这时候教室里鸦雀无声,没有人敢讲话。黄博士回过头来镇定地看着大家,再回过头去在黑板上写下她的结论:我只看我所有的，不看我没有的。台下立刻响起一片掌声。[①]

黄博士是一位残疾人，不是企业家。但是，她对自己的评价和结论实在值得我们创业者学习。为什么不呢？每个人都有许多优点，当然也有许多缺点。如果你只是从自己的长处出发，就会发现适合自己做的事情实在是太多太多；相反，如果你总是看到自己的不足，那就简直寸步难行！

这是每一位创业者在创业之初需要端正的态度。

## 怎样从爱好到创业

发现了自己的爱好和长处，并不能到此为止或沾沾自喜，而是要把它作为创业的基础条件。可以说，无论是谁，也无论你有什么样的长处，都是有可能把它变成创业优势的。

刘永森的唯一特长是速记，除了这个爱好以外，可以说其他什么长处都没有。然而，他就是看到自己的这个优势，在一个偶然的机会里，开始驰骋于速记这个长久落寞的行业，成为速记行业的带头人。

刘永森是在高中时看到某同学有一本速记书的。出于对速记符号的好奇，他依葫芦画瓢地模仿起来。后来他上了函授速记学校，又拜黑龙江一位颇有名气的老先生为师，期间也参加过全国速记比赛，并且取得过名次。但直到这时候，他还不知道速记对他来说意味着什么，更没有往创业的路上去想，只觉得它仅仅是自己的一项爱好而已。因为长期以来，就没有见过有人因为会速记而发财的，所以刘永森为自己一无所长感到担忧。

1993 年，他离开家乡黑龙江佳木斯，漫无目的地来到北京寻找挣钱机会。在北京一家公司打工期间，他经常练速记，于是有人就知道了他还有这样一个爱好。

一次偶然的机会，他被一位老红军请去做速记，由老红军口述，他做记录。很自然地，他对此感到轻车熟路，出错率很低。经

---

① 许思仿:《我只看我拥有的》，载《重庆晚报》，2007 年 9 月 11 日。

过简单整理，老红军的这本书很快就出版了，从此便经常有人来找他做兼职速记。

久而久之，他开始仔细考察北京市场对速记的需求，结果发现，北京是自己速记事业发展的最理想地区。于是，他立即花2 000元钱买了台旧笔记本电脑，从此就乐此不疲地为别人做速记。不仅为个人做速记，而且开始承揽各种会议速记。

很快，他越干越有劲，越干越觉得这个市场庞大，在他面前堆积着一个人没日没夜也干不完的活。他隐隐觉得，自己大显身手的创业机会到了。于是，他从银行里取出自己辛辛苦苦挣得的钱，把它一沓一沓地从高空散开，然后纷纷落下。看着眼前飘动的钱币，他自己给自己鼓劲、体验那收获财富时的快乐。

凭借10万元注册资金，刘永森成立了北京文山会海速记公司，全身投入速记行业。从会议记录、同步翻译、记者采访、讲话录音、电视台场记、律师取证、法庭记录、各种培训班……业务应接不暇，先后从事过“世界妇女大会”、“知识产权发布会”、“国际周”以及其他各种会议的现场速记记录、各种音像资料的速记和整理、个人传记口述编书等。

他认为：“速记是个不成熟的领域，我碰巧有这个不成熟领域里的成熟技术，把握住了这一点，我就成功了一半；还有，不管面对什么压力，我都会坚持认定的目标，这样我就又得到了成功的另一半。”①

刘永森讲得太谦虚了。事实上，每个人都有自己的特长，只要从自己的特长出发寻找创业良机，总会找到成功方向的。

## 42. 拿来主义，边干边学

机遇是从天上掉下来的吗？不是。所以，如果你眼睁睁地坐

---

① 韦华：《刘永森速记人生》，载《中国企业家》，2000年1月号。

在那里等待机遇降临，是等不到的；换句话说，即使机遇来了，你以前没有和它打过交道，你也不认识它。

真正的机遇，应当是在实践中摸索出来的。有鉴于此，抓住机遇是一个动态、实践的过程，有必要坚持“拿来主义”原则，边干边学，一边练手一边赚钱，不断提高认识水平。

大凡有远见的老板，总会对自己有一个科学而长远的发展规划。先做什么再做什么，一步一步稳扎稳打，少走弯路甚至不走弯路。周穗青的脚印就清晰地印证了这一点。

## 毕业即创业，一边工作一边练手

1993 年 6 月，周穗青领到华南理工大学科技英语专业毕业证的第二天，就急忙回到老家汕头，办了一个自己酝酿已久的英语补习班。在大学读书时他就想着要自己创业，可是他并不清楚自己究竟能干什么，家里也没有可以支持他的人，所以便很自然地想到从自己的英语专业出发，从这里撕开口子可能要容易些。

遗憾的是，由于他的动作慢了半拍，所以最初想招八九十人的，最后只招到二十多人。于是，他便感到有些失望，把这件事情全权委托给了一个学弟。

接下来，周穗青委托表妹把最近两年内当地主要报纸上凡是“注册公告”里标明注册资金在 100 万以上的公司资料全部剪下来，一个月内向它们寄出了2 000多封信。每一封信他都要解释一番什么是期货、什么是期货经纪人之类的知识。

一个月后他收到 40 多封回信，从中谈成了两个客户。到了第三个月，他已经能够在交易中每月抽取6 000元左右的佣金了，这在当时绝对是一笔不菲的收入。

周穗青从一个在民政局工作的同学那里得知，开办一个福利彩票的销售点能够按照销售额的 6%提成。聪明的他马上在每个大商场里设立彩票销售点，这样每个月又能有几千元进账。

## 羽翼渐丰，正式辞职创办企业

1995年，周穗青辞职注册了一家“新意念”广告公司，以每月1 000元的租金在一家招待所租了一间办公室，自己每天骑着摩托车在汕头的大街小巷寻找客户。他与众不同地想出了许多新点子，直到最后他编了一本《汕头市民手册》，以及免费给正在修建广州到汕头的铁路印制《列车时刻表》以换取铁路广告代理权，才算终于抓住其中蕴含着的巨大商机。

1997年，羽翼渐丰的周穗青开始到北京谋求发展，创办了天意华广告有限公司。1998年4月，天意华正式介入《三联生活周刊》的广告代理。当年，又取得了《今日民航》的广告代理权。1999年之后，发展思路逐渐清晰的天意华，相继代理了《中国化妆品》、《城市画报》等优势媒体的广告业务，从而实现了以品牌平面媒体为主的发展之路。

## 互不竞争和互补竞争共存

广告商之间的竞争是残酷的，也是混乱的。为了更好地解决其中的问题，周穗青在代理策略上提出了互不竞争和互补竞争共存的理论。

所谓互不竞争，是指不代理定位相同的媒体，所代理的媒体相互之间都有定位差别，这样做的目的是避免由于内部竞争而带来的内耗。

所谓互补竞争，是指对于这些种类不同、定位不同的媒体，天意华积极争取独家代理、优势代理，扩大媒介网络，增强竞争实力。

在此基础上，天意华始终把全力打造客户体系作为头等大事来抓，陆续搭建了遍布各地的销售网络。

同时，为代理的每一家媒体开展品牌小组的专业服务，对媒体进行包装和市场推广，并从广告销售角度为媒体的风格选择、发行策略、包装方面的改进提供建设性战略规划意见。这样，就又大大增加了双方的获利空间，取得了双赢效果。

按照市场需求所做的一切努力，使得天意华真正转型成了“媒介销售商”。如果是在过去，传统的广告公司分为两种：一种是代表媒体利益的广告公司，称为媒介代理公司；另一种是代表客户利益的广告公司，称为媒介购买公司。而现在最常见的是媒介销售商，则综合了前面两种广告公司的优势，因而更有利于发展成专业化、规模化的企业，有利于提高服务质量、降低服务成本，并且具有第三方的独立性。

所以，媒体销售商代表着专业化中介服务的发展方向，这种广告模式在国外已经发展得相当快了。

## 用新思维取得新成功

针对目前有人认为广告生意难做的说法，周穗青认为，其实不然。

因为从总体上看，进入媒介经营可以有三条途径：做内容、做广告、做渠道。现在我国国内的广告业并不发达，企业成熟度也不够，广告业又是一个本土化很强的行业，国外广告公司要来竞争必然要经过一个很长的本土化过程。所以，实际上还有许多广告经营空间没有被充分开拓出来。

就这样，周穗青仅仅经过 3 年努力，就使得天意华公司的市场磨合理念和操作日趋完善，构建成全新的商业模式，年销售额攀上 1 亿元台阶。[①]

现在的天意华传媒集团拥有员工 400 多人，分支机构遍布国内大中城市，早已成为全国最大的民营期刊经营集团。

从上面你能看出周穗青的创业“机遇”在哪里吗？可以说，在这种边干边学的过程中到处充满机遇，准确地说，是随时随地会出

---

① 周卉萍、孙润成：《他们是如何白手起家？微型企业家的致富历程》，载《科学投资》，2002 年 2 月 22 日。

现新的机遇。如果他大学毕业后就坐在那里等待机遇的来临，结果就可能会大不一样了。

## 43. 什么样的项目容易成功

许多创业者感到机遇可遇而不可求，并且处处留心在哪里可以遇到好机遇。其实，与刻意寻找机遇相比，更重要的是寻找相对容易取得成功的投资项目。

一方面，每个创业者的具体情况不同，他们对于机遇的理解也不一样；另一方面，机遇和好的创业项目是一对孪生兄妹。尤其是对于那些"手无寸铁"的农民创业者来说，更应把重点放在容易进入的小本经营上。

### 小本经营的几种方式

下面所列的是几种适合农民创业的小本经营项目。这些项目看上去"老套"，可是放之四海而皆准，屡试不爽。需要注意的是，在具体选择项目时，一定要与自己的实际经历和经验相符。

赚"嘴巴"的钱

俗话说："民以食为天。"所以，以"食"为业不愁赚不到钱，也不用担心有朝一日会成为"夕阳行业"。尤其是对于农民创业来说，几乎所有吃的都与"农"有关，从这里入手更有优势。

这个行业可以从事的行当就太多了，但都必须根据创业者自身的资本实力、场所环境、个人经历而定，小到蔬菜摊贩、米店、大排档，大到饭店、酒店、星级宾馆都属于这一类。实在没办法，一年四季在马路旁雇用几个人搭建一个夜间大排档，每天也能赚个几百上千元！

赚"懒人"的钱

社会发展导致职业分工越来越细，有越来越多的"懒人"希望能享受到别人提供的服务。顺应这样一种发展潮流，创业者如果把目光瞄准在“懒人”身上就必定会发现创业机会。

这方面最常见的项目有：家庭保洁、搬家服务、道歉服务、家庭装潢、洗车店、礼品包装、替人值班等。

赚“富人”的钱

富人的“富”既包括物质方面也包括精神方面，所以，在考虑创业项目时就可以从这两方面入手。

就精神享受方面而言，最常见的创业项目有：微电影、婚礼策划；音乐茶座、歌舞厅、夜总会、电影包场；鲜花、礼品、装饰画、高仿古画；减肥、足浴、美容、美发及高级护理；瑜伽、斯诺克、保龄球、网球、健身房等健身娱乐场所。

## 既省力又赚钱的方向

有人认为，农民创业没条件挑挑拣拣，只要能解决温饱问题就可以先干起来。此言差矣！无论是什么样的创业者，也无论他们是什么背景，每个人都有权追求既省力又赚钱的项目。

常见的这些项目主要有：

零售服务

开小店搞零售，对于大多数小打小闹的创业者来说是最适合不过了。为什么？因为我们每个人本身就是消费者，而零售服务本来就是直接与最终消费者打交道的，是销售渠道中的最后一环。开小店不需要经过专业培训，只要依样画葫芦马上就可以干起来。

零售服务项目主要有：小百货店、休闲食品店、土特产品店、烟酒店、蔬菜店、五金店、鲜花店等。

这些零售服务项目投资不大，利润稳定（有时候利润率还很高，并非想象中的那种“薄利”），资金周转快（通常是一手交钱一手交货），最主要的是风险不大，所以容易为常人所接受。

流动服务摊

流动服务的概念绝不仅仅限于以前那样的货郎担形式。随着社会的发展，越来越多的人希望能提供上门服务，这样就把流动服务的范围大大扩展了，例如送货上门、代购物品、快递服务，当然也包括流动货郎、马车小贩等。

组装配件

从零部件生产者那里买来所需零配件，然后组装成型推销出去，可以“拼装”出许多新产品。

这样做的最大好处是可以克服不懂生产技术的弊端，并且省去制造零部件的资本投入，更不需要购买原材料和机械设备的巨额资金，不需要产品设计、研究、试验等各种烦琐工序。

从组装配件到组装市场，从中可以发现一系列商业机会。

其他服务性业务

是指不包括在以上类型中的其他项目，例如，经营饮食杂品、服装、理发美容、客栈、青年旅馆、修理等。

它们的共同特点是不需要多大的本钱，场地设备也简单，管理简便单一，服务对象广泛，只要勤劳苦干就不愁得不到基本的收入保障。

## 开始创业的几条原则

对于缺乏经验的创业者来说，还得反复强调以下几条原则：

量力而行

一定要根据自己的实际情况，特别是根据自己现有的财力来确定投资额，切不要轻易地“孤注一掷”。

如果脱离自己的实际能力去“赌一把”，即使是你特别看好的项目，同样也会存在着巨大风险，只不过这种风险一时不容易被你识破，或者还没有露出破绽来罢了。一旦失败，不但会血本无归、引发家庭矛盾，而且会坏了今后的创业心态。

不怕生意小

俗话说:“勿以善小而不为。”做生意也是如此,不要拒绝小生意,因为大生意就是由小生意积累起来的。从小生意做起,正好可以积累经验和实力,为以后做大、做强打好基础。可以说,古今中外的许多大老板都是“积少成多”、“集腋成裘”的典范。

一手交钱一手交货

做生意最忌讳客户欠款,甚至忌讳别人向你借款。特别是现在社会上各种各样的骗术实在太多,要赖的单位和个人可以说层出不穷。

对于初涉商海的创业者来说,切记一手交钱一手交货,为此宁可少赚一些也无所谓。因为货卖完了可以再去进,勤进快销正是经商之道。防止上当受骗的最大秘诀就是两个字:不贪。

信息要灵通

现在已经是信息社会,信息与生意之间的关系十分密切。所以,千万不要“两耳不闻窗外事”,更不用说太多太多的生意和机遇都是因为你的信息比别人早半拍而成的。

但要注意的是,信息的生命首先是真。只有真实的信息才有价值,道听途说、似是而非的信息不但无益,而且有害。

请记住,一条真实可靠的信息可以使人发家致富;同样,一条虚假无用的信息会使人倾家荡产。

眼见为实

不但各种信息要真实可靠,即使是发生在眼皮底下的交易行为,也要多长一个心眼、谨慎从事。

眼见为实最主要的几条原则是:不见到货不轻易付款;即使见到货,也要核实货是否确实属于对方;一手交钱一手交货;与人打交道时认货不认人。

## 不妨考虑进创业园区

对于搞实业的农民创业者来说,选择在创业园区投资办厂可以说是一条捷径。

1992年开业的上海富民民营经济开发区，坐落在江浙沪三省交界处的一个穷乡僻壤，是当时华东地区第一家民营经济区。

当年开发区在创立时曾经受到国内外的广泛关注，香港《大公报》甚至刊文惊呼“陈云家乡搞起资本主义”。而如今，这个开发区已经成功培育了5 000多名民营企业老板，建成并租售出去的标准厂房达到15万平方米，大大超出当年的设计，还在上海市的其他两个区办起了“连锁开发区”。

像这样的创业园区，现在整个上海有200多个。

开发区为什么会如此红火？专家认为，创业者挤进这样的园区进行发展，其好处是初始投资成本低，容易形成产业特色，有利于企业之间的整合、形成规模效应。

特别是像上海这样大工业及外资背景有着强大空间占有的城市，这样的园区是民营资本得以扎根的“肥沃土壤”。一句话，办实业搞工厂在园区之内更容易取得成功，可作为首选。

## 44. 去哪里寻找合适的项目

知道哪些是适合农民的创业机遇之后，怎么去找这样的机遇呢？其实，这里最关键的是要有发现的眼光，不能“等、靠、要”。如果你诚心想创业，那就没有办不到的事。也就是说，要找到创业项目并不难，难的是找到“短、平、快”的好项目，然后把它付诸实践。

这里以实体创业为例，介绍一下找寻方法。

### 从自身经历中寻找投资机会

每个人都生活在现实社会中，只要注意观察身边的事物，就会不断发现适合自己的投资机会。

例如,重庆邮电大学移通学院 2011 级市场营销专业的陈跃,是一位来自重庆开县的农家子弟。2012 年年初,他利用寒假时间在开县安全生产监督管理局实习,第一次接触到烟花爆竹行业。

他想:春节期间烟花爆竹生意这么好,我为什么不练练手呢?就这样,他领了一张烟花爆竹临时经营执照,在城中设了个摊点,把自己积攒多年的压岁钱全部拿出来用于进货。没想到,短短一个多月他就净赚 3 万多元。

由此他感到,找对创业时机最重要。开学后,他看到许多同学喜爱动漫和电玩,便在学校的支持下,用这 3 万元在校门口开了家卡尼动漫店。接下来正赶上重庆市大力发展微型企业,他便在学校创业学院的支持下,正式注册了一家名为"卡尼动漫"的微型企业,成功获得财政补贴 3 万元。

2012 年 10 月,他有幸接触到学校"天猫小邮局"的创业项目,随后就又全身心投入到该项目的筹建中去。2013 年 2 月,他的第二家店"天猫小邮局"正式开张了,很快有了 5 名员工。

看看,如此投身于创业,既顺理成章又容易成功。

## 从社会矛盾中寻找投资机会

举例说,目前社会上效益最好的是哪个行业?金融,尤其是银行。大学毕业生都争着往银行跑,比考公务员还热门。

但显而易见,我国是不允许个人开银行的;即使现在已经可以创办民营银行了,也绝不是哪个个人就有实力、有能力办的。

可是不管怎么说,这种热门现象的背后,本身就意味着这里潜藏着巨大的投资机会。一方面,银行贷款供不应求,绝大多数小微企业要想从银行得到贷款很难;另一方面,银行、保险机构瞄准的产品服务对象主要是大客户,并且这部分客户手中拥有的资金只占社会资金总量的 30%,另外 70% 在普通大众手里。

这说明什么?这说明如果能创办或入股小型金融机构,同样会获利颇丰。这就是为什么目前社会上各种小型商业银行、信贷中介机构如雨后春笋般涌现的原因。一方面,它们可以弥补市场空缺;另一方面,这样的项目投资回报率极高。

## 从作业程序分析中寻找投资机会

各行各业都有各自的作业程序,程序优化是无止境的,而在这种程序优化过程中,就潜伏着无穷无尽的创业投资机会。

举个例子说,在当今全球生产和运筹体系流程中,信息服务和软件开发方面就存在着薄弱环节,这就表明这些地方可能存在着投资机会。如果你有这方面的能力,那么无论是直接创办这样的实体还是购买这方面的股票,都可能找到投资机会。

## 从产业和市场结构变化中寻找投资机会

市场永远存在,没有绝对的“生意没法做”的时候。当然,许多事情要经过一段时间后回过头来看,才能看得更清楚。而如果你比别人更早一步看清这一点,投资机会就会摆在面前。

举例说,中共“十八大”后我国正在加快小城镇化建设步伐,并且明确强调,城镇化的过程就是农民、农村富裕化。在这种变革中有多少适合农民创业的机遇?可以说是无穷无尽——无论是公共部门产业市场化,还是在基础设施建设、交通、电信、能源、养老、知识经济领域,都蕴藏着无穷无尽的创业机会。

## 从人口变化趋势中寻找投资机会

目前我国老龄化社会程度在迅速提高、单亲家庭快速增加,妇女就业、全社会文化教育程度也在不断提高,独生子女已经进入第二代,互联网的开放大大拓展了国民视野,其中就都孕育着许多市场机会。

如人口老龄化、全社会对自身健康的重视,会促使健康食品市场的兴起；人口流动的加剧和各地对饮食需求认知的改变，会不断造就美食市场……而这些又会带动许多新兴行业的发展。

伴随着这种人口变化趋势寻找投资机会，既有充分依据，又具有前瞻性，自然会比别人快一拍。

## 从价值观的变化趋势中寻找投资机会

例如，现在人人都在提“代沟”，似乎代沟真的无处不在。

可是从这种抱怨声中，创业者如果能更多地察觉到人与人之间的价值观和认知变化趋势，同时结合自身实际，就会从中寻找到很多投资机会，沟通、聊天、道歉、礼仪、婚姻中介等机构就可能会应运而生。

## 从新知识的裂变中寻找投资机会

知识经济时代的知识增长呈爆炸态势，其中必然会裂变出无穷无尽的创业投资机会。

例如，目前人类基因图像已经获得完全解密，这就预示着今后必然会在生物科技和医疗服务领域掀起一场场革命；物联网概念的出现，也必将会在传感领域出现许多新的投资机会。

## 从特殊事件的爆发中寻找投资机会

例如，2008 年全球爆发金融危机，促使许多人重新过上了俭朴的生活，低碳生活开始风行起来；2010 年 2 月 27 日，全球第一大产铜国智利发生 8.8 级地震，马上导致全球铜价飙升；2013 年 8 月 16 日，上海股市发生光大证券“乌龙指”事件，一连几天带动网络安全类股票连续涨停；时不时脉冲一下的钓鱼岛事件、朝鲜半岛局势紧张等，也都可能带来投资机会。

# 45. 怎样对项目进行评估

有了好的创业机遇和项目，还有必要对它进行认真评估。

评估的方法很多，但大体上可以分为两大类：定性分析和定量分析。对于农民创业来说，定性分析要重于定量分析。如果这种评估陷入了各种复杂的数学计算之中就大可不必了，最重要的是要看是否适合自己。

因为说实话，放眼世界，任何项目都会有人投资的。虽然这些投资项目最终结果会有赚有赔，但创业之初投资者都是希望能赚钱的。之所以会造成后来的局面，很重要的一条是该项目是否真正适合你自己。为什么你不赚钱，换个老板就赚钱了呢？道理很简单——每个人都有自己熟悉的领域和范围，这就是巴菲特所说的能力圈——在自己的能力圈范围内投资，成功概率就要高出许多。有鉴于此，你应当把“只投资自己有把握的项目”当作一条重要原则来对待。

创业者的情况各不相同，对于缺乏商业经验的普通农民来说，创业时遵循以下几条原则的成功把握较大：

## 大型不如小型

这是指大型项目投资不如小型项目投资赚钱快。

大型项目投资的投入大、经营管理水平要求高，一旦投资成功获利会非常丰厚，但这并不是普通投资者能够胜任的。

所以，如果你没有雄厚的资金实力，又缺乏在大型企业中高层以上岗位上的管理经验，那么，还是老老实实从小型项目投资做起更合适。这些小型投资的资金需求少，技术难度系数低（许多项目根本谈不上有什么技术含量），但也正因如此，才会更适合普通投资者进入，并且资金回收快、赢利稳定。

## 重工业不如轻工业

这是指投资重工业产品不如轻工业产品赚钱快。

所谓重工业，是指为国民经济各部门提供生产资料的产业，如采掘工业（煤矿等）、原材料工业（钢铁厂等）、加工工业（水泥厂等）。而所谓轻工业，是指为国民经济各部门提供生活资料的产业，如以农产品为原料的轻工业（服装厂、饮料厂等）、以工业品为原料的轻工业（日用玻璃制品厂等）。

之所以说投资重工业不如投资轻工业，是因为重工业产业投资周期长、资金需求量大、资金回收慢，一般不是农民投资者甚至拥有巨资的个人投资者能够运作得起来的。

无论是流通贸易，还是生产加工、经营轻工业产品尤其是日用消费品，都要比前者的投资风险小、进入门槛低，并且更容易在短期内见效。

## 用品不如食品

这是指销售日常生活用品不如销售食品见效快。

日常生活用品是每个人都要用到的，食品同样是每天必需的，但这两者之间还是有很大的区别，那就是“民以食为天”——每个人每天都必须吃，只不过是吃得好一点还是差一点、吃这些还是吃那些的区别罢了；而哪怕是最重要的日常生活用品，也并非就不能离开几日。

正因如此，食品销售虽然要受诸如质量技术、卫生管理等部门的监督和管理，但整个食品行业的需求量实在太大，并且政府对这个行业的经营规模、品种、布局、结构都没有其他限制性进入规定，投资额可大可小，经营品种也可以根据当地市场和特定消费对象任意组合。

所以，从投入资金、经营风险、投资回收期方面看，投资食品要更胜一筹。尤其是农民,本身擅长的就是“吃”的,这方面的创业优势会更多。

## 男人不如女人

这是指以女人为主要销售对象的项目要比主要以男人为销售对象的投资见效快。

古今中外的经验表明,日常生活消费品的采购权一般都掌握在女性手里。而市场调查数据也证实,整个社会购买力的70%以上是女性控制的。女性掌握着大部分家庭中的财政大权,并且每个家庭中的“消费大户”都是女人和孩子,家庭中的采购权和消费权基本掌握在女主人手里。

明白了这一点,也就非常清楚这样一个简单道理:以女人为主要销售对象比以男人为主要销售对象更容易取得创业成功。

## 大人不如孩子

这是指以孩子为主要销售对象的项目要比主要以大人为销售对象的项目见效快。

关于这一点,道理同上。尤其是在我国,普通三口之家中的孩子,一个人的生活消费总额往往就要超过爸爸和妈妈的消费之和。

这不但是因为国人的消费特点是“下倾”,大人宁愿节衣缩食,也要千方百计满足孩子的要求;甚至不是满足他们的要求,而是千方百计动员他们去消费。所以你能看到,我国儿童市场上的消费品应有尽有,而中老年人要买一件合适的衣服都很难如意。

此外,儿童消费的随意性及容易受广告、情绪、环境影响等特点,也会促使这块市场随意膨胀。这些都决定了儿童用品销售市场的看好。

## 多元化不如专业化

这是指多元化经营的项目投资不如专业化经营见效快。

许多投资者从事项目经营时喜欢搞多元化,以为品种搞得越丰富越好,这样可以兼顾面广量大的消费者。可实际上,如果没有庞大的资金实力和营业面积,那么,专业化经营可能会取得更好的效果。

关于这一点,从各种各样的专卖店、小商品专业市场的红火中就能看得一清二楚。有些专业市场中的商铺,只经营一两个品种,可是由于经营有特色、销售量大,能够大大压低进货价格,反而能取得不菲的销售利润。更不用说,由于进销渠道固定,经营管理方面是很轻松的,几乎可以实现“傻瓜式”经营管理。

## 做生不如做熟

这是指从事陌生领域的项目投资不如从事熟悉领域的项目投资见效快。

陌生领域因为陌生,所以充满不确定性,至少对你来说是这样。虽然这种不确定性同样意味着商机,但同时也意味着风险。相反,如果选择自己熟悉的行业,尤其是过去从事过的项目来投资,这本身就意味着你已经度过了“摸索期”和“实习期”,因为觉得这个行业有前途才进入的,这样无疑就提高了成功把握。“隔行如隔山”,说的就是这个道理。

项目投资当然不排除开拓创新,但如果能够从稳定获利的角度出发,还是提倡要从小起步、从自己熟悉的有把握的项目做起,稳扎稳打。这一点对于小本经营、赢得起输不起的农民投资者来说尤其重要。

# 46. 机遇像小鸟，抓不住会飞掉

寻找创业机遇，必须有敏锐的眼光、敏捷的动作。机遇就像一只小鸟，如果一时抓不住就会瞬间飞掉，以后可能再也找不着这样的好机会了。正所谓："机不可失，时不再来。"

## 不懂就问，柳暗花明又一村

不懂就问、敢下决心，才可能柳暗花明又一村。

刘丐平 1963 年出生于浙江永嘉县，从小家境贫苦。由于受"文革"的影响，他初中时期几乎没有学到任何东西。在湖北随州市，背井离乡的他凭着在老家练就的一手理发手艺，开了一间发廊，带着老婆和妹妹靠手艺吃饭。

为什么开发廊呢？不甘心一辈子面朝黄土背朝天的刘丐平一脸无奈地苦笑着说："因为开发廊需要的钱最少。"

因为同乡的原因，刘丐平结识了当时担任永嘉奥林鞋厂（奥康集团前身）总裁王振滔的表哥陈信瑞。陈信瑞在随州一个商场里做奥林鞋的自产自销生意，经常到刘丐平店里理发、休息，由此刘丐平觉得，卖鞋应该会比开发廊更有前途，便虚心地向陈信瑞请教："卖鞋的生意怎么做？教教我，我跟你去卖鞋。"

1990 年前后，中国皮鞋市场的需求很大，所以生意比较好做。而按照温州人的性格，他们"宁当鸡头、不当凤尾"。于是，陈信瑞和刘丐平两人一拍即合，决定合资专做奥林皮鞋销售，去开拓安徽芜湖市场。这对奥林鞋厂和他们个人来说都是双赢计划。

可由于没钱投资，这个计划最后并没能实现，刘丐平只好继续理发。后来，陈信瑞和表弟梅胜思投资去开发芜湖市场，梅胜思后来担任奥康集团开发部经理，就都是千万元的身价了。

但通过这件事，刘丐平看到了极好的创业机遇。特别是看到别人卖鞋挣了大钱,更坚定了他改行卖鞋的信心。

1990年年末,刘丐平彻底关闭发廊,回到永嘉筹资加入奥林鞋厂。他从银行贷了1万元,又东借西拼凑了1万元,做好了背水一战的准备。

对于做生意的人来说,两万元实在是个小数目,所以刘丐平只好"识相"地选择一个很小的市场去开发。这就是安徽芜湖附近的宣城。为什么选择宣城呢?刘丐平考虑,自己实力小,无法租用人家的大卡车进货。而合肥、芜湖的生意已经做得很大了,所以可让他们每次进货时帮自己顺车捎些货。

俗话说:"万事开头难。"既没有经验又没有文化,这使得刘丐平开拓市场时困难重重。特别是当时几乎全国范围内都在围剿温州鞋,温州鞋被当作低档劣质品的代名词;而永嘉是温州的一个县,自然难逃其责。在当时,别人一听刘丐平是温州口音,往往连谈话的机会都不给他就拒绝了。

但温州人到底是精明的。面对一次次闭门羹,刘丐平并不灰心,而是采用跟踪的办法,在下班时提着礼品登门拜访销售主管。但那时候的人很讲原则,不行就是不行,所以他依然是一次次碰壁。

绝望之中的刘丐平没办法,只有硬着头皮去做,以最小数量投放商场进行试销,待取得效果后再加大批量。就这样,市场慢慢地打开了,直至后来的销售蒸蒸日上并供不应求。

到1994年,刘丐平投资的两万元已经滚动发展到净利润30万元。他说,他自己也被这个数字吓了一跳。

1997年,奥康总部决定把各地分散的销售部门整合成一个经销公司,由各分公司经理参股,刘丐平当然要积极响应了,所以他很快就成为奥康众多的分销公司经理之一。因为当时他在这个行业里已经摸爬滚打了6年多,成为奥康的销售骨干。

1997年,奥康总部为了搞好山东市场,特派刘丐平去山东帮助开拓市场,结果山东业绩猛增。1998年,总部又派他到沈阳去成立东北分公司,并且负责开发东北市场。1999年,刘丐平被调到西北分公司担任经理，由于大力整顿销售代理市场，业绩有了很大的提高，直到后来调任广东分公司总经理。

刘丐平谦虚地说，自己没什么文化又不是很聪明，能把奥康鞋卖好，主要是因为比别人更用功，还有就是对人诚实、容易交到朋友。他觉得，勤快和诚实是他取得成功的最大本钱，而抓住机遇也是非常重要的。以前他无法抓住机遇，所以无力开拓芜湖市场；后来他抓住了机遇，所以才有现在的成绩。

## 独具慧眼，人间处处有商机

刘丐平的经验确实有点道理。

例如，现代人生活压力都很大，赚忙人的钱就是个好主意，永远有商机。而不用说，现在的"忙人"还真的很多。大街上拿着手机聊个没完的人，你还别说他们都在打情骂俏，其实相当一部分人真的是有事，是在工作。如果你能从他们身上动动脑筋，就一定会找到创业机会。

以信息开发为例。都说现在已经进入信息时代。同样是开饭馆，用公款吃喝的人少了，生意就变得难做。而广州却有这样一家别开生面的"信息酒家"从中找到了商机，每天不愁顾客不盈门——老板专门雇人建立了一个"信息中心"，从各种媒体上整理出分门别类的专题信息，同时将顾客发布的供求信息也抄下来，打印出来贴在墙上。

该店从周一到周日分别推出不同的"信息专题日"，如周一为"装修建材日"、周二为"房地产日"、周三为"二手房交易日"、周末为"非诚勿扰(征婚)日"等。

到该店就餐的顾客，既可以了解自己发布的信息有没有受人关注，又可以关注别人的信息。如果看中了某条信息，服务人员还可以立即穿针引线，为他们提供联系电话，这样就轻而易举地把"消闲餐"变成了"工作餐"，锁定了那些天天要来吃工作餐的白领们，这样生意不火才怪呢！

当然，有些顾客的需求是需要老板引导的，不引导你就没钱赚，一引导就会财源滚滚。

例如，在美国有一家名叫“奇幻谷”的玩具店，老板专门建了三间儿童活动室。工作忙的家长随时可以把孩子送过来，由专职保姆照顾和教导。

活动室里有各种各样的该商店正在出售的玩具供孩子们玩耍。由于孩子们在这里玩得很开心，而且收费不高，所以很多家长愿意把孩子送来这家商店。

可是当家长准备把孩子领回家的时候，就由不得你了——由于这些孩子在这里正玩得入迷，死活不肯放下手中的玩具，大多数家长只好在孩子的眼泪面前乖乖地选择投降——掏出腰包买下这些玩具。

这种方法不是很奇妙吗？商机就这样产生了。

## 47. 运气很重要，运来挡不住

前面提到张维迎教授的一个观点，就是运气对任何一个企业来说都是至关重要的。那么，究竟有多重要呢？可以简单地用“运来挡不住，关键要抓住”来概括。

这句话包括两层含义：一是机会要好；二是光有机会还不够，还得要你能抓住它。

所以，当有人总是抱怨“幸运女神”从来没有光临过时，你就知道，说这话的人不是不认得幸运女神的面孔，就是当时没有足够的勇气和幸运女神打招呼，从而白白地与她失之交臂。

说到这里，我们先来看看在过去的30年里究竟有哪几次全民最重要的创业机遇。

要知道，当时如果你能做个有心人，能够认识并抓住机遇，并且还能适当地放下身段，是很容易创业成功的。

## 个体户

个体户的全称是个体工商户，指经过工商部门登记、从事工商业经营的个人或家庭。确切地说，这里的个体户是指我国改革开放初期的第一批个体经营户，他们是"第一个吃螃蟹的人"。[①]

根据我国法律，可以申请个体户执照的只能是三种人：待业青年、社会闲散人员和农民。也就是说，在正规单位上班的职工是领不到个体工商户执照的。

问题就在这里：农民与社会闲散人员归在了一起。要知道，改革开放之初的社会闲散人员几乎是"两劳"[②]人员的代名词，其社会地位之低可想而知。他们从监狱里释放出来后，身上永远贴着"坏人"的标签，进不了正式单位，所以只好自谋职业，最多的就是被称为个体户的路边摊贩和修理店。在那个时候，一个人如果没有正经工作是很可耻的，就连买张火车卧铺票都没单位开证明，走在路上看见熟人就会低着头。

可是，就是在这些自食其力的个体户中出现了一大批早期富翁，有所谓"造原子弹的不如卖茶叶蛋的(收入高)"一说。当时的那些"万元户"，其经济地位绝不亚于今天的千万富翁。可以说，今天的成功人士中有许多就是在那时候掘到了第一桶金，从而奠定了日后的创业基础。

---

① 螃蟹形状可怕，丑陋凶横，所以常用"第一个吃螃蟹的人"来形容他们有勇气。但他们当时从事个体经营实属无奈，并非自愿。

② "两劳"人员，指劳动改造人员和劳动教养人员，俗称"监牢里放出来的"。劳动改造人员，是指犯罪后被判处刑罚、收监执行的人员，包括被判处有期徒刑、无期徒刑的人员。劳动教养人员受到的是一种行政处罚，在劳动教养所执行，期限一般在 3 年以下。

## 猴票

猴票是我国发行的第一张生肖邮票。请记住，凡是带“第一”的东西，其中往往就蕴含着最宝贵的东西。为什么“初恋”最珍贵？其中就是因为有一个“初”字，“多恋”反而要遭人嫌了。由于面对这“第一”时大多数人还没觉醒，所以“起得早、捡个金元宝”的机会相对就多。

猴票发行于 1980 年，面值 8 分，发行量 500 万张左右。虽然以今天的眼光看，这张邮票无论在设计还是制作方面都有许多需要改进的地方，但既然“人无完人”，那么当然也是允许“票无完票”的。它就因为是第一张生肖邮票而价值不菲，你又能怎么着呢？

2013 年 8 月在山东的一次邮品巡展会上，一套全版 80 枚的猴票价格高达 150 万元，[①]增值 23.4 万倍。如果你当时用差不多一个月的工资买上 7 套这样的邮票(共需花费 44.80 元)，放到现在轻轻松松就是千万富翁了。

## 国库券

所谓国库券，是指国家为了弥补国库亏空而发行的一种政府债券。国库券因为是国家发行的，几乎没有违约风险，因而被称为“金边债券”。

我国最早是从 1981 年开始发行国库券的，还款期 3～5 年(在此之前，曾经于 1950 年发行过国家债券“人民胜利折实公债”、1954 年至 1958 年间发行过“国家经济建设公债”)，1992 年起开始少量发行凭证式国库券，1997 年起全部采用凭证式国库券并在市场上无纸化发行。

---

① 《整版老猴票售价 150 万》，载《京华时报》，2013 年 8 月 7 日。

值得一提的是，由于刚刚发行国库券时大家对它并不了解，所以政府不得不开大会开小会大张旗鼓地宣传发动，然后是领导带头，才会销售出去一部分，余下的不得不采取摊派方式，强迫职工在发工资时扣缴。可以说，当时的国库券是不受百姓欢迎的。可是，等到百姓都喜欢上它了，它就值钱了。

当时的情形是政府只管发行、不管买卖，可是这一市场空隙便给专门倒腾国库券的“杨百万”们留下了暴富机会。有人因为不喜欢，所以买到国库券后希望能以低价卖出；有人因为看中了国库券的高利率，所以希望能收购。而在这一高一低的买卖中，就成就了“杨百万”这样的名人大腕，而且还上了美国华尔街“老板圈子”的大报，成了标准的全球新闻人物。

这里再简单地说说“杨百万”的故事吧。

本书前面提到，杨怀定 1988 年因为受到工厂冤枉辞职在家后，虽然整天想着怎么才能赚到钱（毕竟个人和家庭都要生活呀），可是想来想去就是找不到合适的路子。于是，他就天天去上海图书馆看报纸，希望能从中找到一些有用的信息。

果然有一天，他在报上看到中国人民银行行长李贵鲜的一次讲话中说到，经国务院批准，公民可以自由买卖国库券了。只有初中文化程度的他对此有些不理解，便马上去报摊上买了张《人民日报》，然后去一家大银行的金融研究所咨询“什么叫可以买卖国库券”。一位研究员认真地解释给他听，然后警告他说“买卖国库券可是非法的”。这时候，杨怀定微笑着展开手中的报纸。研究员一看，愣住了，说：“不好意思，我们还没接到红头文件。”于是杨怀定托他打听什么时候可以买卖国库券、全国哪些城市可以买卖等。

几天后，杨怀定就得到消息，这项业务在全国 6 个城市同时展开，除上海之外，最近的是安徽合肥。于是，他在图书馆看报纸时就特别注意看《安徽日报》，看两地的国库券价格相差多少。一看竟有 2%～3%，他眼睛一亮，和妻子商议后，马上取出家里的所有存款两万元，然后又从亲朋好友处借了 9 万元，乔装打扮成穷人的样子,连夜坐火车去合肥倒腾了。就这样,他单趟要坐 13 个小时的火车,一来一回除去车票钱居然能赚1 060元,差不多是普通工人半年的工资。尝到甜头的他便一次次重复这样的奔波,兜里的存款很快就有了上百万。[①]

听清楚了吗?一来一回两天时间就能赚到别人半年的工资,而且这笔生意是本大利大、没有任何风险,并且是合法的,谁都可以干这个,只要路上注意安全即可。如果当时你也能动脑筋这样倒买倒卖几回,做个百万富翁一点都不难!

## 纪念币

纪念币是升值最快的藏品。用今天的眼光看,如果家里余钱不多,买些纪念币正合适。

当然,你是不是敢用手中不多的余钱来买这些“中看不中用”的东西是另一回事,但它的增值速度之快还是可以关注的!

例如,2008 年发行的奥运纪念钞,仅仅一年后 10 元的面值就升值到了 160 元,一年上涨了 15 倍![②] 尤其是 1 至 10 公斤的大规格纪念币,由于发行量极少,更是价值连城。2000 年发行的 10 公斤千禧年金币,面额 3 万元,在 2011 年的拍卖会上成交价居然高达 770.5 万元,成为世界之最。[③]

需要注意的是,并不是所有纪念币都会升值。纪念币能否升值以及升值幅度大小,主要看品种,同时看技巧。

看品种,是指在三种纪念币即普通流通纪念币、贵金属纪念币(简称金银币)、纪念钞中,最受欢迎的是纪念钞,因为它的发行量

---

① 《“杨百万”股市中的幸福生活》,深圳新闻网,2007 年 7 月 27 日。

② 郭梅红:《绍兴人高调介入纪念币》,载《天天商报》,2009 年 9 月 7 日。

③ 克里·罗杰斯文、杨媛编译:《生肖金币大展钱途,大规格生肖金币受追捧》,载《金融博览·财富》,2013 年 4 月 17 日。

少,所以升值速度快;其次是普通流通纪念币,它的优点是可以流通,所以收藏的群体最多,容易拉动价格上涨。可以记住这样一句口诀:“一选(纪念)钞,二选(纪念)币,最后是金银。”

看技巧,是指如果要买多张纪念币,首选连体钞。连体不连体,价格差距非常大。例如,单张纪念钞的市场价是 70 元,三连张的价格会超过6 000元,两者之间相差 30 倍。

## 老八股

所谓“老八股”,是指上海股市中发行最早的八只股票。

老股民都知道,当时在短短的几个月内,“延中实业”股票就从每股 100 元涨到1 599元,“豫园”股票也由 100 元涨到3 580元,最后竟然一度突破万元大关。想一想吧,从此以后哪里还会有这样的暴富机会?在深圳股市,面值 1 元的龙头股“深发展”股票黑市售价竟然高达 150 元!

谁知道当时没人要、需要强行摊派的股票,会使你轻轻松松地就成为百万富翁呢?

## 认购证

伴随着发行股票产生的股票认购证,是 1992 年上海股市发生的最激动人心的一件大事。

股票认购证带有一种募捐性质,所以每张定价高达 30 元。如果运气不好中不到签,这钱就白扔了。况且,由于当时恰逢深圳股市暴跌,加上人们对股票的陌生和误解,买股票认购证的人并不多,这样反过来就造成了中签率极高。一个个百万富翁的神话故事就这样诞生了:只要中了签就能买到股票,只要买到股票马上就能翻几十倍。

这样的好事当初你为什么就无动于衷呢?

## 边境贸易

20 世纪 90 年代初，全球超级大国苏联解体，导致经济出现大滑坡。然而，胆大的人就能从中抓住机会在中俄边境搞贸易、倒腾商品。巨大的贸易差价可以产生几倍、几十倍的利润空间，随之而来的边境贸易热潮也迅速蔓延。

边贸大军东征西战，随后就一个个成了百万富翁；而对此无动于衷的旁观者，除了嘲笑他们是“国际倒爷”之外一无所获。

## 双轨制

我国从计划经济向市场经济过渡的过程中，一度实行价格双轨制——同一种商品在市场上表现为多种价格，计划价、市场价、进出口差价、内销价、外销价等并行不悖。一些善于投机钻营的人，便千方百计利用自己手中和他人手中的权力、批条，在国家调拨价和企业自销价之间倒来倒去，从中获取非法暴利。而众多平民百姓由于对这种行为不满和鄙视、或者无力介入其中，只能白白丧失暴富机会。

据估计，伴随着国有资产流失，当时至少有 350 亿元人民币转移到了个人手中。

## 炒房

所谓炒房，是指伴随着我国房地产业的快速发展，2003 至 2004 年开始出现的房地产投机炒作行为。

为了规避政策风险，炒房者专门炒作中高档项目，其特点是位置和环境相对不错，升值潜力大。每当有新楼开盘，他们就会去踩点，并且采取团购形式，所以往往能得到很好的房源、很低的价格，这样就为将来的快速升值和转手倒卖打下了良好基础。

炒房的目的主要是获利,而由于这几年房价连续上涨,所以他们的目的屡屡得逞。2010年12月,《中国经济时报》记者随某中央媒体采访团从北京出发,重点对山东、山西、重庆、广东四省市的房地产市场进行实地调查,最终得出结论认为,在过去10年里,房价涨幅超过10倍![1] 也就是说,如果你在2000年时买了一套房屋,等上10年就能增值10倍,这还是平均数,这还是到2010年。现在又3年过去了,情况怎么样呢?并没看到房价下跌。例如,2013年春节期间上海房产市场的成交价(不含拆迁配套安居房)比上年同期上涨40.7%,[2]成交量再创新高。如果这3年间累计涨幅为一倍,则表明这13年间房价累计上涨20倍!还有什么比这更赚钱的呢?

上面介绍的都是一些过去几年发生在你身边的暴富机会,有的是你没有抓住,有的是你不屑参与,有的是你无力跟进。如果你抓住了其中任何一个机会,成为百万富翁乃至千万富翁都是小菜一碟。当然,现在这些都过去了,权当是一种借鉴吧,供你在以后抓机遇时参考。

## 48. 个性独特机会更多

创业机遇与人的性格有关。一个人如果具有独特个性,那么在认识和把握机遇方面也会有其特殊性。甚至可以说,具有独特个性的人所遇到的机会更多,因为他们的视角与众不同。

那么,什么是个性呢?说穿了,个性就是一个人区别于另一个人的独特之处。看看你的周围,具有独特个性的人必然会更具个

---

① 周雪松:《全国四省市楼市调查:房价十年涨幅超过十倍》,载《中国经济时报》,2010年12月23日。

② 沈佚:《蛇年春节成交三年来最高,房价较去年同期涨4成》,网易网房产频道,2013年2月16日。

人魅力，也会活得更潇洒。当然谁都希望能活得潇洒，而创业一族在这方面有很多可取之处。

## 成功并不影响个人发展

1984 年就做个体服装生意的李桓峰，也许在别人的想象中一定会“金钱味”十足，然而，他的爱好决定了他更像个艺术家。

有着绘画特长的李桓峰曾经梦想当一名画家。可是因为家境贫寒，他不得不辞掉在美术工艺厂每月几十元工资的工作，在南宁市西关路摆起了第一个服装摊点。

做这样的小老板在当时是一件“丢人”的事，他父母为了阻止他当老板还“老泪纵横”了好几回。可是，几年“打拼”之后，他终于找到了做生意的感觉。

然而，过了父母关却难过岳父岳母关，虽然这种关系还是“准”字号的。他初恋女友的母亲愤愤地对他说：“你们个体户除了赚钱还会什么？”当然，这样恋情最后夭折了。

痛定思痛，他下定决心要利用业余时间重塑“艺术之身”，提高自身品位。由于在经营之余无法利用整段时间来构思绘画，所以李桓峰从 1989 年开始改学唱歌。他当时只有一个信念，就是要向别人证明个体户并不是世俗眼中没文化、没素质的代名词！

在接下来十多年的时间里，李桓峰花费了数万元在学习唱歌上，先后到广西艺术学院、广西剧团等单位拜师学艺，并且阅读了大量的艺术书籍。进货途中，他悄悄地练气；守摊卖衣服时，他也吆喝练嗓子……有时候为了唱歌，他甚至会放弃一些挣大钱的好机会。

后来，李桓峰成了广西歌舞团合唱团的一名成员，成为南宁市个体协会中的著名“歌手”。2000 年他参加广西电台举办的全区卡拉 OK 大赛时，还获得过全区三等奖、南宁市一等奖。①

---

① 《“当年第一今何在”系列：服装老板像个艺术家》，载《南国早报》，2001 年 9 月 15 日。

## 性格决定命运

俗话说:“性格决定命运。”像李桓峰这样具有个人特长的创业者并不少见。不同的个人经历和独特个性,决定了他们创业之路有着不同轨迹。下面再举一个农村的例子。

有两位高中同学甲和乙,平时在学校读书时就具有两种截然不同的性格特征,参加工作后,这决定了他们的不同命运。

甲乙两位同学都生活在农村,都在县城住校读书,每天早晚都有自习课。由于各位任课老师都强烈要求学生在自习课上学习自己所教的科目,所以,每一堂自习课总会有好几个老师在教室外面转悠,“你方唱罢我登场”,用眼神来巡视学生的自学。

而同学们呢,当然也非常理解老师的心意。很多人为了讨好或者是不得罪老师,总是看到哪科老师来就拿起哪本书,以至于桌面上堆放着各科书本“以备不测”。一听到某位老师的脚步声,乖巧的学生马上就会换了这位老师所教的科目装模作样地看。

甲同学就是其中的一位。他虽然经常能得到老师的赞许,可到头来哪一门功课都没学好。乙同学则我行我素,完全按照自己的计划进行学习,从而遭到老师无数次白眼、谴责,可是他却依然故我。

大学毕业以后,甲同学进了一家国家机关,和大多数公务员一样,牢记“识时务者为俊杰”的教诲,对领导唯唯诺诺,对工作得过且过,10 年过去后,终于熬成一个“副科级”。谈起事业来就矮人三分,因为实在乏善可陈。

同样,乙同学大学毕业后也进了一家政府机关,可是我行我素的性格仍然没改,平时在工作中对自己的分内职责兢兢业业、一丝不苟,甚至有些刻薄。即使是领导从他桌子上拿走一份材料,只要没与他打招呼,他也会埋怨,全然不顾领导的面子。生活上不拘小节,上班时匆匆地来,下班时匆匆就走,丝毫没有和同事一起去喝酒打牌之意。即使是平时在办公室里喝水,也是只顾给自己倒水,从来没想到顺便也给领导的茶杯里续些水。做事情这样不够“圆滑”，大家心里都觉得他的前途不够“远大”。

有一次，他的部门领导在审核一份材料时改错了一个数，闹出一个不大不小的纰漏。而这个部门领导正好是公认的未来的局长候选人。部门领导找到经手这张报表的乙，希望他能够做“替死鬼”主动承担责任，日后的好处嘛，自然就不用多说了。按照一般人的逻辑，这样的要求真是天经地义，甚至还求之不得。然而，这却遭到了乙的拒绝：“不敢承担责任的人，是无法成就大事的！”

就像大家预料的一样，被人骂了一通“这个傻子”以后，没过多久乙就离开了这个集体。然而令大家没想到的是，“东方不亮西方亮”，乙在人才市场被一家跨国集团公司看中。

乙从最基础的工作干起，秉承了这份执着和独特个性，他被外国老板连连称赞，两年后就成了那个集团在中国的首席代表，成了真正的企业家。

这个故事告诉我们，成大事者从来就或多或少具有一些“反潮流”精神，不安心于得过且过和苟且偷生。

同样的道理，在许许多多老板中，具有特立独行性格的绝不在少数。正是由于他们的性格与众不同，“不合时宜”，他们才能抓住机会、造就他们成功的人生。

## 49. 机遇也可自己创造

许多人抱怨自己没有遇到好机会，可他们忘记了一个简单的道理：机遇也是可以自己创造的。

守株待兔的故事我们都不陌生，它可笑的地方在于一味墨守成规等待机会，而不是创造机会。试想，一直在那棵树下等待兔子前来送死的机会多，还是亲自上山打猎的机会多呢？明眼人一看就知道。

农民创业也是如此，很多机会都是可以自己创造出来的。

## 主动出击创造机会

林老板的企业快要不行了，如果仍然没办法增加销量、让产品尽快走向市场，发展前景实在不妙。万般无奈之下，林老板决定到广交会上寻找生意机会。

说干就干。他派了手下五员大将带着各种样品奔赴广州，四处张贴广告，选择最佳洽谈处。可是，由于产品名不见经传，虽然质量不错仍然一件货物也没订出去。

林老板在家里听到这样的汇报后心急如焚，第二天马上赶到广交会。他转了一大圈，看到到处是巨大的广告和各种新产品，很多商家都打出了“诚交天下客”的彩旗。他想：和这些财大气粗的商家比，自己只能甘拜下风。如果不改变策略，结果必然是空手而归。

眉头一皱，计上心来。他想：面对这么多商家和广告，订货商们肯定早就头昏眼花了；而且，商家越是“自卖自夸”，客户就越怀疑。所以，如果我要在这次订货会上取胜，办法只有一个，那就是反其道而行之。

第二天一大早，林老板在洽谈处挂出一个醒目的广告牌，上面写着：第一季度订货完毕，请订购第二季度货物。过了一天，他又挂出“第二季度订货完毕，请订购第三季度货物”的牌子。又过了一天，挂出“请订购明年货物”的牌子。

一而再、再而三的“无中生有”，真的“骗”到不少人，奇迹出现了——洽谈处门前的订户从无到有，从少到多，到了第三天简直是人满为患。

纷至沓来的客户争先恐后地前来订货，他们不知有诈，依然千方百计地要开后门订今年的货。而这时的林老板早就心里偷着乐了，但还要装出今年实在安排不了的样子来进行周旋。不用说，广交会结束时，林老板不但当年的生产计划安排完了，而且连明年、后年的货单也订满了。此外，还有一个意外收获：香港某商场原来每年从日本订购 80 万支日光灯管支架的贸易也转给了他们，使得林老板的产品意外打进了香港市场。

事实证明，坐等机会不如创造机会。这就像俗话所说的“男追女，隔重山；女追男，隔层纱”。坐等机会与创造机会给人带来的成功几率完全不同。你坐等机会，机会不一定会“看得上”你；如果机会是你创造的，它就会跟着你团团转。

这种出奇制胜看上去带有某种“欺骗性”，但这种欺骗是善意的，只要产品质量和信誉过硬，成功就不言而喻。

## 反其道而行之

由此可见，反其道而行之是创造机遇的常用方法。例如，我们都听过“薄利多销”，可是如果反过来“厚利少销”呢？当然也是可以的，有时候这就是一种很好的创业思路。

在意大利的 Vacone 有一个酒家名叫“Solo Per Due”，意思是“仅仅招待两个人”。说它是酒家，一点都不含糊。它坐落在一座 19 世纪的建筑里，紧邻拉丁诗人霍雷肖居住过的古代住宅遗址，配有传统装置，如舒适的壁炉、枝形吊灯和浪漫烛台等；菜单是从当地资源中精选的新鲜材料，有自制的特级纯橄榄油、羊奶酪、意大利面、当地的糖果和糕点等。

但它无疑又是特别的，因为它每次只接待两个人，所以被誉为全球最小的酒家(餐厅)。当然，能够远道而来就餐的这两个人必定关系非同一般，多半是情侣或情人。在这里，不用排队、不用等待就能享受到其他地方绝对没有的浪漫晚餐，所以在意大利暴得盛名，甚至成为全球旅游者尤其是恋人的旅行目的地。

据说在假期里，能够幸运地在这里用餐的机会只有1/1 500。也就是说，每天约有1 500对预约者，但只有 1 对是幸运儿。

因为每次只接待一对顾客，所以这里的隐私服务无与伦比。如果客人愿意，在离开酒家时还可以写下他们的印象，记录在一个专门的留言簿里。据统计，不包括红酒和香槟，每对客人的平均消费额为 670 美元。[①]

## 独树一帜的创业实例

机会要靠自己去创造，实际上机会无时不有、无处不在。

例如，现代人追求生活质量，什么都讲究“纪念意义”，而这种追求从一出生就开始了。针对这一需求，如果能开设一个“宝宝纪念品”商店，必然有钱可赚。

人生赤条条来，赤条条去。婴儿来到这个世界上，唯一的“资本”就是他的身体。因此，这时候值得纪念的东西也只有他的身体，而其中最有价值的就是儿童出生时的“手足印”及其他相关纪念品。

根据科学测算，一个大中城市每天出生的婴儿有成百上千。以每天五六百人计算，如果有 1/5 的家长愿意给子女留下点终生纪念品，其潜在顾客就会达到 100 多人。如果其中又有 1/10 会到你的商店来制作“手足印”，那每天也会有十来笔生意可做。

开设这样的商店，门面不需过大，有十多平方米就可以了。地理位置也不需太好，只要在市中心顾客容易找到的弄堂里就行，全年房租在两万元以内为好。如果地点能选在婴儿的诞生地，如妇幼保健医院附近，那就更好了。

开业后需要聘请两位经过培训的技术人员轮流坐堂。两人分成两班，每人月工资在4 000元以内为好。

在价格上，如果每套“手足印”标准控制在 500 元左右，其实际产生的所有成本费用应当在 300 元以内。这样，每天的利润可达 2 000元，全年净利润在五六十万应该没问题。

---

① 《世界上最小的饭店：只能两个人就餐》，中国昆山网，2013 年 8 月 23 日。

## 50. 做过才知不后悔

在谈到机遇时，有些人总喜欢坐而论道，但其实，更重要的是实践。就好比游泳，如果你一直不下水，只是在那里讨论技巧，就只能是隔靴搔痒。哪怕是白手起家，只有做过才不会后悔。

具体到农民创业上来，一有创业念头就要马上去做，在实践中出真知。柴芳幽的创业经历或许能很好地证明这一点。

### 不甘平庸而辞职

1984 年，医药中专毕业的柴芳幽被分配到一家国营医药公司工作，月工资 52 元，超过许多老师傅，让人十分羡慕。和其他同学一样，柴芳幽本来也以为自己会在这里干上一辈子的，可是一件事情触动了他，使他改变了人生轨迹。

那时，一位在公司工作了几十年的老师傅退休了，退休金是工资的 80%，即 40 多元。柴芳幽想：难道我也要像这位老师傅一样在这里待上一辈子，然后每月拿 40 多元？

1986 年，柴芳幽在一片反对声中离职了。他当然知道自己离开了国营单位意味着什么，所以一边刻苦学习电脑知识，一边和几个朋友在中关村干起了电脑销售。当时他的父亲正在深圳进行电脑相关课题研究，在进货方面可以帮他不少忙。

可是越学他越觉得电脑的学问实在太深了，自己半路出家在这方面很难有突破。在电脑公司踏踏实实地干了一年后，他就告别了这个领域。

而这时候，社会的锻炼已经使柴芳幽的翅膀硬了，当他再次思考自己的人生方向时，心中不免多了几分踏实感。结合自己以前的医药老本行，又专门学过一段时间的工商管理，还有一年的电脑公司经历，他觉得自己创业的时机到了。

于是，他准备开一家药店。当时的《药政法》规定，医药生产企业一定要是国有制，而医药批发企业可以是国有和集体所有制，医药零售企业只有经营条件、场地、专业人数方面的规定，并没有所有制限制。心里有了底，并且深知国营药店的劣势，创业的蓝图在柴芳幽心中越来越清晰了。

为了符合经营场所的规定，他花15 000元租了一间 50 多平方米的房子，然后去申请执照。可是没想到，由于当时并没有开办个体药店的先例，主管部门感到很为难，一年多过去了，执照还是批不下来。药店还没开张，就已经花去两万多元，于是他只好向人借款。

直到 1988 年 8 月，北京市第一家民营药店芳雪药店终于开张了，可是第一天的营业额只有 0.38 元！原来，是一位过路游客买了 10 片止痛片，临走时还扔下一句话："政府怎么能让个体开药店，简直是拿人民的生命安全开玩笑。"

除了群众对个体经济的不认可，改革开放之初市场竞争很不规范，这些都是柴芳幽始料不及的。

这样的情况持续了半年。在这半年中，由于外面买不到体温计，所以柴芳幽通过同学搞到了几箱体温计（每箱1 440支），以销售体温计来赢得顾客。就这样，顾客们从体温计开始认识了柴芳幽，认识了芳雪药店。

药店开张时，出售的药物只有 50 多个品种，店员只有柴芳幽和他母亲两个人。后来，随着国家政策的逐步开放，药店的经营品种慢慢地超过3 000种，经营项目中又增加了中草药。生意逐渐红火起来，到 1993 年，柴芳幽终于还清了所有债务。

## 如果不行也没什么大不了的

药店走上了正轨，这时候的柴芳幽从实践中认识到，原来的商店地理位置并不算好。后来，他专门去物色了一个地理位置好、房屋租金也贵的店面，每月房租就要 3 万元。这对刚刚取得收支平衡的柴芳幽来说,经营风险显而易见。

为此,他独自跑到香山去待了两天,苦苦思索,然后又连续一个星期在要租的店面前考察人流量,最后决定"上"。

当时正在播放日本电视连续剧《阿信》。阿信在开店时说过的"如果不行,就再回去洗衣服,没什么大不了的"给了他很大的鼓励。事实证明,他的这一决策是正确的。

从此以后,他又一鼓作气在公交车站边上开了4家药店。事业终于上了一个新台阶。

## 企业终于走上正轨

规模大了,企业必须建立健全的内部管理制度。而经营走上了正轨,也使得他有时间进行这方面的改革完善。其核心是对顾客实行微笑服务。

针对药品经营的特点,这种"微笑"不是挂在营业员的脸上,而是要力求出现在服药以后的顾客的脸上。为此,不但要求营业员具有丰富的医药知识,而且要不断学习新的知识。每周一次的业务学习,成了雷打不动的必修课。

在经营思路上,柴芳幽原来的想法是把规模做大后再开连锁店,但是由于受所有制的限制,这个愿望一直没能实现。虽然他当时也考虑过是不是通过戴顶"红帽子"来创造一些便利条件,但最终还是放弃了这个想法。因为自己创业的店只能属于自己,他相信以后的外部经营环境会越来越好。

柴芳幽现在担任北京市私营个体经济协会副会长。回顾自己的创业历史,他说:"不去耕耘、不去播种,再肥沃的土地也长不出庄稼;不去奋斗、不去创造,再美的青春也结不出硕果。馅饼不会从天上掉下来,有行动就有希望。"①说得多好啊!

---

① 张丽:《山路弯弯通向顶峰》,载《中国教育报》,2006年1月5日。

## 51. 他们这样掘得第一桶金

创业机会往往会孕育出极大的成功，这是它如此受人欢迎的主要原因。改革开放以来，我国社会生活中的一大显著变化，就是出现了一大批千万富翁和亿万富翁。

据 2013 年 8 月发布的《2013 年胡润财富报告》统计，截至 2012 年底，以人民币计算，我国拥有千万富豪 105 万人、亿万富豪 6.45万人、十亿富豪8 100人、百亿富豪 280 人，增长幅度为 5 年来的最低。这是因为最近两年来我国证券市场表现不佳，严重制约着富豪队伍的扩充速度，否则人数会更多。[①]

有人也许不大相信：这几十亿元的财产难道是用气泡吹出来的吗？因为即使在美国，拥有十亿美元身家的富翁也并不很多。对于一些数学学得不好的人来说，这几十亿后面到底有多少个"0"，恐怕数也数不过来。但看看现在的贫富差别，这些似乎又不容怀疑，只是也许你没有碰到过罢了。

这里，我们不去讨论这些富翁的财富，而是关心一下他们是怎样掘得第一桶金的，或许这对自己的创业更有启发和借鉴作用。有一条美国谚语是这样说的："人生最重要的是第一桶金。"这里的第一桶金是指第一次获得的丰厚报酬，或者从事某项经济活动最初获得的收益，这会极大地膨胀人的创业雄心。正如 20 世纪 60 年代全球首富保罗·格蒂所说："相信许多富豪会与我一样的心理，对自己究竟有多少财富并不关心。但是你第一次赢利的感觉却难以言喻，这就像偷吃禁果的男女，妙不可言，刻骨铭心。"

据《科学投资》报道，中国富豪挖掘第一桶金的方法不下 50

---

① 顾功垒：《千万富豪：105 万，亿万富豪：6.45 万，中国富豪人数增速放缓》，载新加坡《联合早报》，2013 年 8 月 15 日。

种，而其中对于创业者来说最有参考价值的是以下 9 种：[1]

## 快半拍

所谓快半拍，是指善于发现别人还没有发现的机遇，并且牢牢抓住这个机遇为自己创造财富。其代表人物是杨斌，他的第一桶金掘得2 000万美元。

杨斌以前的知名度并不高，直到 2001 年他出现在《福布斯》中国富豪排行榜上、并且排名第二时，许多人大吃一惊，不知道他是何方神圣。

杨斌 5 岁就成了孤儿，与奶奶相依为命，是靠吃“百家饭”长大的，当过兵。他 1987 年赴荷兰留学，27 岁开始拥有自己的公司。

20 世纪 80 年代末的东欧剧变，使得苏联、罗马尼亚、波兰等国家之间进行的跨国贸易非常有利可图。杨斌正是抓住了这个机会，向波兰、俄罗斯等国转售中国计划定价、价格偏低的棉线产品，后来发展到成衣等纺织品，毛利大都在 5 倍以上。两三年里，杨斌就积累了大约 2 000 万美元的财富。

1992 年至 1995 年期间，杨斌改向国内转售荷兰鲜花，同时向国内花商推销进口荷兰温室和冷库设备。由于当时国内花卉业还只是刚刚起步，连温室水泥桩都要进口，所以杨斌又由此积累了大约 4 亿元人民币的财富。

像杨斌一样，依靠东欧剧变进行跨国贸易完成原始积累的中国巨富不在少数。

一般来说，从比较先进的地区向相对落后的地区进行贸易或产业转移的创富机会非常多，赚大钱的可能性极大。但是两地之间的差距也不可以过大，以领先半步为宜，所以这才有“快半拍”贸易法或投资法一说。

---

① 辛保平：《中国富豪第一桶金》，载《科学投资》2002 年第 4 期。

2003 年,上市公司欧亚实业董事长杨斌因犯虚假出资罪、非法占用农用地罪、单位行贿罪等被判刑 18 年,这是后话。

## 做傍家

所谓做傍家,是指向垄断行业靠拢,做垄断行业的傍家,“背靠大树好乘凉”。其代表人物是王玉锁,他的第一桶金掘得1 600多元。

一般来说,越是有垄断的地方,越容易产生暴利。如果能吃上垄断饭,哪怕只是分一杯残羹冷炙,也会胜过外面拼搏厮杀还不一定能得到的鲍鱼燕窝。

王玉锁在《福布斯》2001 年中国富豪榜上排名第 55 位,他最早依傍的是天然气行业。

在我国,天然气是由政府高度垄断的行业,想做这种垄断行业的傍家,没有一点真本事还真是不行,所以这并不是一般农民创业者所能效仿的。

王玉锁出生于河北霸州,三次高考落榜后他放弃了高考,开始做些小生意。卖过葵花子、啤酒、女用泡泡纱背心,还做过塑料厂的业务员,但都没赚到什么钱。

1986 年春节,王玉锁拿着 100 块钱准备租车跑运输。在遭到别人拒绝之后,他忽然想到倒腾煤气也能赚钱,于是半途改道来到任丘。住下以后,王玉锁就去街上闲转,看到有个蔬菜公司在卖钢瓶,就问一个姓樊的老大姐有没有煤气卖。晚上,王玉锁买了水果、骑着租来的自行车找姓樊的大姐去了。无巧不成书,敲门后王玉锁一看,原来是他救过的一个人,接下来就什么问题都好办了。王玉锁白捡了一套设备回去,气源问题也随之解决了。

王玉锁骑着借来的自行车将设备拉回老家,贴了个告示:就这个东西,谁买,先交 12 罐气钱,10 元钱一罐。

就这样,王玉锁利用收人家的预付款充实了流动资金,再加上利润,一套能挣 40 多元钱。

可别小看了这煤气生意，那时候即使在北京也是有“来头”的象征，何况是在河北廊房呐。

王玉锁的告示贴出以后，顾客蜂拥而至，几天内就卖出 40 多套，净赚1 600多元。

王玉锁正是从煤气中掘到第一桶金，后来“咬定青山不放松”，才终于修成正果，成为中国有名的“燃气大王”和大富豪。

王玉锁现任新奥集团董事局主席，在“2013 新财富中国富豪排行榜”上以 178 亿资产排名第 27 位。

## 赌一把

所谓赌一把，是指一大批身上有赌徒气质的民营企业家通过“广告轰炸学”等方式，要么取得巨大成功，要么走向彻底失败。其代表人物是史玉柱，他的第一桶金掘得 100 万元。

史玉柱是安徽怀远人，1984 年从浙江大学数学系毕业后，被分配到安徽省统计局工作。1986 年单位把他作为第三梯队干部送到深圳大学软件科学管理系去读研究生，以便回来后当处长。

然而，史玉柱并没有沿着这条路走下去。因为他到了深圳后开阔了眼界，再也不愿意沿着原来的轨迹走下去了。

研究生毕业后，史玉柱所做的第一件事就是辞职，这遭到所有人的反对。但史玉柱义无反顾，很快就带着在读研究生时开发的M－6401 桌面文字处理系统返回深圳。

重返深圳的史玉柱一贫如洗，只能借宿在深圳大学学生宿舍。买不起电脑编写程序，便采用“瞒天过海”手法，冒充深圳大学学生混入计算机实验室。后来被发现驱逐出去后，史玉柱干脆通过熟人来到配有电脑的学校办公室，别人下班他上班，天天苦干到凌晨。

1989 年夏，史玉柱用手中仅有的4 000元租下了天津大学深圳电脑部的营业执照。当时买一台最便宜的电脑也要8 500元，史玉柱因为买不起，只好以加价1 000元并交付1 000元押金为代价，获得推迟半个月付款的“优惠”条件。很明显，如果在这半个月内史玉柱没有能力付清电脑款项，不但赊购的电脑需要交还，就连这1 000元押金也要鸡飞蛋打。

为了能尽快打开软件销路，史玉柱想到了打广告。他再下赌注，以软件版权做抵押，在《计算机世界》上先做广告后付款，计划投入广告费17 550元。

1989年8月2日，《计算机世界》上打出了半版广告：M－6401，历史性的突破。广告刊出后，史玉柱天天跑邮局看汇款单，几乎为之疯狂。直到第13天，史玉柱一下子就得到了几笔汇款单，他这才长长地吁了一口气。

从此以后，汇款单便如雪片一般飞来，至当年9月中旬，销售额就已突破10万元。史玉柱付清全部欠账后，将余下的钱重新投向广告宣传，4个月后，M－6401桌面文字处理系统的销售额突破100万元。

这就是史玉柱的第一桶金，为此后史玉柱成为中国经济改革的风云人物打下了基础。

史玉柱现任巨人网络公司董事会主席，名列"2012《财富》中国最具影响力的50位商界领袖排行榜"第22位。

## 巧拼缝

所谓巧拼缝，是指游走于技术、资本、市场、商品等的需求各方之间，为它们找到消除缝隙的可能。其代表人物是袁宝，他的第一桶金掘得200万元。

袁宝小时候家境非常贫寒，兄妹5人全得靠父亲的工资养活。所以，他上大学时就通过推销产品、帮教授抄稿、在校园卖书来维持基本生活。

袁宝毕业后被分配到中国建设银行工作。1992年，为了脱贫致富，袁宝通过多方筹得的20万元启动资金，在北京怀柔注册了建昊实业发展公司。他们仿效推销员的做法，首先一家一家敲开企业的门，询问需要什么样的技术；然后再跑各个大学和研究机构,根据客户的要求购买技术。

当然,在这样的拼缝过程中,袁宝并没有忘记寻找适合自己的项目。很快,有一个现名叫“小黑麦”、实则是个基因工程的项目被他看中了,他决心把它实现产业化。

所谓“产业化”,在当时实际上就是租地卖种子,就是去当农民。半年后“小黑麦”成熟了,麦种很快占领了全国市场,当年获利200多万元,这就是袁宝的第一桶金。

从此以后,袁宝善加使用这第一桶金,通过收购和买卖企业(其实这是另一种形式的拼缝)迅速将事业做大,31岁时就担任上市公司建昊集团董事长,身价高达37亿元人民币,人称“北京李嘉诚”。2006年3月,袁宝因雇凶杀人被枪决。[①]

## 头啖汤

所谓头啖汤,是指最早出锅的汤,好喝、味鲜。通过喝产品、技术、资源甚至概念的头啖汤,迅速积累个人财富。其代表人物是黄斌,他的第一桶金掘得50万元。

1993年6月,黄斌利用3 000元本钱在中关村与人合租了一个小门面组装电脑。由于开始时不熟悉行情,第一笔20多万元的生意竟然以低于成本一万多元的价格接了下来。当时的黄斌虽然可以明确告诉客户报错价了,但是他没有这样做,而是咬紧牙关把这笔单子做完了。

也正是由于这咬紧牙关,该客户在一个月后又向黄斌订购了100台电脑。由于这时候的电脑配件行情在不断变化,配件价格已经降下来了,这100台的单子做完已经能赚十多万元。就这样,在短短半年时间内,黄斌靠组装电脑挣到了50万。

在同一时期,比黄斌更高明的是2001年《福布斯》中国富豪排

---

① 何宏宇、印明大等:《亿万富翁袁宝雇凶杀人被执行死刑》,载《辽沈晚报》,2006年3月18日。

名第40位的张璨。当时黄斌是组装电脑，张璨则是整台倒电脑，一上手就赚上百万，如今的张璨已经进入富豪行列。而比张璨更高明的是柳传志，不但组装电脑、倒电脑，还用联想的牌子自己做电脑，所以柳传志的事业做得又比张璨大得多。

同样是头啖汤，黄斌、张璨、柳传志各自喝出了不同的境界，也喝出了不同的结果。

## 摘仙桃

所谓摘仙桃，是指踏在别人的肩膀上取得更大的成功。其代表人物是胡志标，他的第一桶金至少掘得1 000万元。

胡志标是广东中山人，出生在一个偏僻的小山村。因为家境贫寒，胡志标没有读过几年书，很早就出来"跑码头"了。

胡志标对家电有一种天生的爱好，从小就以组装半导体为乐。成年后的胡志标不知从哪儿弄到一本松下幸之助的自传，从此梦想着要当"中国的松下"。

1995年的一个偶然机会，胡志标在一间小饭馆里听说一种叫"数字压缩芯片"的技术正在流入中国，用它生产的播放机叫VCD，用来看盗版碟片比当时流行的LD不知要好多少倍。于是他想：这个东西一定会卖疯！

经了解，胡志标还知道此前不久已经有一家名叫万燕的中国公司正式在国内市场推出VCD产品了，所以他决定加以仿制。

1995年7月20日，胡志标在自己26岁生日那天，以80万元注册资金成立了一家公司，开始做VCD播放机。由于当时张学友的《每天爱你多些》刚刚登上流行歌曲排行榜，爱唱卡拉OK的胡志标便把"爱多"作为新公司的名称和品牌。

当年10月，"真心实意，爱多VCD"的广告在当地电视台播出，同时，胡志标把千辛万苦从银行贷到的几百万元钱也全部投进了中央电视台做广告。通过广告的狂轰滥炸，爱多迅速打开了市场。6个月后，刚在广东市场站稳脚跟的胡志标就买了一张中国地图挂在墙上，发誓要将爱多的红旗插遍全中国。

1996 年夏天，胡志标邀请成龙拍广告，对方开价 450 万元，这几乎是爱多当年的全部利润。胡志标满口答应。成龙版广告“爱多 VCD，好功夫”播出后，爱多一夜风行全国。

关于胡志标的第一桶金没有确切记载，但业内人士分析，数额至少在1 000万元以上。

几经商海沉浮后，胡志标独自创办了主营专业 B2C 网站“我耶”电器商城网，现任兴邦产业总经理。

## 蒸桑拿

所谓蒸桑拿，是指从社会热点中加以淘金，实现自己的财富之梦。不过要注意的是，蒸桑拿的过程虽然舒服却必须具备良好的体质，否则很可能在蒸的过程中晕过去，这样就太可惜了。其代表人物是孙震，他的第一桶金掘得 30 万元。

孙震原来是北京电视台的编导，1999 年北京电视台搞制播分离，孙震觉得这是个机会，就出资 5 万元和另外几名投资人合伙成立了北京东方友人经济咨询有限公司。不久，策划出了《洋话连篇》，一个中国人一个外国人，以室外情景喜剧方式教给中国人最实用的现代英语口语。

《洋话连篇》出来后，几个月都没有收入，与孙震合伙的几个人熬不住“桑拿”了，便决定撤资，只有孙震坚持了下来。

谁知道，几个合伙人一撤资，以出品教育软件著名的洪恩软件公司就找到孙震，提出要以 30 万元购买《洋话连篇》50 集 3 年的使用权，这最终成了孙震的第一桶金。

截至 2002 年 1 月，《洋话连篇》就已经在全国 60 多家省市电视台包括 17 家卫星台同步播出，从 2001 年 7 月开始，中国教育电视台第一频道在晚间黄金时间段播放这档节目，风行全国，收看人数7 000万，成了盗版的重点对象。

后来孙震又一鼓作气，制作并发行了《洋话连篇》VCD 及配套书籍，每年仅通过与出版社合作出版书籍、VCD 的版权费收入就有大约 500 万元；利用《洋话连篇》的知名度开办面向特定群体、以口语为主的培训班，利润率高达 56%，每个培训班的月收入高达 50 万元；利用《洋话连篇》形成的无形资产引资办学，在全国又建立了英语连锁学校，常年学员 12 万人。截至 2003 年 7 月，"洋话连篇"品牌的评估价值就已经达到两亿元人民币。

## 借东风

所谓借东风，是指通过各种各样的方式借力打人、借风出船，为自己的事业开创一片新天地。其代表人物是尹明善，他的第一桶金至少掘得 100 万元。

1992 年，55 岁的尹明善不顾家人反对，毅然开始创业，一上来便将创业核心指向自己一窍不通的摩托车发动机。

创业之初，尹明善把目光瞄准当时重庆摩托车的两大品牌"嘉陵"和"建设"，他相信背靠大树好乘凉。

经过一番琢磨，尹明善指示手下将建设集团维修部的发动机配件买过来，自己装配成发动机再卖出去，这样成本仅需1 400元，而卖价却高达1 998元。由于零部件都是出于名门，产品质量有保证，所以尹明善不用担心会出什么麻烦。

就这样，一个从来没有接触过摩托车发动机的生手，借助建设集团的名牌零配件迅速打开了销路。

或许是有些"做贼心虚"，或许是为了防止建设集团察觉后断了自己的生路，聪明的尹明善指示手下化整为零，今天买 1 号到 10 号零件，明天买 11 号到 20 号零件。与此同时，指示手下仔细研究哪些配件是通用的、容易买到的，哪些零件是非标的、非建设集团的不可的，以便积极联系配套厂家设计替代品。

4 个月之后，建设集团终于得知尹明善背后的一系列动作，下令一个零件也不许卖给尹明善。可是已经晚了，因为尹明善早已未雨绸缪——替代品已经开发出来了。

就这样，尹明善从摩托车行业掘得的第一桶金便达到百万元以上，他现任上市公司力帆集团董事长。

## 套白狼

所谓套白狼，是指通过各种各样的方式搞资本运作。其代表人物是朱新礼，他的第一桶金至少掘得500万美元。

朱新礼一向行事低调，但是只要一提起鼎鼎大名的汇源果汁，恐怕不知道的人就很少了。

朱新礼原来是山东沂源县的外经委主任。1992年他辞职下海，买下当地一家亏损超千万元的罐头厂。

所谓买下，其实付出的只是一张远期期票，因为当时的朱新礼并没钱。他答应以项目救活罐头工厂、养活原厂几百个工人为条件，外加承担原厂450万元债务，将罐头厂拿到了手。

手头没有钱，怎么办呢？朱新礼唯一能想到的就是搞补偿贸易。朱新礼通过引进外国设备、以产品做抵押在国内生产产品、在一定期限内将产品返销给外方、以部分或全部收入分期或一次抵还合作项目的款项，一口气签下了800多万美元的单子。他当时答应对方分5年返销产品，部分付款还清设备款。

1993年初，在20多个德国专家、工程技术人员的指导下，朱新礼的工厂开始生产产品。正好这时候，听说德国将连续举办两次国际性食品博览会，朱新礼立即购买机票单刀赴会。由于没有钱买第二张机票，他连翻译也不敢带。

在当地华侨的帮助下，朱新礼先后在德国慕尼黑和瑞士洛桑签下了第一批业务3 000吨苹果汁，合约额500多万美元。就这样，朱新礼掘得了第一桶金。从此以后，朱新礼一帆风顺。

# 第五课<br>创办企业的相关准备

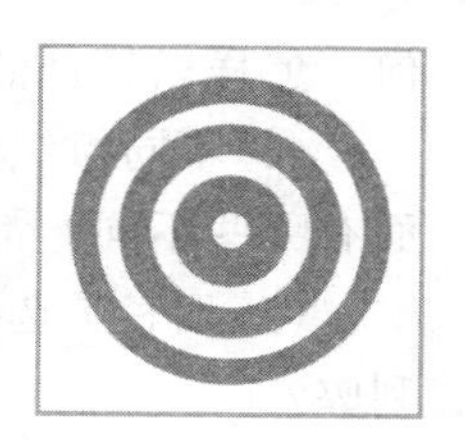

良好的开端是成功的一半。这里要解决的是农民创业从无到有的过程。任何设想仅停留在脑海中不行，只有组织起来加以运作，才会形成强有力的赢利纽带。

## 52. 创业前的通盘考虑

在你下定决心准备从事创业时，有必要对相关事项再作一番通盘考虑。就好比你出门去坐火车、飞机时，再检查一遍车票（机票）、身份证件、换洗衣服、手机、钥匙等有没有带一样。

俗话说："磨刀不误砍柴工。"对有些细节再作一番回顾，自己对自己多问几个为什么，如果有必要，还要进行市场调研，这些对创业的成功都大有帮助。

归纳起来，通盘考虑主要围绕以下十个方面来进行：

（1）新创企业是否具有明确的市场发展方向？是否具有明确的业务营运模式？能否充分发挥你的个人或家庭特长？

（2）结合业务模式，筹划新创企业有哪些可供选择的组织形式？这些组织形式对你来说都有哪些利弊？

（3）企业营业项目涉及哪些政府行业管理部门？准入程度如

何？怎样以较低的代价进入这个行业？

(4)不同组织形式的企业在法律责任、税费标准、组织架构方面有哪些不同？都考虑好了吗？

(5)到底是选择个人独资还是合伙经营创业？它们各有哪些利弊？

(6)企业未来的业务经营项目要涉及哪些税目及税率？如何对它们进行筹划？

(7)如何合理运用不同的产业政策、税收政策以及投资优惠政策？你所在的地方对农民创业有哪些特殊优惠政策？

(8)合伙人在企业设立时如何明确相互之间的责、权、利关系？

(9)怎样划分股东会、董事会、监事会的职权？它们各自对未来企业的影响如何？

(10)充分了解企业登记代理服务内容及商业价值——是自己办理企业登记还是聘请中介代理机构办理企业登记？

## 53. 经理经理，经营管理

俗话说："经理、经理，经营、管理。"这句话很好地表明了作为一名企业经理的工作重点应该放在哪里。

农民创业的组织形式无论是什么，都涉及一个首先你是不是够格当经理的问题；如果是聘请别人来经营管理，那就涉及你如何衡量和考核对方是不是够资格的问题。毫无疑问，农民创业的目的是为了赚钱，但赚钱并不是那么容易的，如果企业经营管理得不好，不要说赚钱了，就连保本都不可能。

虽然农民创业的规模有大有小、人员有多有少、经营品种各不相同，但总体来看，在跨出这实质性的第一步之前，创业者应该对于今后要走的路有一个符合基本实际的初步展望。

究其原因在于，创业之初创业者的心态非常重要，只有对设立企业所要办理的手续流程、所要提供的材料心中有数，才能减少不必要的时间、金钱、精力耗费，甚至决定还要不要继续沿着这条路走下去。

下面就先来介绍一下这方面的相关准备。

## 企业设立

俗话说："万事开头难。"要创办一家企业，哪怕是再小的企业，也会有许多事情等着你去做。为此，一开始就要做好各方面的准备，包括物质准备（主要是资金）、心理准备和知识储备，以及得到家人的同意和支持。如果你以前没有这方面的经验，还非常有必要向别人和书本请教，寻求帮助。

非常重要的一点是，企业设立要走正规渠道，一开始就要守法、合规。如果企业设立时就有"先天性疾病"，将来很可能会出现许多麻烦，到时候就会悔之晚矣。

## 建立经营系统

经营系统论认为，创业项目应当是一个有目标的系统。

一方面，它自成一体；另一方面，它又是整个社会经济系统中的一部分。所以，具体到农民创业来说，无论在指导思想还是流程上，都要通过外部对企业内部"投入—产出"的系统运动来实现经营目标、经营要素、环境因素各方面的动态平衡，并且通过这一过程提供服务，创造投资回报。

## 加入企业竞争

一家企业的设立必然要面对各种各样的竞争，只有在竞争中获胜，你才能站住脚跟，赢得更大的市场。

为此，一开始就要树立竞争意识，不但没必要害怕竞争，而且要敢于面对竞争，争取在竞争中获益。

加入企业竞争时，要根据项目所在行业的发展阶段采取不同的竞争战略。归纳起来，就是如果这个行业处于新兴阶段，那么应当把重点放在集中资源、尽快创造独特的供销渠道和规则上来，先人一步；如果行业竞争处于对峙状态，这时候重点应当放在缩减产品系列、注重产品和服务创新、发展对外贸易上来；如果行业竞争处于分散状态，这时候的重点应当放在增加附加值、差异化经营上来。

## 实施企业战略

企业的基本竞争战略一般有以下三种形式：成本领先战略、差异化战略、集中化战略（或专业化战略）。它们虽然是相辅相成的，但你必须从这三种战略中选择一种作为主导战略。

也就是说，农民创业要想加入与同行之间的竞争，并且在竞争中获胜，至少必须做到以下三者之一：要么你能把成本控制得比竞争对手更低，要么你的产品和服务具有与众不同的特色，要么在某一特定市场或产品方面具有独到优势。

需要注意的是，由于这三种战略之间的差异较大，所以，如果战略方向不明，反而会导致企业遭受很大的损失。

## 树立企业形象

俗话说："人要脸，树要皮。"对于企业来说也是如此，企业的"皮"指的就是企业形象。

企业形象相当于一个人的信誉，说是企业最宝贵的无形资产也不为过。所以，农民创业从一开始就要树立良好的社会形象，这无论对企业与同行的竞争还是将来要扩大影响、赢得市场，都有不可估量的作用。

## 适当的媒介宣传

媒介宣传是树立企业形象的主渠道之一，当然也是消费者了解企业及其产品的主要方式之一。对农民创业来说，适当的媒介宣传很有必要，但要注意方式方法，尤其要注意节省费用。在当今广告媒体泛滥、广告效应递减的背景下，过分夸大广告的宣传和完全不做广告宣传都是错误的。

这里的适当，强调的是投入少、效果好，能够借助于良好的策划和事件影响，让社会各界迅速了解到你的竞争优势究竟在哪里，从而带来快速而持久的市场效应。

如果能做到这一点，你在这方面就算是成功的。

## 经营定位

一个企业要想傲立于世，就必须有准确的市场定位。

市场定位就像一个人的性别一样，是男人就该有男人的魅力，至少要像个男人；是女人就该有女人的柔情。

关于这一点，可以从最近几年来市场上的连锁商店、特许经营、代理代销等经营模式中看出来。它们的成功原因多种多样，经营定位准确居于首位。你只要一说是“超市”，不管规模大小，男女老少就都知道你大概的经营范围、经营项目了。

## 经营计划

企业经营管理不能没有目标，否则就会像一只没头的苍蝇一样撞到哪里算哪里，既不利于尽快实现经济效益，也不利于在与同行开展的商业竞争中占领先机。

而无疑，经营目标是要通过经营计划来实现的。

制订经营计划应该按照“积极可行、综合平衡”的原则，既不要好高骛远,又不能过于保守,否则就失去了计划的应有作用。并且,计划一旦制订就要严格执行,并把它作为一段时期内的努力方向。如果实现不了或超额过多,就要认真查找原因,为制订下一步计划夯实基础。

### 熟悉并掌控企业购销实务

农民创业的一切经营活动都是以商品和服务采购为起点、以商品和服务销售为终点的,这是企业创造利润的主渠道,所以它对经营管理者而言极其重要。

在这方面,要求创业者一定要非常熟悉并严格掌控商品购销的原则、计划、业务流程,以及与此配套的资金结算(包括现金结算和转账结算),确保资金安全和到账及时。

俗话说:“麻雀虽小,五脏俱全。”农民创业的规模哪怕再小,涉及的方方面面也可能非常复杂,需要熟悉的领域有很多。完全可以说,创业有太多技巧了,一辈子也学不完的。

## 54. 组建团队,制度管人

农民创业准备工作中必不可少的一项是组建团队,用制度管人。我们看一个老板是否具有相应的组织领导能力,很重要的一点就是看他这一点。

俗话说:“制度面前,人人平等。”用制度来管理人是最轻松的。有了科学合理的生产、经营管理制度,这时候的老板只要实行例外管理原则就行了,一切正规而有序。

以创办一家小型工厂为例,涉及的方方面面就很多,单靠一个人可能解决不了问题,有必要组建一支团队。而谈到组建团队,就势必要涉及许多人。不用说,做人的工作是最难的,却又是创业过程中所必需的。

团队的素质和质量，将会决定你这家企业的工作效率、经营业绩和发展前景。这就好比一台电脑，再好的硬件也需要有好的软件来支撑；如果没有好的软件，再好的电脑都不能发挥出它应有的作用。

组建团队最重要的是“适宜”而不是“优秀”，或者说“适宜”比“优秀”更重要。像仓库保管员、保安等岗位，招聘大学生就远远不如让那些认真负责的普通员工担任合适，敬业是最重要的，他们的工资费用也低。

一个团队不止一个人，所以要用精神力量、文化氛围把大家凝聚在一起。这里有三点需要特别注意：一是我国古语所说的“疑人不用，用人不疑”，相互猜忌是很伤人的，更不可能让大家跟你走得很远。二是这里讲的精神力量、文化氛围，与你的合作伙伴和员工学历的高低没有必然联系，更重要的是相互之间知道怎么去配合、怎么去尊重整个团队的发展。三是一定要用制度来管理人，这一点特别重要。尤其是在小企业中，合作伙伴和员工中多数是“自己人”，不是亲戚朋友和同学，就是邻居和熟人，如果没有严格的制度约束，就很难管得起来。

小型工厂的制度管理强调的是有效和实用，至于多和少相对来说不是太重要。制度管理的实质不是人，而是人的心。如果订立的制度很多，可是执行不了——不是相互矛盾就是朝令夕改，这种制度就是多余的，甚至是有害的。当然，没有制度也不行，一方面是执法无据，另一方面会给人以管理混乱的感觉，不利于调动员工的积极性。

这方面你可以参考一下蒙牛集团总裁牛根生的座右铭：“小胜凭智，大胜靠德。”这里的德，既包括领导者个人的德，也包括你创办的这家企业的德，后者是需要企业制度来维护、企业文化来弘扬的。而要做到这一点，就必须维护企业制度的威慑性、必然性、即时性、公平性、有效性，以制度管理人，以制度服人。

总体来看，农民创业中的规章制度要注意以下几方面：

## 制度的规划、制定

(1)要通过广泛调查、深入研究,制定出健全、合理的规章制度。只有在此基础上制定的制度,才可能内容全面、流程合理、符合实际,并树立应有的权威性和威慑力,不被人当儿戏看。

(2)制度的制定既可以一步到位,也可以在系统规划下分步制定,内容一般包括生产、经营、财务、行政、管理、质量、设备等方面。制定制度时不要自己一手包办,而是要发动员工集体讨论。这样制定的制度既符合实际,又能调动员工的积极性。

(3)为了便于执行,制度的内容必须系统和全面,主要应当包括以下几要素:谁干、干什么、怎么干、在什么地点干、有无时间要求、干好干坏了怎么样等,特别要考虑到细节以及可能发生的突发性事件。

(4)制度的内容必须符合本企业的要求,如人力、物力、财力、人员素质、工艺状况等方面,否则就容易执行不了,从而降低制度的权威性。

(5)在合伙人和管理人员之间要有合理分工,明确职责,并把它写在制度中,让员工监督。规模较小的创业项目合伙人和管理人员数量可能并不多,可是其复杂程度一点也不比大型企业差,有的甚至回家后还要受“枕边风”影响,问题就更复杂了。预先在这方面作出详细规定,约法三章,会有助于今后处理各种矛盾和复杂关系。

## 制度的执行

(1)制度一旦制定,就要严格执行,让所有人形成这样一种共识:违反规章制度必然要受惩罚,哪怕是厂长、经理也是如此。在此之前,非常有必要组织员工学习制度、支持制度,知道什么事情可以做、什么事情不能做,为制度执行打下基础。

(2)制度一旦制定，就要立即执行，并且通过监督、检查体系，进行全局性、专项性检查，在有效时间里作出反应。

(3)任何制度都是针对大家的，所以制度面前要人人平等、对事不对人，只有这样才公平，也才能以理服人。

(4)制度在执行过程中会暴露出一系列的问题和漏洞，所以需要不断修订、完善。但旧的制度还没有被推翻时，只能按照过去的制度来执行；只有当新的制度修订、完善并开始实行后，才能按照新制度办事，这就是制度的“唯一性”要求(不允许两套制度在相互打架)。

(5)制度制定后要保持长期有效性，不能朝令夕改，也不能出现一件事情有多种规定、重复规定的情况，让人无所适从；更不能由于你的一句话就“网开一面”，让本来还算权威的制度顿时威风扫地。

(6)制度的执行应该和奖惩挂钩，不但要奖罚分明，而且要奖罚到位。许多企业制度中对奖励的规定少得可怜，即使有，奖励金额也是“毛毛雨”；相反，对惩罚条例的规定却是严厉得很，动不动就要扣罚员工半个月、一个月工资，让人望而生畏。

实际上，这样的制度不是“严厉”，而是“缺乏人性”。须知，民营企业员工数量虽少，可是许多岗位是一个萝卜一个坑，少了某个人马上就会影响生产。更何况，许多员工之间有亲戚、朋友、同乡关系，如果因为得罪了某个人而导致全体不辞而别，损失最大的还不是老板？

总之，在筹划创业项目时就要考虑可以在哪些方面、怎样去制定一些必要的规章制度，学会用制度管人、管事，这是非常重要的。并且这项工作从一开始就要抓起，拖延不得。

## 55. 哪里去找启动资金

农民创业必须有一笔最初的启动资金，因为“巧妇难为无米之炊”嘛。项目不同、时机不同、做法不同，所需启动资金的数量也不一样，但显而易见，首先得有这样一笔资金才能推动项目的开展，这就引发了从哪里去找这笔启动资金的问题。

对于创业者来说，在筹集启动资金时走投无路的情形时有发生。但天无绝人之路，只要开动脑筋，这个问题还是可以解决的。

以下就是几种可选方案：

## 自有资金

自有资金就是你早就准备在那里，专门用来作为创业启动资金的那一笔钱。创业并非心血来潮，有的人甚至要为此准备多年，所以原本就日积月累地积攒一笔资金放在那里是很好理解的。

不用说，有自有资金作为创业启动资金是最理想不过的。事实上，农民创业中也或多或少地拥有这样一笔资金，完全没有自有资金的情形很少，并且这种创业风险太大，是不提倡的。

## 民间借贷

农民创业初期，多数情况下都离不开向亲戚朋友借钱。这一方面体现了亲朋好友对自己的支持，另一方面也是向银行借贷困难所导致的必然结果。有时候通过这种“求爷爷告奶奶”方式筹得的资金数额虽然可能不会很大，但同样不失为一种非常重要甚至是创业之初唯一的融资渠道。

民间借贷资金可以采取两种方式。一种是债权融资，即欠债还钱；另一种是产权资本，即与别人合伙经营、合股经营。不管采取哪一种方式，都必须考虑周全、办清手续，以免今后纠缠不清，白白地耗费许多精力，甚至双方反目成仇，连朋友也做不成。

## 银行贷款

向银行借钱是农民创业必须考虑的传统途径，但是在企业还没有开办起来以前就向银行借款肯定是行不通的。

尤其是农民创业项目规模小、抵押物少，在银行没有信用评级，所以，即使是在开办企业之后想从银行得到贷款，其过程也会好事多磨，多半会半途夭折，这是事先要考虑到的，不能过于乐观。不过，这一情形今后有可能会逐步得到改善。

例如，江苏无锡市从 2013 年起推出一项促进农民创业的新举措：凡是参加过创业培训并且取得证书的农民从事创业，创业项目又能得到专家组的论证认可，其贷款额度在 3 万元以内的可免除反担保手续。[①] 3 万元对大项目来说是杯水车薪，可是作为农民创业项目的启动资金或许就能解决大问题了。既然这样，那就积极参加农民创业培训吧，既能学到相关知识，又有助于找到启动资金，还有专家帮助论证项目是否可行，何乐而不为呢？

另外，需提醒大家注意的是，银行里有一种贷款叫"综合性个人消费贷款"或"无指定性消费贷款"。名为消费贷款，又没有规定明确的用途，所以就有空子可钻了。

说穿了，就是银行借给你一笔钱，随便你去炒股还是做生意，只要到期连本带利还清就可以了，金额从2 000元到 50 万元不等，还款年限从半年到 3 年不等。通常可用大额存单、汽车、房产或信用做抵押，利率比向民间借贷要低多了。

## 信用卡透支

信用卡透支就是利用贷记卡可以合法透支若干金额的特点，

---

① 雪霞、丛林：《农民创业，3 万内贷款免反担保》，载《无锡日报》，2013 年 3 月 8 日。

几个人联合起来透支,积少成多,达到筹集启动资金的目的。这样做的另外一个好处是,只要能按期还款,不用支付任何利息。

美国的乔·李曼德特就是这样做的。在离从斯坦福大学毕业还有半年的时候,他宣布退学开公司。他认为:"在软件行业,领先是最重要的。"

就这样,乔·李曼德特和4个合伙人一道,开发出了一种用计算机程序来解决商品运作的问题。可是,这家"三部曲发展集团"没有任何启动资金,无奈之下,他只能用从35张信用卡透支来的钱用作公司所需资金以及他和合伙人的生活费,两年后欠下50万美元债务。而就在这时候,一家企业试用了他们的软件后反响不错,便以300美万元买下他的程序使用权。从此以后,来自《财富》500强排行榜中其他公司的订单开始如潮水般涌来。

乔·李曼德特刚过完29岁生日的时候,他们的企业已经拥有员工400人,年收入超过1.2亿美元。

在江苏省无锡市,如果你是无锡市供销合作社系统内各农民专业合作社的社员,就能享受到这种透支便利。

你可以申请领取工商银行无锡分行与该社联合发行的"牡丹福农社员卡"。该卡除了具有其他信用卡的所有功能,还可以有数万元的透支额度,最高透支额可达20万至50万元,最长免息还款期56天。持卡人可通过电话、银行柜台、网络银行、POS机等多种分期付款渠道进行透支。该卡的有效期为5年,到期会自动换卡,终生免收年费,并能获得免费短信余额变动提醒及到期还款短信提醒,可谓贴心至极。[①]

## 基金补助

农民创业是政府鼓励的,所以各地都会有一些相关的扶持政

① 巫晓凌:《农民可透支购进农产品》,载《江南晚报》,2013年9月13日。

策。农民创业者应该打听一下这方面的信息，尽可能争取各种资金补助和援助。有了这笔钱，你的创业启动资金可能就完全解决了，至少也会解决部分难题。

在江苏省无锡市，农民创业除了公益性岗位之外，都有各种创业补贴扶持。例如，从事乡村旅游、餐饮住宿等经营的可以申请享受创业补贴；入住种植型、养殖型农民创业孵化基地并经认定合格的，可以一次性获得最高15万元的新建或改建补贴。[①]

## 从摆地摊起步

俗话说："看菜吃饭。"对于缺乏起码启动资金的人来说，先从资金需要量较少的项目做起，等到积累了一定的资金以后再慢慢扩大项目规模，是一种有效办法。

例如，一位名叫Peter Shankman的美国人，不但没有收入来源，而且债台高筑，连房租也快付不起了。他整天在想赚钱的办法。

当时电视里正在播放《泰坦尼克号》，整个世界为之疯狂。他在经过纽约时代广场时，看到了"请买泰坦尼克录像"的大广告。这时候他的心情非常糟糕，触景生情后掏出身上仅有的1 800美元买了500件汗衫，在上面醒目地印上"船沉了，此事该完了"的字样，然后在那个大广告牌下卖汗衫。

由于他是无照经营，所以警察要来赶他。但是当警察到来时，他已经在6个小时内以每件10元的价格把这些汗衫全部卖了出去，净赚3 000多美元。接下来，为了避免被警察驱赶，他把买卖转移到网上，结果又获得了4万美元的纯利润。

然后，他就用这4万美元租了一间漂亮的办公室，还添置了电脑、还清了信用卡债务，体体面面地创办了一家专门为纽约高科技公司服务的公关公司"科技怪人工厂"（Geek Factory），同时还雇

---

① 谭金环：《促进农村劳动力就业，农民创业最高可获15万元补贴》，载《江南晚报》，2013年9月10日。

了4名员工一起干，一步步地“从胜利走向更大的胜利”。

## 典当和卖血

把家中值钱的东西用于典当获取创业启动资金也是一个比较可行而简单的方法。

1996年，没有工作的Curt Pedersen萌发了创业念头，希望创办一家关于健康和营养的门户网站。这时候，对他来说最重要的就是筹集启动资金。所以，他不得不成了当铺的常客，在最困难的时候，他甚至为了500美元就去卖骨髓。

事后，他轻描淡写地说：“你可以想象一下，在你的膝盖骨上钉下一颗大钉是什么感觉。而且，由于这是为了做药物实验，所以整个过程不能打麻药。可想而知，我当时的情景有多惨！”

然而就是在这样的背景下，他最终取得了成功，成为Peak Health. net的创建人和首席执行官。很快就有人对他的网站投入了20万美元，网站的月访问量也达到10万人以上。回顾筹集启动资金的那段时期，他说：“不管付出什么代价，弄到钱将企业搞起来是最重要的。想到这一点，正在受苦的我就好受些了。”

要注意的是，典当的特点是当期不能长，否则就不划算了，所以只能把这看作是“调头寸”——先用家中值钱的东西向当铺或银行抵押贷款，用作启动资金，然后等资金状况好转后再赎回原来的抵押。

在我国一些落后地区，一些农民家庭中什么值钱的东西也没有，这时候唯一的办法就是卖血了。这是一种实在无计可施时采用的办法。

胡润财富排行榜中的中国富豪何思模，当年就是这样走过来的。他小时候经常吃不饱饭，17岁时父亲就去世了，1989年他24岁，创业时，他扒过火车卖过血；1990年去昆明开会时，他缴了会务费后就没钱请人吃饭谈生意了，不得已卖了两次血。[1] 现在的何思模拥有个人资产 14 亿元，他公开承诺向社会“裸捐”；他的母亲 70 多岁了，依然在安徽老家种地、种菜，年收入 1 万多元。

## 风险投资

寻求风险投资的基本前提是首先要有一份详尽的创业计划书，然后才有可能游说风险投资商。要得到风险投资并不是一件容易的事，每年风险投资公司会收到上千份创业计划，最后被选中的投资项目一般只有 10 个左右，连 1%都不到。

由于风险投资市场在我国还远远没有发育成熟，对于绝大多数农民创业者来说，要在国内市场上争取到这 1%的困难程度可想而知，但这不失为一种募集创业启动资金的思路。

曾经担任著名创业投资公司 Walden International Investment Group 副总裁的茅道林介绍说，风险投资公司投钱或是不投钱至一家初创公司的原因很多，很难找到公式来套用，诚实而清楚地把自己的公司经营理念与计划说清楚是最关键的。有些企业根本不具备明确的经营理念，当然也就不会得到风险投资的青睐。由于风险投资公司具有很多特定领域的专家，所以初创公司一开口，风险投资商就知道有没有机会了。

茅道林指出，以下 10 种企业不容易得到风险投资：

(1)与政界高官攀亲沾故，如故意炫耀有一堆与领导人合影留念的档案等；

(2)井底之蛙，认为在自己的车库里就拥有全世界最先进的技术；

(3)谈销售策略时自信十足；

(4)老板什么都管，从薪资、公关行销到研发等一手包办，典型

---

① 顾立军、郭军等：《UPS 电源巨头何思模：穷小子到大富豪的传奇人生》，中国新闻社，2009 年 7 月 16 日。

的“个人秀”；

(5)只要风险投资而不要风险投资商介入经营；

(6)认为自己没有竞争对手；

(7)守着所谓的“中国特色”，无法扩大视野；

(8)虽然是新办企业，可是想做好每一件事，缺乏经营焦点；

(9)老板一直在抱怨员工不好，觉得世界上只有自己最好；

(10)生意不大，可派头大。

## 56. 选择什么样的组织形式

农民创业可以根据实际情况，量力而行，选用不同的组织形式。不同的组织形式具备的条件、要求、从业方式均有不同，对于农民创业来说，要着重了解以下几种类型：

### 个体工商户

凡是具有一定经营能力的创业者，都可以申请从事个体工商业经营，经依法核准登记后成为个体工商户。

个体工商户的经营范围非常广泛，在国家法律和政策允许的范围内可以经营工业、手工业、建筑业、交通运输业、商业、饮食业、服务业、修理业及其他行业。

从形式上看，个体工商户并非规定只能一个人经营，既可以个人经营也可以家庭经营。如果是个人经营的，应当以个人全部财产承担民事责任；如果是家庭经营的，应当以家庭的全部财产承担民事责任。

### 合伙企业

合伙企业是指根据《合伙企业法》在中国境内设立的，由各合伙人订立合伙企业协议，共同出资、合伙经营、共享收益、共担风险，并且对合伙企业债务承担无限连带责任的营利性组织。

## 个人独资企业

个人独资企业是指根据《个人独资企业法》在中国境内设立的，由一个自然人投资、财产为投资人所有、投资人以其个人财产对企业债务承担无限责任的经营实体。

## 有限责任公司

有限责任公司是指根据《公司登记管理条例》规定登记注册的，由两个以上50个以下的股东共同出资、每个股东以其所认缴的出资额对公司承担有限责任、公司以其全部资产对其债务承担责任的经济组织。

有限责任公司包括国有独资公司及其他有限责任公司。国有独资公司是指国家授权的投资机构或国家授权的部门单独设立的有限责任公司。其他有限责任公司是指国有独资公司以外的其他有限责任公司，常见的是各种民营企业有限责任公司。

## 股份合作制企业

股份合作制企业是指以合作制为基础，由企业员工共同出资入股，吸收一定比例的社会资产投资组建，实行自主经营、自负盈亏、共同出资、民主管理、按劳分配与按股分红相结合的一种集体经济组织。

## 股份有限公司

股份有限公司是指根据《公司登记管理条例》规定登记注册，

其全部资本由等额股份构成并通过发行股票筹集资本、股东以其认购的股份对公司承担有限责任、公司以其全部资产对其债务承担责任的经济组织。

## 中外合资企业

中外合资企业是指外国企业或外国人与中国内地企业依照《中外合资经营企业法》及有关法律规定，按照合同规定的比例投资设立、分享利润和分担风险的企业。

## 中外合作企业

中外合作企业是指外国企业或外国人与中国内地企业依照《中外合作经营企业法》及相关法律规定，依照合作合同的约定进行投资或提供条件设立、分配利润和分担风险的企业。

## 外商独资企业

外商独资企业是指按照《外资企业法》及有关法律规定，在中国内地由外国投资者全额投资设立的企业。

## 联营企业

联营企业是指两个及两个以上相同或不同所有制性质的法人或事业单位法人，按照自愿、平等、互利原则组成的经济组织。

## 社会团体

社会团体是指由中国公民自愿组成，为实现会员共同意愿、按照其章程开展活动的非营利性社会组织。国家机关以外的组织都可以作为单位会员加入社会团体。

成立社会团体，应当经过其业务主管单位审查同意，并且依照规定进行登记。社会团体具备法人条件，但不得从事营利性经营活动。

## 民办非企业组织

民办非企业组织是指企业事业单位、社会团体和其他社会力量以及公民个人，利用非国有资产举办的、从事非营利性社会服务活动的社会组织。成立民办非企业组织，应当经过其业务主管单位审查同意，并且依照规定进行登记。

## 外地驻地机构

外地驻地机构是指外地的企业在本地设立的办事机构，主要为总部联系业务服务，并不在本地发生经营活动。

## 非正规就业劳动组织

非正规就业劳动组织是指把失业人员、下岗职工组织起来，开展家政、陪护、市容保洁、车辆管理等便民利民服务，以及为企事业单位提供各种临时性、突击性劳务的劳动组织。它们虽然没有或暂时不具备条件建立稳定的劳动关系，但是却能帮助失业人员获得一定的收入和基本生活保障，因而属于一种临时性质的社会劳动组织。

## 营业单位

营业单位是指独立法人企业下面的分支机构，它不具备法人资格、不需要独立承担民事责任，其民事责任由其隶属的法人承担。所以,设立营业单位申请营业登记与企业法人申请开业登记相比既有不同又有简化。

## 57. 设立企业的申请流程

了解了上面的各种组织形式后,你会发现不同组织形式的企业其设立的申请流程也是不一样的。按照适当的操作流程准备材料,将会大大缩短办证时间。

设立一般内资企业的申请流程如下,供参考:

(1)企业名称预先核准;

(2)市场准入条件审批;

(3)设立临时验资账户;

(4)验证资本(含评估);

(5)申办企业营业执照;

(6)颁发证照及刻制印章;

(7)办理组织机构代码证;

(8)申请设立结算账户;

(9)办理基本账户许可证;

(10)办理社会保险登记证;

(11)申办国税税务登记证;

(12)申办地税税务登记证;

(13)设立涉税预储账户;

(14)办理办税人员资格证书;

(15)刻制发票专用章;

(16)一般纳税人资格临时认定;

(17)申请享受减免税政策;

(18)建账监管登记证。

## 58. 需要准备哪些材料

设立不同类型的民营企业，所需准备的材料也各不相同。常见的各种组织形式所需提供材料如下（各地区会稍有不同）：

### 一、设立个体工商户需要准备的材料

（1）投资人身份证复印件、计划生育证明（外地人须办理暂住证、无业证明）；

（2）投资人的照片两张（1寸或2寸均可）；

（3）租房协议原件及产权证明复印件；

（4）名称核准通知书；

（5）由投资人签署的《个体工商户登记申请表》；

（6）拟报批的经营范围（如果涉及特种行业，还需要前置审批项目批文）。

### 二、设立一人有限责任公司需要准备的材料

（1）公司法定代表人签署的《公司设立登记申请书》；

（2）股东签署的《指定代表或者共同委托代理人的证明》及指定代表或委托代理人的身份证件复印件；

（3）股东签署的公司章程；

（4）股东的主体资格证明或自然人身份证件复印件；

（5）依法设立的验资机构出具的验资证明；

（6）股东出资是非货币财产的，提交已办理财产权转移手续的证明文件；

（7）董事、监事和经理的任职文件及身份证件复印件；

（8）法定代表人任职文件及身份证件复印件；

(9)住所使用证明；

(10)《企业名称预先核准通知书》；

(11)法律、行政法规和国务院决定规定设立一人有限责任公司必须报经批准的，提交有关的批准文件或许可证书复印件；

(12)公司申请登记的经营范围中有法律、行政法规和国务院决定规定必须在登记前报经批准的项目，提交有关的批准文件或者许可证书复印件或许可证明。

## 三、设立个人独资企业需要准备的材料

(1)投资人身份证复印件(外地人须办理暂住证、无业证明)；

(2)投资人的照片 4 张(1 寸或 2 寸均可)；

(3)租房协议原件及产权证明复印件；

(4)企业名称核准通知书；

(5)拟报批的经营范围(如果涉及特种行业，还需要前置审批项目批文)；

(6)财务人员身份证、会计上岗证及照片两张；

(7)由投资人签署的《个人独资企业设立登记申请书》。

## 四、设立合伙企业需要准备的材料

(1)各合伙人的身份证复印件(外地人须办理暂住证、无业证明)；

(2)负责人照片 4 张(1 寸或 2 寸均可)；

(3)租房协议原件及产权证明复印件；

(4)企业名称核准通知书；

(5)拟报批的经营范围(如果涉及到特种行业，还需要前置审批项目批文)；

(6)财务人员身份证、会计上岗证及照片两张；

(7)由合伙企业负责人签署的《民营企业申请开业登记申请注

册书》；

(8)由合伙人共同签署的合伙协议。

## 五、设立有限责任公司(2～50个股东)需要准备的材料

(1)股东身份证明复印件(法人为营业执照、自然人为身份证，外地自然人需办理暂住证、无业证明)；

(2)法定代表人照片6张(1寸或2寸均可)；

(3)办公场所租(借)房协议原件及出租(借)方产权证明(复印件)；

(4)验资凭证(以货币出资的为现金缴款单及银行询证函、以实物出资的为购货发票及货物销售证明)；

(5)法人股东提交的上月资产负债表及损益表、股东会议决议；

(6)企业名称核准通知书；

(7)拟报批的经营范围(如果涉及特种行业，还需要前置审批项目批文)；

(8)财务人员身份证、会计上岗证及照片两张；

(9)公司董事长签署的《公司设立登记申请书》；

(10)全体股东委托代理人的证明、被委托人的身份证复印件；

(11)公司章程。

## 六、设立股份合作企业(8个以上股东)需要准备的材料

(1)股东身份证明复印件(营业执照、身份证，外地自然人须办理暂住证、无业证明)；

(2)法人代表照片5张(1寸或2寸均可)；

(3)办公场所租(借)房协议(原件)及出租(借)方产权证明(复印件)；

(4)验资凭证(以货币出资的为现金缴款单及银行询证函、以

实物出资的为购货发票及货物销售证明)；

(5)企业名称核准通知书；

(6)拟报批的经营范围(如果涉及特种行业，还需要前置审批项目批文)；

(7)财务人员身份证、会计上岗证及照片两张；

(8)组建负责人签署的登记申请书；

(9)企业章程；

(10)资金来源证明；

(11)企业主要负责人履历表；

(12)企业从业人员名册；

(13)申请报告。

## 七、设立股份有限公司需要准备的材料

(1)公司董事长签署的设立登记申请书；

(2)企业名称预先核准通知书；

(3)国务院授权部门或省、自治区、直辖市人民政府的批准文件。募集设立的股份有限公司还应提交国务院证券管理委员会的批准文件；

(4)创立大会纪要及相关文件；

(5)公司章程；

(6)筹办公司的财务审计报告；

(7)具有法定资格的验资机构出具验资证明；

(8)发起人的法人资格证明或自然人身份证明；

(9)载明公司董事、监事、经理姓名住所的文件，以及有关委派、选举或聘用的证明；

(10)公司法定代表人任职文件和身份证明；

(11)公司住所证明。

## 八、设立中外合资企业、中外合作企业、外商独资企业需要准备的材料

（1）对外贸易经济委员会（或商务局）的项目批准证书；

（2）合同、章程及对外贸易经济委员会的批复（独资企业只需章程及批复）；

（3）可行性报告及对外贸易经济委员会的批复；

（4）中外双方的营业执照复印件及资信证明（外方个人投资的需提供国籍身份证明）；

（5）名称登记核准通知书；

（6）经营场所证明；

（7）董事会成员委派书、推荐书及身份证明；

（8）有关消防、环保、卫生防疫等专项证明材料；

（9）其他有关证明材料。

## 九、设立外地企业驻地机构需要准备的材料

（1）主办单位要求在当地设立分支机构的申请报告并加盖印章；

（2）驻地机构负责人简历表；

（3）驻地机构基本情况；

（4）驻地机构人员名册；

（5）外地主办单位法人执照复印件（如果是医药企业还需要一照二证）；

（6）驻地机构负责人任命书、身份证复印件（原工作单位在本地的须附原单位证明）、照片两张；

（7）办公地点房产租赁协议（私房或自建房附产权证复印件）。

## 十、设立营业单位需要准备的材料

经营单位申请营业登记，应当提交下列文件：

(1)由其隶属的法人或主管部门提交的营业登记申请书；

(2)组建负责人签署的《经营单位开业登记注册书》；

(3)由隶属的法人或主管部门出具的经营资金数额证明(一般要求填报登记主管机关颁发的《资金信用证明》)；

(4)负责人的任职文件；

(5)经营场所使用证明；

(6)申请登记的经营范围涉及国家法律、法规规定需要审批的，须提交审批机关的批准文件。

如果是变更原有经营单位的主要登记事项，应当由其隶属的法人向经营单位登记主管机关申请变更登记。经营单位变更登记的程序和应提交的文件，参照非公司企业法人变更登记的有关规定办理。

## 十一、设立分公司需要准备的材料

(1)公司指定或委托办理分公司登记注册的指定或委托文件；

(2)公司法定代表人签署的《分公司设立登记申请书》；

(3)公司章程；

(4)加盖公司登记机关印章的公司营业执照的复印件；

(5)营业场所使用证明；

(6)公司对分公司负责人的任命文件；

(7)公司拨付给分公司使用的资金数额证明文件；

(8)分公司经营范围中涉及法律、行政法规规定必须报经审批的，应当提交有关部门的批件；

(9)其他有关文件。

### 十二、设立农民专业合作社需要准备的材料

(1)法定代表人签署的农民专业合作社设立登记申请书;
(2)全体设立人签名、盖章的设立大会纪要;
(3)全体设立人签名、盖章的章程;
(4)法定代表人、理事的任职文件;
(5)法定代表人、理事的身份证明;
(6)全体出资成员签名、盖章的出资清单;
(7)法定代表人签署的成员名册;
(8)成员身份证明复印件;
(9)住所使用证明;
(10)指定代表或委托代理人证明;
(11)名称预先核准通知书;
(12)登记前置许可文件。

## 59.什么是前置审批

上面多次提到“前置审批项目批文”字样。那么,什么是前置审批呢?从概念上看,它是指按照相应法律法规,在企业申请登记之前首先必须完成的审批手续。

前置审批的依据是法律、法规(目前适用的约有61个文件),不含国务院各部门、地方各级人大和政府发布的各种文件。

需要前置审批的主要是那些需要行业归口管理部门审批的项目,这实际上意味着行业准入门槛问题。可以这样说,凡是需要前置审批的项目,一般多少带有限制创业者进入的味道。

目前我国法律法规规定的前置审批项目主要有(供参考):

(1)广告经营——需要有市工商行政管理局广告处颁发的《广告经营许可证》;

(2)旅行社——一、二类旅行社需要有国家旅游局颁发的《经营许可证》,三类旅行社需要有省旅游局颁发的《经营许可证》;

(3)旅社(招待所)、浴室、刻字、打字、复印、印刷、废品收购——需要有公安部门颁发的《特种行业许可证》;

(4)邮电通信企业——需要由国家工业和信息化部门审查同意;

非邮电部门代办业务——需要由县级以上工业和信息化部门审查同意;

(5)图书报刊和录音制品的出版发行、录音录像制品的复录生产——需要由国家新闻出版广电总局审批;

录音、录像制品的批发——需要由国家规定的单位经营;

图书、报刊零售——需要由文化市场管理办公室审批;

(6)水路运输、公路运输——需要由县级以上交通运输部门审批;

(7)进出口贸易——需要由国家商务部审批;

(8)娱乐场所(含歌厅、舞厅等)——需要由县级以上文化部门颁发《文化经营许可证》,公安局治安科、消防科审批;

(9)文物经营——需要由省文化行政主管部门审批;

(10)期货经纪公司——需要由国家工商行政管理总局登记;

(11)小轿车经营——需要由国家工商行政管理总局审批;

(12)会计师事务所——需要由财政部门审批;

审计师事务所——需要由审计机关批准;

(13)房地产经营——需要由建设部门核发资质等级证书;

(14)股票发行——需要由地方政府部门或中央企业主管部门审批;

(15)企业债券

中央企业发行债券——需要由中国人民银行会同国家发展和改革委员会审批;

地方企业发行债券——需要由中国人民银行省、自治区、直辖市、计划单列市分行会同同级发展和改革委员会审批;

(16)卫星电视广播地面接收设施经营——需要由工商行政管理局市场处会同有关部门审批；

(17)物业管理——需要由市住房和城乡建设局审批，办理物业管理资质证书；

(18)商标印刷——需要有工商行政管理局商标广告处颁发的《商标印刷指定证书》；

(19)报关企业——需要由海关总署审定；

(20)法律咨询服务机构——需要由市司法局审批；

(21)国有资产评估——需要有省国有资产管理局颁发的《国有资产评估资格证书》；

(22)餐饮行业——需要由环保行政主管部门、卫生防疫站审批；

(23)成品油批发、零售、加油站

——批发由各级石油公司提出意见，经同级发展和改革委员会批准；

——设加油站、零售网点，由当地石油公司提出意见，报有关部门审批；

(24)蚕茧收购——经市政府审核后，报省发展和改革委员会会同省工商行政管理局、省丝绸总公司批准，由丝绸总公司颁发《蚕茧收购经营委托书》；

(25)肥料、农药经营或直供业务——由工商行政管理局专项审批；

(26)棉花收购、加工、销售——由省发展和改革委员会会同有关部门进行资格审查；

(27)城市燃气和集中供热企业

——供气能力在20万平方米以上，供热能力在500万平方米以上的企业由国家住房和城乡建设部审批；

——在此能力下的企业由省、自治区、直辖市住房和城乡建设部门负责审批；

(28)煤炭经营——由煤炭市场经营管理办公室审批；

(29)医疗器械——由医药管理局审批；

(30)汽车维修——由汽车维修行业管理处审批；

(31)信息中介——由工商行政管理局经纪人管理办公室审批；

(32)网吧——由公安局、工业和信息化产业局、文化局审批；

(33)职介所——由人力资源和社会保障局审批；

(34)美容、美发——由公安局、卫生防疫站审批；

(35)保健品销售(两类“健”、“药”)——由卫生防疫站或医药管理局审批；

(36)种子生产——需要有县级以上人民政府农业、林业主管部门颁发的《种子生产许可证》；

销售——需要有县级以上人民政府农业、林业主管部门颁发的《种子经营许可证》；

(37)农药生产——需要有国家质量监督检验检疫总局全国工业产品生产许可证办公室农药生产许可证审查部(设在中国石油和化学工业协会内)及其省级部门颁发的许可证；

(38)药品生产——需要有省卫生和计划生育委员会颁发的《生产许可证》；

销售——需要有县级以上卫生和计划生育委员会颁发的《经营许可证》；

(39)兽药生产——需要有省卫生和计划生育委员会颁发的《生产许可证》；

经营——需要有县级以上农牧行政部门颁发的《经营许可证》；

(40)烟草专卖品生产——需要有国家烟草专卖局颁发的《生产许可证》；

批发——需要有省级以上烟草专卖局颁发的《批发许可证》；

(41)盐业生产、批发——需要由省级盐业行政部门审查同意；

(42)锅炉、压力容器制造——需要由市质量监督检验检疫局审查同意；

(43)民用爆破器材生产——需要由国务院国防科技工业部门

审批，所在地县、市公安局发给《爆炸物品安全生产许可证》；

经营——需要由县、市公安局发给《爆炸物品销售许可证》；

(44)危险化学品生产——需要由省安全生产监督管理部门发给《生产许可证》；

经营——需要由市安全生产监督管理部门审批；

(45)地质勘探——需要由省国土资源厅发给《勘探许可证》；

采矿——需要由省国土资源厅发给《采矿许可证》；

(46)工程勘察设计——需要有省住房和城乡建设厅颁发的《工程勘察证书》、《工程设计证书》；

建筑施工——需要有住房和城乡建设部门颁发的《资质等级证书》、《资质审查证书》；

(47)金融业务——需要有中国人民银行颁发的《金融业务许可证》；

保险业务——需要由中国保险监督管理委员会审批；

(48)金银收购、金银制品加工、经营，从废渣、废液、废料中回收金银——需要由中国人民银行批准；

(49)民用航空运输——需要有中国民用航空局颁发的《经营许可证》；

通用航空工业——需要有中国民用航空局颁发的《通用航空许可证》；

(50)食品(含饲料、添加剂)的生产和经营——需要有卫生防疫部门颁发的《卫生许可证》；

(51)劳务派遣——需要由当地人力资源和社会保障部门批准。

## 60. 企业名称有什么讲究

企业开业登记必定要涉及企业名称。企业名称既是区别于别人的标志，也是一种无形资产，所以马虎不得，要慎重对待。

根据 2013 年 1 月 1 日起施行的《企业名称登记管理规定》(修

订稿),企业名称由企业投资人依法提出申请、企业名称登记管理机关依法核准。无论企业申请行为还是企业名称登记管理机关的核准行为,都应以此为法律依据。具体规定如下:

《企业名称登记管理规定》第7条:"企业名称应当由以下部分依次组成:字号(或者商号,下同)、行业或者经营特点、组织形式。企业名称应当冠以企业所在地省(包括自治区、直辖市,下同)或者市(包括州,下同)或者县(包括市辖区,下同)行政区划名称。"这一规定明确了构成企业名称的四项基本要素,即行政区划名称、字号、行业或经营特点、组织形式。如:

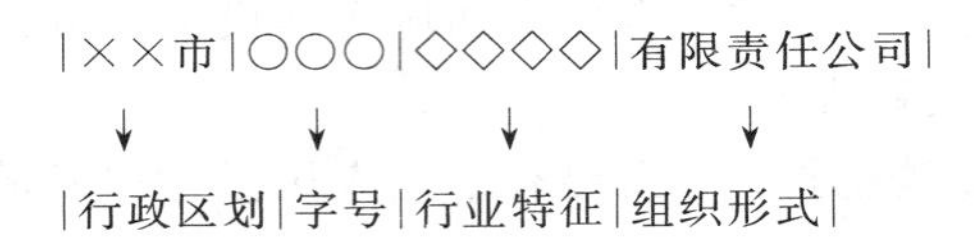


分别阐述如下:

## 关于行政区划名称

企业名称中的行政区划名称,是指县级以上行政区划名称。

根据现行规定,除了符合特殊条款规定可以不冠以行政区划名称的之外(如全国性企业、老字号、外商投资企业等),企业名称都应当冠以企业所在地行政区划名称,即行政区划名称应置于企业名称的最前部。

如果行政区划名称在整个名称的中间出现,则不视为行政区划名称,这类名称应当按照不冠以行政区划名称的企业名称进行登记管理,必须经国家工商行政管理总局核准方可使用。

## 关于字号

字号是构成企业的核心要素,应当由两个以上汉字组成。

企业名称是某一企业区别于其他企业或其他社会组织的标

志，企业名称的标志作用主要是通过字号来体现的。企业名称在同一登记主管机关辖区内，不得与已登记注册的同行业企业名称相同或近似。

企业有权自主选择企业名称字号。一个新奇好记、响亮上口的企业名称，可以让消费者产生耳目一新、记忆深刻的第一印象。因此，怎样起一个具有一定意义、易为公众接受的字号，已经成为企业设立时投资人需要考虑的重要问题。

目前我国企业名称字号的选择主要采用以下几种方法：

传统字号法

通常是使用一些吉利的字词，寄寓投资人美好的希望。如福、顺、发、隆、兴、瑞、丰等字。

此外，使用名山大川、江河湖泊、名胜古迹的名称作企业名称的字号也属此法。如泰山、昆仑、长江、长城等。

简称法

就是用投资人名称的简称作为企业名称字号，用以表明本企业的隶属关系。例如，现在使用“中”、“华”开头的字号就多属于这种方法。

此外，也有从两个以上投资人的企业名称字号中分别选择一个字组成新字号，或者直接采用控股的投资人企业名称的字号作字号的。

字号与商标一致法

就是用企业已经注册或准备申请注册的文字商标，来作为企业名称的字号。

译名法

即使用的字号源于外文单词，是由外文单词直译或意译而来，外商投资企业申请企业名称注册时多用此法。

例如，美国可口可乐公司将“Coca Cola”译为“可口可乐”，在音译的同时就巧妙地迎合了中国文字的特点。

谐趣法

这种起名法是指不按照传统和常规，而是追求新奇和个性，或者幽默风趣，或者以怪异取胜。如天津的“狗不理”包子。

围绕历史重大事件或时代热门话题起名法

如“北京南巡实业公司”、“后九七餐厅”等。

在选择企业字号时，经常会有一些创业者热衷于以外文字母、数字作为企业名称字号。对此国家工商行政管理总局认为，汉字还远远没有贫乏到让企业没有选择余地的境况，所以个别地方工商局的这种核准行为违反了《企业名称登记管理规定》，属于无效行政行为，应当予以纠正。

根据现行《企业名称登记管理规定》，农民创业是可以使用投资人姓名做字号的，但应当提交投资人签字的同意书。如果是外商投资企业使用外国公民姓名做字号的，则应当报国家工商行政管理总局核定。

## 关于行业或经营特点

企业应当根据经营范围中的经营方式来确定名称中的行业或经营特点字词。

该字词应当具体反映企业生产、经营、服务的范围、方式或特点，不得单独使用“发展”、“开发”等字词；使用“实业”字词的，应当有下属三个以上的生产、科技型企业。

企业确定名称中的行业或经营特点字词，可以仿照国家行业分类标准类别使用具体的行业名称，也可以使用概括性字词。

企业名称是企业的标志，是企业的第一广告，是社会公众了解一个企业的第一途径。无论是个人还是组织，在采购商品或选择合作伙伴时，一般都是先从企业名称去寻找的。在不审查某一企业营业执照经营范围的情况下，公众要了解它的业务一般只能看名称中反映行业或经营特点的字词。因此，企业名称中的行业或经营特点用词务必准确；如果涉及跨行业经营的，可以选择其中的一个大类名称或使用概括性语言。

近年来，随着经济的发展，已经出现了将名称中的行业改换成大行业名称甚至不要行业字词的要求。实际上，这种做法对于一些大企业尤其是新办企业未必有利。因为这样一来，往往会无法突显自己的特长，失去宣传自己的良好机会。

## 关于组织形式

企业应当根据其组织结构或责任形式，在企业名称中表明组织形式。企业名称中表明的组织形式，应当符合国家法律、法规的规定。

目前我国企业使用的组织形式较多，根据适用的不同登记法规，可以将它们分为两大类：

一是公司类。《公司法》规定，依照该法设立的企业名称中必须标明“有限责任公司”或“股份有限公司”字词，“有限责任公司”也可以简称为“有限公司”；外商投资企业一般使用“有限公司”作为组织形式，但中外合作企业中如不以出资为限承担有限责任，则不得使用“有限公司”作为组织形式。

二是一般企业类。我国《企业法人登记管理条例》对此并没有作明确规定。从实际情况看，用得比较杂乱，最常见的有：中心、店、场、城、局、厅、堂、馆、院、所、社、厂、铺等。

## 企业名称的规范要求

（1）企业名称实行申请在先、设立在先的原则。

（2）企业法人必须使用独立的企业名称，不得在企业名称中包含另一个法人名称。

（3）企业名称应当使用符合国家规范的汉字，民族自治地区的企业名称可以同时使用本地区通用的民族文字。

企业名称中不得含有外国文字、汉语拼音字母、数字（包含汉字数字）。但企业名称中的下列情况，不视为使用数字：地名中含有数字的，如“四川”等；固定词中含有数字的，如“四通八达”等；使用序数词的，如“第一”等。

(4)企业名称不得含有有损国家利益或社会公共利益、违背社会公共道德、不符合民族和宗教习俗的内容。

(5)企业名称不得含有违反公共竞争原则、可能对公众造成误认、可能损害他人利益的内容。

(6)企业名称不得含有法律或行政法规禁止的内容。例如，我国《公司法》明文规定，凡是 1994 年 7 月 1 日以后成立的公司都必须称“有限责任公司”或“股份有限公司”，不能单独称为“公司”。

(7)企业申请登记注册的企事业名称，不得与其他企业变更名称未满 3 年的原名称相同，或者与注销登记或被吊销营业执照未满 3 年的企业名称相同。

这是因为，企业名称是企业权利和义务的载体，企业的债权、债务均体现在企业名称项下。由于企业变更名称后在一定时间内不可能让社会公众或企业客户周知，企业办理注销登记或被吊销营业执照后，在一定时间内其债权债务不可能全部清结，所以，如果在此期间内有一个新的企业使用与上述企业完全相同的名称，虽然不会构成重名，但却容易引起公众和上述企业特定客户的误认，所以这种状况是要避免的。

## 企业名称预先核准

《企业名称登记管理条例》中有“名称预先核准”的概念。

根据规定，设立公司应当申请名称预先核准；法律、行政法规规定设立企业必须报经审批或者企业经营范围中有法律、行政法规规定必须报经审批项目的，应当在报送审批前办理企业名称预先核准，并以企业登记机关核准的企业名称报送审批；设立其他企业可以申请名称预先核准。

企业名称经预先核准程序在设立登记前确定下来，可以使企业避免在筹组过程中因名称的不确定性带来的登记申请文件、材料使用名称杂乱，并减少因此引起的重复劳动、重复报批，对统一登记申请材料中使用的企业名称、规范登记文件材料均有重要作用。

企业名称预先核准是企业明称登记的特殊程序。预先核准的企业名称保留期为6个月，有正当理由在预先核准的企业名称保留期内未完成企业设立登记的，在保留期届满前可以申请延长保留期，延长的保留期不得超过6个月。

申请企业名称预先核准登记，应当由全体投资人指定的代表或委托的代理人向企业名称登记机关提交下列文件、证件：

（1）企业名称预先核准申请书；

（2）指定代表或委托代理机构及受托代理人的身份证明和企业法人资格证明及受托资格证明；

（3）全体投资人的法人资格证明或身份证明；

（4）申请名称冠以“中国”、“中华”、“国家”、“全国”、“国际”字词的，还应提交国务院的批准文件复印件。

外商投资企业预先单独申请企业名称登记注册时，应当由企业组建负责人指定的代表或委托的代理人向企业名称登记主管机关提交下列文件、证件：

（1）企业组建负责人签署的企业名称预先核准申请书；

（2）项目建议书或可行性研究报告；

（3）投资者所在国（地区）主管当局出具的合法开业证明；

（4）指定代表或委托代理人的书面证明；

（5）代表或受托代理机构及受托代理人的身份证明和企业法人资格证明及受托资格证明。

## 企业名称的注册登记

企业名称的登记程序分为一般程序和特殊程序。

### 企业名称登记的一般程序

这是指企业名称作为企业登记注册的一个法定登记事项，通过企业提出的企业设立登记或变更登记申请，来实现企业名称的登记注册的程序。

除了法律法规有特殊规定、企业在申请登记注册前必须经过特殊程序将名称登记注册外，其他企业均可直接通过一般程序进行企业名称登记。

企业应当按照《企业名称登记管理规定》的要求，确定拟设立企业的名称或拟变更使用的企业名称，填写《企业申请开业登记注册书》或《企业申请变更登记注册书》，连同企业设立登记或变更登记的有关材料，一起报送登记主管机关受理。

企业登记主管机关经审查、依法核准登记注册并且颁发或换发营业执照后，企业名称登记即告完成。

企业名称登记的特殊程序

这是指新设立的企业申请企业名称登记注册时，如果按照《企业名称登记管理规定》，其申请名称登记主管机关与企业按《企业法人登记管理条例》确定的设立登记主管机关不一致时，企业应当按照特殊程序，预先向企业名称的登记主管机关申请企业名称预先核准，经核准后再向企业设立登记主管机关申请企业设立登记。

## 61. 什么是注册资本验资

农民创业需要有注册资本用于验资，这是确立企业具备开业资格的必备条件之一。为此，必须提前准备好相应的资金，做好相应准备。

农民创业所需启动资金不外乎货币资金、固定资产和无形资产。相应地，注册资本验证实际上也包括这三部分。

先看看注册资本和注册资金的概念和区别，因为这两个概念是很容易搞混的。

所谓注册资本，是指创立公司在登记机关登记注册的资本额，也叫法定资本，表明该企业法人有多少自有财产。而所谓注册资金，是指企业实有资产的总和。

注册资本概念适用于公司制法人企业，注册资金概念适用于非公司制法人企业。注册资本反映的是企业的法人财产权，投入后不得抽回，非经法定程序不得随意增减；注册资金反映的是企业的经营管理权，当企业实有资金比注册资金增加或减少 20%以上时要进行变更登记。

根据《公司法》规定，公司的注册资本必须经过法定验资机构（会计师事务所和审计师事务所）出具验资证明；不同组织形式的企业在注册资本数额方面有最低要求，现行规定是：有限责任公司 3 万元，一人有限责任公司 10 万元，人力资源有限公司 50 万元，房地产开发有限公司 100 万元，劳务派遣有限公司 200 万元，股份有限公司 500 万元（个人独资企业不需注册资本）。

下面看具体规定：

## 货币资金出资

以货币资金方式出资的应当注意以下几个方面：

（1）货币资金出资清单必须与发起人协议、章程等规定相一致；

（2）投资者认缴的投资款，必须按照规定如数、如期缴入被审验单位开立的临时账户；

（3）收款单位必须为被审验单位；

（4）缴款单位必须为被审验单位的投资者；

（5）缴付款项的用途为投资款；

（6）投入货币的币别必须符合发起人协议、章程的规定；

（7）银行回单必须加盖收讫章或转讫章，并且要求银行出具询证函；

（8）以外币投入的，当投资的币别与被审验单位的记账本位币不一致时，必须审验其折算汇率是否符合有关财务会计制度以及合同、协议、章程的规定；

（9）与投入货币资金有关的实收资本，以及相关的资产、负债的会计处理必须正确。

## 实物资产投资

以房屋建筑物、机器设备和材料等资产出资的，应当注意以下几方面：

（1）实物资产出资清单填列的实物资产品名、规格、数量、质量和作价依据等内容，应当与发起人协议、章程的规定相一致；必须经过被审验单位验收签章并获得各投资者的确认。

（2）实物资产的交付方式、交付时间及交付地点，必须符合合同、协议、章程的规定。

（3）投资者以房屋建筑物出资时，应当提供房屋、建筑物的平面图、位置图，房屋、建筑物的产权应为投资者所有。

（4）以机器设备和材料等实物资产出资的，应当提供制造厂家或销售商的发票及销售货物证明、厂家或销售商的营业执照复印件。

（5）以房屋建筑物、机器设备和材料等实物资产出资的，如果属于国有资产的，应当经过具有资产评估资格的评估机构评估，评估结果应当获得国有资产管理部门的确认；如果不属于国有资产，应当根据国家有关规定办理非国有资产证明，其作价依据应得到各投资者的认可。

（6）投资者与被审验单位之间，必须在规定期间内办理产权转让手续。

（7）实地查勘和清点实物，实物资产应当与出资清单相符。

（8）与实物资产有关的“实收资本”及相关的资产、负债和会计处理必须正确。

## 无形资产出资

以土地使用权、工业产权和非专利技术等无形资产出资的，应当注意以下几个问题：

(1)无形资产出资清单填列的内容，必须与发起人协议、章程等的规定相一致。

(2)以工业产权和非专利技术出资的，提交的相关资料如名称、专利证书、商标注册证书、有效状况、作价依据必须齐全；应当经过被审验单位和各投资者确认；并且办理财产权转移手续。

(3)以土地使用权出资的，应当取得土地使用权证明和土地平面位置图，其名称、地点、面积、容积率、用途、使用年限及作价依据应当正确；应当经过被审验单位和各投资者确认；经过土地管理部门批准转让，应当办理土地使用权证明的变更登记手续。

(4)土地使用权、工业产权及非专利技术的有效年限应当短于被审验单位的经营年限。

(5)以无形资产(不含土地使用权)出资的，除非国家另有规定，其投资额不应超过被审验单位注册资本的70%。

(6)与投入无形资产有关的“实收资本”及相关的资产、负债和会计处理应当正确。

## 62. 注册需要多少费用

农民创业在办理工商注册登记过程中一共需要支付多少费用，想必也是大家关心的。开办企业时的收费越少，就越能体现政府对自主创业的鼓励态度。

虽然全国有统一的企业注册登记收费标准，但这一标准仅仅针对工商部门；而对于创业者来说，更关心的是包括验资、组织机构代码、税务登记、雕刻公章等全方位的收费标准。

所以这里以某地为例，对创立有限责任公司的收费标准作简单介绍。由于各地收费项目和标准不同，所以这里仅供参考。

**规费目录标准**

（以设立注册资本为3万元、10万元的有限责任公司为例）

| 收费部门 | 收费项目 | 按注册资本收费（元） | |
|---|---|---|---|
| | | 3万元 | 10万元 |
| 工商局 | 表格费 | 30 | 30 |
| | 名称核准 | 30 | 30 |
| | 咨询费 | 500 | 500 |
| | 注册费 | 70 | 100 |
| | 工本费 | 46 | 46 |
| | 公告费 | 200 | 200 |
| | 工商企业卡 | 100 | 100 |
| | 法人代表证 | 200 | 200 |
| | 工会费 | 360 | 360 |
| | 协会费 | 300 | 300 |
| 会计师事务所 | 验证资本 | 500 | 700 |
| 质量技术监督局 | 标准查询费 | 90 | 90 |
| | 组织机构代码证 | 18 | 18 |
| | IC卡 | 40 | 40 |
| 刻字厂 | 全套印章 | 300 | 300 |
| 国家税务局 | 税务登记证 | 25 | 25 |
| 地方税务局 | 税务登记证 | — | — |
| 合　计 | — | 2 809 | 3 039 |

为了减轻小微企业的负担，财政部于2012年12月24日发布的《关于公布取消和免征部分行政事业性收费的通知》（财综〈2012〉97号）[①]中，就包括工商部门的企业注册登记费和个体工商

① 《财政部公布取消和免征部分行政事业性收费的通知》，国家财政部网站，2012年12月24日。

户注册登记费。根据这项规定,2013 年 1 月 1 日至 2014 年 12 月 31 日期间,农民创业免交企业注册登记费和个体工商户注册登记费、税务发票(包括普通发票和增值税专用发票)工本费。

# 63. 一个好汉三个帮

俗话说:“一个篱笆三根桩,一个好汉三个帮。”农民创业千万不要拒绝外界的帮助,尤其是上点规模的创业项目,要尽量争取领导班子中有一个最佳组合,以确保今后的事业顺利开展。

要知道,与其等到将来事业发展后频频步入失控状态,还不如一开始就搭好架子。

从发展趋势看,这些年我国农民企业失控现象在加剧,许多有识之士早就为此作出了相应的调整。如金义集团总经理陈金义主持家庭会议,主动免去自己的总经理职务,妻子及兄嫂也全部退出企业管理层;正泰集团董事长南存辉为了调动集团骨干的积极性,对公司主业进行股份制改造,使家族股权从 60%下调到 28%等。

## 农民企业失控现象加剧

最近几年来,过去在国有企业中常见的失控现象也在民营企业中蔓延开来,这实际上是当初没有解决好“一个好汉三个帮”、总是老板“唱独角戏”的结果。未雨绸缪,可以防微杜渐。

这种失控现象主要表现在以下几方面:

销售渠道由个人控制

一些民营企业的重要客户信息由销售人员个人控制,给企业老板带来很大的隐患。有些销售人员会借此漫天要价,甚至集体跳槽,使得整个企业因此而瘫痪。

技术、商业机密外泄

有的员工掌握着企业的重要技术或商业机密,当他们受到外界巨大诱惑的时候就可能把它给泄露出去，从而给企业造成很大损失。

虚领工资

有的民营企业为了逃避税收或者给关系户请客送礼带来方便，在企业内部虚设一些员工职位或者给一个员工设置几个名字来领取工资，结果造成真假难辨。

关键员工流失严重

相对于国有企业“想留的留不住”、“想走的走不了”而言，民营企业最感头疼的是前者。为什么留不住呢？关键是留人机制没有建立起来。

人员机构过度膨胀

一些民营企业的机构设置照搬照抄国有企业做法，有的甚至认为越复杂越好。有的则是“打肿脸充胖子”，本来不需要那么多人的，现在却一定要形成一种“规模”来，不仅降低了工作效率，而且给管理带来难度。

派系斗争过多

由于民营企业中存在着家族化倾向，相互之间的亲友关系、裙带关系过于复杂，而且还存在这样一种有趣现象：人员越稳定的企业，派系斗争越激烈。

## 老板怎样选择副手

农民创业要解决各种复杂的人事关系及失控现象，找到一位理想的副手至关重要。

在现实生活中，老板选择自己的副手往往是可遇不可求。但明知“不可求”，也要尽量按照下面的要求来加以对照：

全局观念

副手应当能站在老板的角度、从全局高度来思考问题。不具备这个能力的人，就没有资格当副手，充其量也只能当个中层干部负责某一部门。

承担责任

什么叫老板？老板的一层含义就是要负责任、要得罪人。其他人可以把一些事情推给老板，可是老板却没有地方可推。

老板的副手也必须具备这种素质，敢于在自己分管的工作范围内承担起部分责任，而不是把矛盾上交。

参谋作用

老板不可能事事正确，有些是因为水平问题，有些是因为计谋问题，还有些是因为头脑糊涂的原因，这时候就需要副手来加以提醒。如果只敢对老板唯唯诺诺，这种人就不配当副手。

互补作用

老板在选择副手的时候，应当充分考虑这位副手的长处是什么，以及能否恰到好处地弥补自己的短处。彼此取长补短要远远胜于相互竞争关系，更有利于形成上下级关系。

帮助作用

副手要能帮助老板确立领导威信。对于一些老板不便亲自参与的事情，副手要义不容辞地承担起责任来，帮助老板成为这个团体的精神支柱和信息之源。

## 老板怎样选派分支机构负责人

农民企业的规模扩张和市场开拓，会导致在总部以外需要设立各种派出机构，如在其他地方建立分公司、子公司、办事处等。由于这些派出机构一般都是独立操作的，很难及时得到总部的具体支持和帮助，所以，派出机构负责人的素质高低就直接决定了它经营业绩的大小。

有鉴于此，派出机构负责人特别需要强调以下素质：

心理素质

派出机构由于长期驻扎在外地，需要独自处理的问题相对较多。特别是在机构建立初期，会面临许多困难和挫折，如各种突发事件和对当地市场不熟悉带来的困惑等。这时候，派出机构负责人是否具有良好的心理素质就显得十分重要。

创新能力

建立派出机构的目的是要在当地迅速打开局面、拓展企业经营范围。所以，派出机构建立伊始，就面对着新市场和新问题，这时候如果沿用公司总部的常规办事方式，很可能会无济于事。派出机构负责人必须具有创新能力，善于根据具体情况来灵活采用各种解决问题的方法。

忠诚度

派出机构的规模相对较小、人员相对较少，但人财物各方面却面面俱到。如果派出机构负责人对老板缺乏必要的忠诚度，这时候很可能会成为一个“独立王国”、频发各种事故，反而会拖累、败坏企业形象。

由于以上原因，再加上派出人员在外地工作远离权力中枢、无法有效使用在总部积累的人际关系，以及由此会对家庭照顾不够等原因，派出机构人员应该享有较高的生活待遇，否则对他们来说是不公平的，也不容易找到合适的人选。

## 国外大老板们怎样选择人才

人才对于企业发展的作用毋庸置疑，尤其是对于副手、关键岗位和派出机构负责人的选拔。这里让我们来看看一些世界著名企业的大老板们是怎样选拔人才的，以供借鉴。

伯乐相马

这种方法本身并没有好坏优劣，关键是伯乐要独具慧眼。只有慧眼独具，伯乐才能“识才于未显之时，用才于争议之中”。而一旦“看花了眼”，就会搬起石头砸自己的脚。

台塑集团董事长王永庆就是这样一位伯乐。有一次，王永庆在纽约遇到一位研究生物化学的中国人，直觉告诉他此人会有作为，于是便邀请这个中国人去台塑工作。此人姓包，面孔黝黑，身材矮胖。当时王永庆还开玩笑地问他是不是宋朝宰相包文正的子孙。结果正是包公第43代子孙,后来成为台塑所属医学院首席研究员。

赛场赛马

俗话说:"是骡子是马,拉出来遛遛。"意思是说,骡子虽然长得与马很像,也有雌雄之分,可是由于它是马和驴交配产下的后代,所以没有交配和生育能力。现在你把它们拉出来遛遛,就可以看出有交配欲望的一定是马,否则就可能是骡子。

这种方法的最大好处是体现了公平、公正、公开的原则,但选拔方法要适当,否则就会名不副实。

业余兼职

这种方法对工作时间无法保证的人才具有极大的吸引力。

若干年前,有位名叫泰特·乔治的年轻人在斯坦福大学毕业后,希望能找到一份既能赚大钱又不耽误白天打高尔夫球的工作。美国硅谷一家网络终端公司了解到这一情况后,马上表示可以让他业余兼职。就这样,他白天打高尔夫球,晚上工作,工作效率很高,双方都感到非常满意。

员工引荐

毛泽东说:"群众是真正的英雄,而我们自己则往往是幼稚可笑的。"通常来说,每个人都最了解身边哪些人具有真本事,所以,发动内部员工引荐人才就会具有节约人才招聘成本、保证引荐人才质量等优点。

位于美国马里兰州洛克维尔市的联合微机系统公司拥有2 000万美元资产和400名员工,其中60%的员工就是通过内部员工引荐受聘的。为了鼓励员工推荐人才,该企业规定,如果被引荐者受到雇用并在公司工作4个月以上,引荐者可以得到300至1 000美元的奖金;如果被引荐者是一位优秀的高级管理人员或技术骨干,引荐者可以得到1 000美元的奖金另加一台电脑。

类似于这样的方式目前在我国也已经开始流行。

# 第六课
# 锻炼组织领导能力

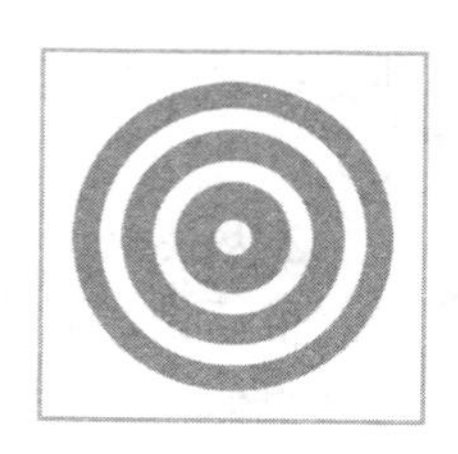

俗话说："火车跑得快，全靠车头带。"老板就是企业的火车头。要想企业发展得快，必须先练好内功，增强自身实力。这其中，最重要的是组织领导能力。

## 64. 老板主要抓什么

锻炼组织领导能力，首先看老板主要应当做什么。

分析古今中外的财富神话，都可以从中发现两大秘诀：一是创新市场，二是风险回报。从古到今，纯粹靠勤劳致富的人有几个？所谓"赚钱不出力，出力不赚钱"是也。只有最稀缺的资源才能获得最高的定价，一般体力劳动不但不稀缺，而且经常过剩。

财富有时确实是知识的宠儿，但更多时候它更愿意充当风险幽灵的儿子。请记住，除了"寻租"或依靠垄断地位坐拥暴利之类的特权抢劫之外，高风险、高收益可谓是一条颠扑不破的真理。而在这其中，制定并实施企业的核心价值观，是老板当仁不让的首要工作。

正如美国通用公司前总裁韦尔奇所说：企业管理主要有两把尺子，一把硬，一把软。硬尺子指的是企业经营目标，从大的方面来讲是企业的使命，从小的方面讲是企业的销售额或利润指标。

软尺子指的是企业的价值观，从大的方面来讲是指企业文化，从小的方面讲是指做事的方式。

有鉴于此，老板要做的工作可以归纳为以下几方面：

## 两手抓，两手都要硬

这就是说，老板要做的工作主要是围绕上面韦尔奇所说的企业发展的两把尺子，制定明确的游戏规则。明确什么是鼓励的，什么是禁止的，并且提出一套评判是非的衡量标准。所谓“国有国法，家有家规”也就是这个道理。

游戏规则制定后，必须要得到员工的认同，并且有效传递给每一位员工，使之成为员工的行为准则。

韦尔奇的这个观点在许多老板看来并没有多少实质性内容。事实上，大大小小的老板们也正是这样做的。然而问题在于，他们的这两把尺子一把硬一把软，或者有时候硬有时候软，没有做到坚持“两手抓，两手都要硬”，这才是要注意的地方。

## 完善企业目标体系

上面提到的所谓“硬”，是指要建立一个相对完善的目标体系。

首先，要有一个长远发展计划，这个计划必须适合企业外部环境和企业自身资源情况，同时也适应企业持续发展的需要。

其次，企业目标要与员工的实际工作进行科学衔接，明确员工的努力方向并让他们感觉到自己对目标的贡献。

再次，要有具体的量化指标，例如，通过销售业绩指标或工作质量指标来对员工进行明确考核等。

最后，为了实现这个目标，要打通企业内部各层次之间的相互沟通，使得企业上下协调行动，而不是老板一个人唱独角戏。

## 严格遵循企业核心价值观

上面提到的所谓“软”，是指在指定了企业完善的目标体系后，要切实保证员工按照企业核心价值观倡导的方式行事。

相对而言，老板们在制订发展计划时还是有一套的，可是大多数老板在按照核心价值观行事方面有所欠缺。

我们经常可以看到，一些企业的门口张挂着口号式的企业精神，而实际上根本就没有或者不可能对这个口号进行具体诠释。这样的口号只能停留在口头上，无法成为指导员工的行为准则，因为它缺乏具体的可操作性。

那么，怎样来保证员工按照企业核心价值观倡导的方式办事呢？首先，作为企业的价值观一定要有适当的高度，从而形成对员工行为“跳一跳”的牵引作用。其次，提出的价值观要具有可操作性，这一点特别重要，否则就无法作为员工行为规范和是非评价的标准。

也许有人要问，什么是企业核心价值观呢？所谓核心价值观，一般包括这样几个方面：经营理念、企业精神、评价标准、态度、责任、作风等。价值观这东西无色无味，同时也无情。一旦制定出来，任何与企业价值观相背离的行为都应该被禁止，老板更不能随意对它进行修改或否决，这样才具有权威性。

## 有时需要拒绝利润的诱惑

这样两把尺子确定后，接下来老板要做的工作就是要时刻审视每一位员工的工作是否与企业目标相一致；是否有正确的方法保证达到预期目标；在目标实现过程中存在哪些问题。

企业目标是检验企业每一个行动、每一笔支出、每一项决策的指针。特别是在看到利润的时候，一定要把获得利润的方式和时机与企业目标相对照，看是否背离了企业目标。

要做到这一点并不是那么容易的，有时候需要放弃蝇头小利甚至横财，这样才能避免见利忘“标”。强调这一点很重要，因为很多获利机会是和经营陷阱相互交织在一起的。

“鱼饵”是我们大家非常熟悉的概念。如果为了追逐某一次利润或某一个机会，白白耗费企业太多的资源和精力，就未免太急功近利了，因为这样会大大削弱企业实现目标的能力，从“总账”上看是得不偿失的。所以，学会拒绝诱惑是成功老板的基本素质之一。就好比说，你在长跑比赛时看到地上躺着一张百元大钞，你会停下来捡吗？当然是不应该的。

这方面最典型的是多元化经营。本来企业经营得不错，主业务很突出，业绩也很好。可是当看到某个自己并不熟悉的行业成长性较好或获利丰厚，就大脑发热，忘记了（或者根本就没有制定、不懂得制定）企业目标，盲目上马搞多元化经营。实际上，这就是抵挡不了利润的诱惑，“死”在这条路上的企业并不少。

## 监督任何人不能违反企业核心价值观

接下来的问题是，企业目标和企业价值观之间到底孰重孰轻呢？因为这两者之间是时常会发生冲突的。当发生冲突的时候，究竟以哪一方面为准？每个老板的处事原则有所不同。比较合适的处理方式是把价值观放在首位。

为什么呢？因为企业核心价值观的形成，关键是要不断审视和持之以恒，不允许有任何侵蚀和背离企业文化的行为。有的老板在企业规模扩大之后，在引进得力助手的时候，常常会犯一个根本性错误，那就是没有注意到他的处事原则与企业所倡导的价值观之间存在严重分歧。

也许这样的得力助手非常有才华、也很能干，可是由于他的所作所为不符合企业核心价值观，所以老板这时候就会产生犹豫：如果强调价值观，就会得罪甚至失去这个助手；如果不强调价值观，企业发展就会偏离原来的正确方向。这样，底下的员工就会怀疑自己以前坚持的那些东西都是错误的。这时候该怎么办？如果不及时明确或修正核心价值观，企业的发展就很危险。

成功的创业者必须懂得，所谓领导和管理，其实就是通过企业的核心价值观来协调企业的所有行动和决策，不为一时一利而动摇。企业的经营策略和方法，以及利益激励机制，也应该围绕核心价值观来制定和考核，就这么简单。

## 65. 提高员工素质

创业者组织领导能力的表现之一，就是看他手下的员工整体素质如何。换句话说，如果一个企业的员工素质高，那么就在一定程度上反映了这个企业的老板素质也不差；反之亦然。而员工整体素质高低，与企业培训工作的质量有很大关系。

现在有许多老板根本不注重这一点，总想招现成的、一进来就能派上用场的员工，结果总是事与愿违，这方面的教训不少。尤其是这些年来，由于工作条件恶劣、操作不当，工人在生产中发生工伤事故的报道层出不穷。以我国第一家上规模的无锡手外科医院为例，该院年均门诊量 5 万多例，其中有相当一部分伤者是没有经过任何培训就上机操作的工人。

这些看上去很单纯的劳动事故，实际上反映出员工没有受过必要的岗前培训。由此就引出企业中普遍存在的一个问题：重招工，轻培训。如果把这个问题解决了，企业就会在这方面减少不少费用和纠纷，从而把更多精力集中在生产经营管理上；而这些省下来的钱，无疑就是企业的纯利润。当然，通过培训提高员工素质的作用不只表现在可以减少工伤事故方面，这里仅是举个例子而已。

那么，提高员工素质该从哪里抓起呢？

## 以培训紧紧牵住员工的手

在善于打“小算盘”的老板看来，自己花钱让员工进行培训，既费时间又费钱，怎么算都不划算。然而，他们不会想到，经过培训的员工提高了劳动技术，生产效率会成倍提高。不但减少了伤亡事故，而且还会减少废品率，提高他们的归属感。

哈佛大学的一项研究表明，员工满意度每提高5%，企业赢利就会随之提高2.5%。北京大学梁均平教授说：“员工的满意度是他从企业得到的内在报酬，这种内在报酬会增添员工对企业的凝聚力和归属感。”而爱德曼公关公司的经验证明，培训是提高员工满意度的一条有效途径。

同国内外其他很多公司一样，全球著名的公关咨询公司爱德曼也曾面临员工流失的窘境，但他们很快意识到，留住员工不是把他们的腿绑在椅子上，而是要为他们插上奋飞的翅膀。

在这种指导思想指引下，爱德曼公司从1988年12月起开始实行它的全球培训计划——爱德曼大学，根据不同培训对象设立培训课程，所有员工都是“大学生”，每人每年接受不少于24小时的培训。所学课程及时间可以由员工自己安排，也可以由老板提供建议。每一位员工在提升过程中都必须接受培训，通过培训掌握管理方面的技巧。公司的一些新产品也会在培训过程中陆续介绍给员工，让他们成为最先受益者和传播者。

经过培训，增强了企业老板和员工的对话渠道，沟通了彼此的心，也大大增强了企业凝聚力。当然，其必然结果是提高了企业的经济效益。

## 有效进行辅导面谈

在国外，老板的一项基本工作是上课——通过和各种不同层次的管理人员及普通员工进行面对面的交流，阐述自己的意图，了解员工的思想动态，双方进行有效沟通。

国外老板的一项素质就是要会“上课”，不会“上课”的老板是不合格的，因为他无法把自己的思想灌输给下属。

这一点在我国有所不同。我国的老板总觉得在下属面前要“严肃”才能体现出自己的威严来，这实际上是把“威严”和“不苟言笑”等同起来了，实际上根本不是这么一回事。如果老板脾气好、很容易与员工打成一片，那他一定会受益匪浅。老板的权威不是来自“老板着脸”，而是公平公正的处事原则和工作能力。

有效的辅导面谈需要掌握许多沟通技巧，否则就很可能属于“对牛弹琴”，无法产生实际效果。

这些技巧主要有：

(1)不要以为你自己已经讲了 100 遍，对方就一定会领会你的意图。有效的面对面交流，老板只能讲 20%，另外的 80%时间应该留给员工畅谈他们的感想和建议。

(2)要把谈话重点放在员工的表现而不是自己的感觉上。不要动不动就表露你对这件事情的看法，全然不顾员工的表现和反应。

(3)在进行交流时，员工必然会产生一些情绪反应，而你这时候不该投入太深。即使员工当着你的面哭了，你能做的也就是递上一包纸巾，然后继续你的话题。

(4)不要试图在没有讨论问题的本质以前就尝试解决问题。因为在员工没有承认问题的确存在时，要求他“改邪归正”是非常不容易的。心服口服是最理想的效果。

## 有效利用外部培训力量

农民创业的规模如果不大，可利用外部力量对员工进行培训，既可以“送出去”，也可以“请进来”，方便得很。能不能发文凭无所谓，关键是要能产生实际效果。

目前社会上提供各种培训课程的机构很多，它们大多有一套自身运转成熟的方式。如果老板觉得自己没能力建立单独的员工培训机构,那么借用外界的培训力量就是最适合的。

由于委托培训需要支付培训费用,所以一定要按照实际需要派员受训,这样培训费用才算是用在刀刃上了。费用的具体支付办法是,由员工出小头、企业出大头,或者全部学费由企业出,但出去培训前要签订合同,规定在本企业干满几年后才能离开,否则员工要自理多大比例的培训费用等,这样大家都有据可依。

培训对象主要有两种:一类是他们现在的水平不理想,需要通过培训来提高技术,属于"补习";另一类是工作变动了或要对他们提拔重用,必须通过培训让他们掌握必备的管理技能,属于"预习"。

由于各种培训班质量高低差异较大,所以一定要对培训班本身的质量、师资水平和适用性进行评估。

另外要注意的是,你有安排员工接受培训的义务,但员工也有根据自己实际接受与不接受这种培训的权利。俗话说得好:"强按牛头不喝水。"这一点也要考虑到。

## 提出培训要求的技巧

在多数情况下,老板安排员工进行培训多是因为员工不适应本职工作。刚上岗的新员工会觉得很正常,但老员工这时候往往会感到脸上无光。而且,工作时间越长,老板会发现员工的缺点越多。怎样技巧性地指出员工的缺点,并帮助他们改进呢?

从员工的角度看,在民营企业打工,他们的神经通常会过分敏感。如果你要他去参加培训,特别是有些企业规定的不带薪培训,他们会认为你在故意找他麻烦,甚至当作是辞退他的前奏。

更要注意的是,业绩不佳的员工往往还会伴随着个人情绪、家庭问题,这时候他的心里往往会有许多想法。所以,老板应当选择一个员工容易接受的话题,在适当的时机提出培训安排;同时,应该预先分析他的工作成绩不理想是否因为下列原因:①受到某种因素的阻挠;②隐含着特殊原因或隐情;③工作超出了他的能力范围;④工作经验不足;⑤劳动工具、资料等准备不全以及情报欠缺等。

如果不考虑这些因素而一味求全责备,就不能算是一个体谅员工的好老板。如果碰到一个内向的员工,这时候他很可能会一声不吭就一走了之,让你措手不及。

## 66. 科学制定薪酬制度

马克思说:“人们奋斗所争取的一切,都同他们的利益有关。”任何企业都要给员工支付劳动报酬,这是他们的劳动应得;可是在这其中,就涉及老板如何确定简单、科学、有竞争性的薪酬制度了。这无疑是老板的一项重要工作,甚至可以看作是最重要的能力之一。

众所周知,薪酬制度是人力资源管理中最重要、难度最大的工作。怎样科学制定员工的薪金报酬制度,常常会令一些老板烦恼不已。员工的待遇太高,企业利润会减少,老板自己的所得也会大大减少;员工的待遇太低,则会留不住有用人才。

在对待员工的薪酬高低方面,人事部门和财务部门历来都持矛盾的观点:前者希望待遇高一些,以便吸引到优秀人才;后者则强调待遇不能过高,否则人力资源成本降不下来。

实际上,企业员工的薪金报酬制度普遍是随行就市、自由浮动的。所谓“太高”和“太低”大多是凭感觉,并没有什么科学的依据。只有建立在科学测算基础上的薪金报酬制度才是合理的,也是员工和老板双方能够共同认可的。

### 怎样做到“一碗水端平”

任何一个企业的薪金报酬制度都必须考虑到它的内部均衡和外部均衡问题,也就是怎样“一碗水端平”的问题。

内部均衡

所谓内部均衡，是指企业内部不同岗位的员工，在薪金报酬方面应该达到某种平衡。那么，怎样算平衡呢？这主要看员工对薪酬的公平性是否感到满意。如果感到基本满意，就说明内部均衡性较好，否则就不好。

出现薪酬内部失衡的主要原因在于差距过小或过大。

薪酬差距过小，会使优秀员工感到不公平，认为自己所费大于所得，这样就会影响他们的工作积极性和工作效率。薪酬差距过大，则会使普通员工感到不公平，认为自己不被老板重视，这样同样会影响他们的工作热情和工作效率。

在实际工作中，要把薪酬差距调节到“最佳”位置非常困难。当“鱼和熊掌不能兼得”的时候，应当重点保护优秀员工的工作积极性，这样会更有利于企业的发展。

外部均衡

所谓外部均衡，是指企业整体薪酬水平应当与当地同行业的其他企业保持大致平衡。那么，怎样才算大致平衡呢？关键是看这样的薪酬水平能否在当地招聘到企业所需要的最合适的员工。薪酬水平过低，则可能招不到最合适的员工；薪酬水平过高，则又会加大人力资源成本。

企业在制定薪酬政策时，首先应当确定外部均衡条件下的整体薪酬水平，最好能了解到各个具体岗位的薪酬标准；然后在确定内部均衡的时候，可以对一些关键岗位适当提高薪酬标准，以增强对人才的吸引力。

薪酬水平的这两种平衡缺一不可，否则会造成管理混乱。对于小企业和新企业来说，为了消除员工对公司发展稳定性的担忧，企业的薪酬水平应当适当高于同行业其他企业。

## 常用的绩效考评方法

仅仅确定企业薪酬制度的总体水平还不够，还必须考核到每一个班组、每一位员工。因为归根到底，最后的薪酬总是要落实到每一位员工头上的。

在这方面，外资企业的绩效考评值得借鉴，这主要有：

等级评估法

用明确的语言来描述各个岗位的工作标准，然后按照“优”、“良”、“合格”、“不合格”来进行打分评估。

目标考评法

首先和员工一起商定在规定时间内应当完成的工作任务以及考核方法，然后根据目标管理项目的完成情况来进行考评。

序列比较法

对于相同岗位、相同职位上的员工，可以进行同类比较，把他们的工作业绩从好到坏进行排名。

相对比较法

它和序列比较法不同的是，在员工之间进行两两比较，较好的记“1分”、较差的记“0分”。等到所有员工相互比较完成之后，各人所得总分越高，考评成绩就越好。

小组评价法

首先选出几名考核员，然后由他们组成评价小组对每位员工进行业绩考评。为了提高客观性，可以预先公布考评内容、依据和标准，最后公布评价结果。

重要事件法

主要根据员工在考评期间内发生的、特别优秀的表现和不良表现形成考核结果。

考核评语法

由考评人撰写一段评语对员工进行考核评价，主要内容包括工作业绩、实际表现、优缺点、努力方向等。

强制比例法

根据“中间大、两头小”的正态分布原理，规定优秀员工和不合格员工的比例，剩下的就是工作表现一般的员工。例如，可以规定优秀员工和不合格员工的比例各占15%，其余的70%就是一般员工了。

情景模拟法

要求员工在考核小组成员面前进行实际操作，由考评人员根据完成情况进行业绩考评。

## 客观评价年薪制

年薪制是目前民营企业考核中高层管理人员的通常做法。如果玩得好，这一制度可以给企业带来突飞猛进的变化；当然，如果玩得不好，也可能会彻底击垮企业。

年薪通常由三部分组成：一是基本工资，主要依据当地人才市场上的同类职位平均水平来确定；二是福利性报酬，包括平时所指的各项福利津贴，同样主要依据职位高低来加以确定；三是激励性报酬，包括短期激励报酬（年终奖加分红）和长期激励报酬（股票期权）。

年薪制在实际操作中必须坚持以下原则，否则很可能会流于形式或招致失败：

强制刺激原则

有的上市企业给 CEO 确定的年薪基数只有三五十万，相当于外资企业部门经理的收入，这显然“刺激”性不够。有的企业更加“抠门”，说是执行年薪制，实际上薪酬基数并没有提高，年薪制只是落实在名分上而已，这也不具备强制刺激。

拉开上下层差距

年薪制一般都是根据企业所设定的职等职级狠狠拉开差距的，通常而言，最低级和最高级之间可以相差 50～100 倍。这样做，对于 CEO 而言体现了多劳多得的原则。事实上，也只有拉大差距，才能让企业高级管理人员感受到自身价值的存在。

保障基本生存条件

实现年薪制的对象，很难确定满足他们基本生存条件的收入标准；但是，绝不能给他们以普通意义上“吃饱穿暖”的简单标准，而必须保证他们有相当层次的消费需求。

确定风险制约

年薪制不能只奖不罚,而必须赏罚分明。不能给一些人造成这样的错觉:“眼看情势不妙了,赶快拍屁股走人,大不了激励部分的工资我不要了!”当然,由于实行年薪制对象岗位的特殊性,“罚”比“奖”更需要讲究艺术性和操作技巧。

设计阻挡屏障

现在猎头公司很盛行,你给经营者的年薪收入是50万元,如果另外一家企业开出年薪60万元或者更高的年薪,就可能会把你的经营者挖走。这种情况屡见不鲜,而且往往发生在经营者进入最佳状态时。有道是“人怕出名猪怕壮”,所以这时候经营者的市值是最高的。

有鉴于此,要防止这种现象发生,必须在实行年薪制之前就给经营者设置有效的“防护墙”,否则到时候你会很被动。

## 工资集体协商制

最科学的薪酬制度集中体现在工资集体协商中。工资集体协商制是老板与员工通过讨价还价确定薪酬水平的一种新方式。

实行这项制度的法律依据是2000年11月8日原国家劳动和社会保障部发布的《工资集体协商试行办法》。根据这一办法,所有用人单位都要与本单位员工以集体协商方式,根据法律、法规、规章的规定,就劳动报酬、工作时间、休息休假、劳动安全卫生、职业培训、保险福利等事项签订集体书面协议,内容包括:工资协议的期限、工资分配制度、工资标准和工资分配形式、职工年度平均工资水平及其调整幅度,奖金、津贴、补贴等分配办法,工资支付办法,变更、解除工资协议的程序,工资协议的终止条件、工资协议的违约责任、双方认为应当协商约定的其他事项。

工资集体协商一般每年进行一次。根据我国国情,国有企业和国有控股企业经营者的工资收入方案不在此列。也就是说，除了国有企业老总的工资之外，其他的原则上都要推广这一做法。

对于农民创业者来说，实行这一制度可以说有利无弊。一方面，这可以听听大家的意见，使得企业制定的薪酬水平有更多的科学依据。在这其中，由于充分考虑到了员工方面的主张，必定会有助于提高企业凝聚力。另一方面，现在的企业中普遍存在着劳资关系紧张状态，而工资协商制度就像一副润滑剂，能够很好地解决这个问题。

再说了，既然是协商，就需要劳方和资方双方同意，缺一不可。如果工人们要求过高，你也不会同意的，至少没有人会在你亏损时向你"漫天要价"吧。再不济，你还拥有用人自主权，"愿买愿卖"才能成交。而同样是"买卖"，讨价还价的结果当然要比"强买强卖"容易接受得多。

## 不要借试用期开涮员工

在工资报酬问题上，有些老板会耍小聪明，借"试用期"白白用工或尽可能降低工资成本，这种小聪明很可能会带来麻烦。

所谓试用期，是指双方已经正式签订劳动合同，但还需要对对方进行了解的一种非正式用工状态，包括某些企业擅自制定的试岗、适应期、实习期等。对于企业来说，想通过这段时间了解一下新员工是否合乎自己的要求；而对于员工来说，则希望能在这段时间里对用人单位作进一步的考察。

不用说，在试用期内，员工可以通知企业解除合同的，但需要提前 3 天；同样，企业如果能证明员工不符合录用条件，也可以提前 3 天解除合同。当然，其前提必须是双方事先约定了试用期；如果没有约定试用期，企业当然也就不存在以试用期为由解除劳动合同了。试用期内解除合同，双方都不用承担赔偿责任。

但又应当看到，企业在试用期或利用试用期侵犯员工合法权益的现象还是比较普遍，最常见的有：

一是有些岗位按规定不能有试用期，现在却也规定了试用期。例如，装卸工、建筑工地小工等没什么技术含量的岗位，如果规定试用期为一天还可以理解，如果长达10天半个月就太过分了；有些工作实行的是计件制，这就不存在试用期不试用期的问题；劳动合同期限不满3个月的，也不得约定试用期。

二是试用期长短是有严格规定的，现在一律顶格处理，规定为6个月。有的生产经营季节性强，整个劳动合同期限只有6个月，你现在试用期就有6个月，实际上表明所有用工都是试用工。而根据法律规定，签订的劳动合同期限在3个月以上、1年以下的试用期为1个月(3个月以下的不能约定试用期)，1年以上、3年以下的试用期不得超过两个月，3年以上固定期限和无固定期限的试用期不得超过6月，劳动合同期限与试用期等长的不存在试用期；没有签订劳动合同的，不能单独约定试用期。

三是试用期内企业同样是要为员工缴纳五险一金的；至于试用期内的工资标准，《劳动合同法》规定可以采取两种方式，既可以不低于相同岗位正式工(合同制工)最低档工资或协议工资的80%，也可以不低于当地最低工资标准。现在有许多企业喜欢从这两者中取其低者，反正不违法；尤其是所谓最低档工资标准基本上是企业自己说了算，这是《劳动合同法》的一大漏洞。

四是同一个用人单位只能有一个试用期，可是有的企业却会漠视这一点，每调动一个岗位就给你约定一次试用期，使得员工没完没了地处于试用期中。

下面举个实例。穆易从北京某大学毕业后，准备考研究生，所以就留在中关村打“黑工”了。他在人力资源市场组织的定期招聘会上被一家软件公司录用，月薪2 000元。当时他就感到奇怪，因为其他公司的JAVA开发人员月薪至少能拿到五六千元。后来老板解释说，这是3个月之内的试用期工资，另外还有项目提成，他听了将信将疑。3个月后，他被告知没能通过试用期考验！他再看看其他同事，基本上进入这家公司的员工一过试用期就都被辞退了。据说，像这样的事在一些小企业里时有发生，有些小老板没钱招贤，于是就三天两头跑招聘会，从前台人员到业务人员工资都压得很低，不签合同、不买保险，试用期一过就让他们“走路”，并且把这当作“妙计”来使用。[①]

穆易去劳动监察部门投诉，一告就准，最终老板倒霉了。

## 67. 爱员工胜过爱自己

俗话说：“人心都是肉长的。”老板如果能爱员工胜过爱自己，起码能做到将心比心，那么员工也一定会知恩图报，乐意为你效劳。相反，如果你处处提防员工就像“防贼”一样，员工会对你怎么样也就可想而知了。

许多创业者的成功就是从这里起步的。上面提到的薪酬制度设计是一个方面，但不是全部。可以这样说，如果你能时时处处对员工抱有一颗爱心，你就会离财富和成功越来越近。

先讲这样一个寓言故事。

一位老妇人家门外有三位白胡须老人坐着歇脚，她并不认识他们。于是她说：“虽然我并不认识你们，不过你们应该饿了吧，请进来吃点东西。”

“家里的男主人在吗？”老人们问。

“不在，”老妇人说，“他有事出去了。”

“那我们不能进去。”老人们回答说。

傍晚时分，老妇人的丈夫回家了，她把事情的经过告诉了丈夫。丈夫非常感动，让她赶快去请三位老人进来。

“我们不可以一道进去。”老人们回答说。他们自称一个是财富、一个是成功、一个是爱。老妇人只能从中选择一个。

丈夫听说后非常高兴，希望邀请“财富”进屋，因为财富是丈夫

---

① 申渝：《节省工资的好办法？试用期——老板拿它“涮”员工》，载《科学时报·中关村周刊》，2001年7月31日。

一生的追求，到现在还求之不得呢。但是老妇人不同意，她希望能够邀请“成功”，因为他们的生活从来没有成功过。这时候，坐在屋内一角的儿媳妇提议：“我们为什么不邀请‘爱’进来呢？有了‘爱’，即使不成功、没有钱，全家不也和和睦睦的吗？”

老夫妻两人意见无法统一，最后只好听从儿媳妇的建议请“爱”进屋。没想到，“爱”进屋以后，其他两位老人“财富”和“成功”也跟着走进了屋。全家人感到奇怪，三位老人解释说：“如果你邀请的是‘财富’或‘成功’，那么另外两个人就不会进屋了；而你们现在邀请‘爱’进屋，那么无论‘爱’走到哪儿，我们都会步步跟随。哪儿有‘爱’，哪儿就有‘财富’和‘成功’。”

这个故事告诉我们，老板在经营管理中希望增强员工在企业中的行为能力，首先必须对员工及客户有一颗爱心。乐善好施而不是刻薄相待，反而能获得更多的财富和成功。

那么，怎样才能体现爱员工呢？这主要表现在：

## 尊重他人

尊重他人首先是尊重员工。现在的时髦口号是“顾客是上帝”，而实际上，国内外一些先进企业早就呼吁“员工是上帝”了。

他们认为，利润不是顾客而是员工创造的。如果老板对顾客能够以礼相待，而对员工却做不到，就会坏大事。因为老板与顾客的接触毕竟没有员工与顾客的接触面来得大。如果老板不尊重员工，员工在充满压力的环境下往往会变得武断、急躁和出言不逊，这样又怎么能指望这些员工创造出更大的业绩来呢？

## 授权赋能

所谓授权，是指让员工自我负责；所谓赋能，是指给予员工做好本职工作所需要的知识和技能。有鉴于此，老板要通过各种培训来提高员工素质。这种提高并不是老板们所担心的那样，成为员工跳槽的本领，而是应该懂得：没有经过培训的员工往往缺乏责任感，经常是拨一拨就动一动，他们追求的只是完成任务。

而授权赋能以后的员工，一般都会具有良好的自我感觉，因为他们有机会表现自己的聪明才智。这种"自我感觉"对于展现一个人的才华、为企业创造利润是非常有帮助的。

## 言行一致

言行一致不仅能反映老板的个人品质，同时也是对员工的一种爱。有些老板发出的指令前后矛盾甚至出尔反尔，轻则会让员工产生困惑，重则大伤员工感情。在这样的环境里工作，员工怎么能发挥出他们的创造力和个人才华呢？

既然员工无法对老板产生信任感，相互之间互相猜疑就在所难免。请设想一下，如果老板言行不一，员工人人自危，势必无法发挥工作主动性，也就谈不上团队精神了。

## 有安全感

只有在有安全感的环境里，人才可能畅所欲言，不用担心受到嘲讽和谴责。亚科卡在他的《直言不讳》一书中建议："只有主管才能创造一种氛围，让员工可以放心地说出'我不知道'和'但我会弄明白的'这些富有魔力的字眼。"

不但如此，在有安全感的环境里，员工普遍会变得好奇，否则就会心怀戒备，变得谨慎、胆小、牢骚满腹，所有这些表现都不利于创造出顶尖业绩来。

## 坚持原则

俗话说："国有国法，家有家规。"企业也是如此。老板要树立个人威信，靠的不是投资额大小。有的老板经常说："这个企业是我开的,你就得听我的,不然就滚蛋!”其实,老板管理企业靠的是原则而不是投资。在日益倡导依法治国的今天,企业管理中也要慢慢学会对事不对人——按规章制度来办事。只有“一碗水端平”,员工们才能感受到老板和企业对自己的爱护和公平,才能感受到自己在企业中的“主人翁”地位。

所以,做老板的一大技巧是要不卑不亢地表明自己的处事原则,以免伤害员工的人格和感情,让他们“死心塌地”为你打工。

## 查明原因

很多员工会因为完不成自己的任务而产生失落情绪,这时候按照规章制度来进行论功行赏当然是重要的,但不可忽略的是,老板应该查明员工业绩下滑的原因,弄明导致这样的结果究竟是员工能力不够还是任务过高。

想到或者做到这一点就很不容易了,但必须这样去做。具体途径可以是开座谈会、实地走访等形式,分析和寻找实际业绩与期望业绩之间产生差距的真实原因,适当调整计划任务和考核指标。需要注意的是,在调整决定下达之前不可以泄露消息,这样一方面不会产生被动局面,另一方面也不会破坏自己的权威形象。

## 考察能力

每个老板都喜欢或明或暗地考查员工的工作能力,但他们犯的错误往往是偏听偏信、先入为主。当员工从某种渠道得知老板对自己不切实际的评价之后,必定会满腹牢骚甚至心生反感。

考查员工的工作能力,最有效的方式是在工作中对他们的业绩给予富有建设性的反馈,尽可能利用一切机会了解他们每个人的强项,然后提出指导意见。一般来说,经过这样的双向沟通之后,既相互了解了对方的客观状况又容易调动工作积极性。

### 挖掘潜力

挖掘潜力既能体现对员工的一种爱，又可以使得员工的强项更强，在企业中更好地发挥作用。

员工们通常不敢正视自己的潜力，特别是在民营企业中打工，更是抱着一种“老老实实”的态度。员工越是不敢正视自己的潜力，老板越需要耐心。而老板一旦发现员工的潜力所在，给他们机会发挥和挖掘，所得到的回报往往是以一当十的。

## 68. 不断给员工涨工资

不断给员工涨工资是衡量老板领导能力的水准之一。

那些“好企业”都有一个共同特征，那就是员工收入高；即使不是本地区、本行业最高，至少也会高出一般水平。如果追问为什么，原因之一就是他们有一个好领导，他们的老板组织领导能力强、目光远大，企业获利水平才高；反之，如果领导昏庸平常，好企业也会被搞砸了。

传奇创业家史玉柱在担任《赢在中国》节目评委第三赛季 36 进 12 比赛中，对选手谢莉及她的火锅连锁店项目就有上述观点。

他的原话是：“我建议你走高工资的路。我刚才问你调节税，实际上我是想看工资水平的。我过去下海到现在也十好几年了，总结下来，给员工高工资的时候，实际上是成本最低、公司利润率最高的时候。如果用高工资，在你和他(员工)的这种关系上面，你是主动的，如果你比前面两个竞争对手工资就这么高一截，我坚信，一年之后你回过来看，你的利润率是最高的，你的成本是最低的。”

不用说，史玉柱说这话时隐藏着一个前提，那就是除此以外，其他的成本和费用如采购、维修、物流、销售费用等都不变。

换句话说，就是单从工资与利润率的关系看，员工工资越高、企业的利润率也高;反之亦然。

这主要表现在以下几方面:

## “制造”员工优越感

有人说,我国零售企业尤其是中小企业没有企业文化。可是在河南胖东来商贸集团的超市里,记者却看到两名保洁员拿着毛巾跪在地上擦地,并且还有说有笑的。有人问是老板要你们跪着擦的吗?她们说不是,因为只有这样擦最干净。

这就是老板胖东来“高薪用人”的“安心机制”在起作用。

在这里,一名普通保洁员的月收入,除了三险一金外能拿到2 200元,另加300元公司股份;课长、处长、店长的年收入能拿到6万、22万、50万元,区域经理100万元。员工在这里工作有优越感,完全不必整天想着如何跳槽。

后来,河南洛阳大张、南阳万德隆、信阳西亚也都照搬照抄胖东来的工资制度,结果怎么样呢?万德隆董事长王献忠说,之前他也对这种做法有过怀疑,担心成本居高不下,但事实表明这种担心是多余的,销售涨幅反而更大了。①

## 你的小在乎,员工的大在乎

对于企业来说,需要开支的成本和费用项目实在太多了,但工资项目在绝大多数企业中都不是最大的;可是对于员工来说,这却是最大的收入。

工资水平高低历来是企业与员工博弈的结果,很难双方都满意。但当你的工资水平在同行业中相对较高时,这时候企业便拥有了更多主动权,员工的压力和危机感也会增大。

---

① 刘朝龙:《河南胖东来:“制造”员工优越感》,载《中国商报·超市周刊》,2012年2月13日。

明白了这一点，就知道这两者之间构成一种杠杆效应：你只要稍微提高工资标准，就会在员工那里得到10倍甚至数十倍的回报，这也是员工求职最关注工资收入高低的原因——他是想有机会为你创造更高的利润啊！

## 吸引到更优秀的人才

任何企业都想进入良性循环轨道，这个轨道的起点是人才；可是你要想吸引到更优秀的人才加入，就要舍得给员工以尽可能高的工资待遇。这个“牛鼻子”抓住了，接下来将会一顺百顺。

作为企业，你有这个义务，也有这个能力，这与道德情操无关。换句话说，你只有吸引到高素质人才，才能让他们为你创造高效率和高效益。而这种高效率和高效益又会反过来降低其他成本，提高企业总体利润率。

所以说，这种适当高出一截的工资是员工(确切地说是高素质员工)应该得到的，他只不过从为你节省的成本费用中拿走了很小部分而已。反过来，舍得给员工以较高的工资报酬，才表明你懂经营、会管理，懂得把钱用在刀刃上。

## 降低员工流失率

员工跳槽大多是因为待遇问题。如果一个企业能够保持本行业、本地区较高的工资水平，员工在你这里打工能拥有更多的幸福感、自豪感、归属感、成就感，就会理所当然地珍惜这份工作，不会轻易跳槽或辞职。

而这样做的结果是什么呢？不但能保证企业正常工作的开展，还会降低员工招聘次数和成本、降低新员工培训成本、减少因为员工离职而造成的误工损失。所有这些成本支出，原本都是从利润中扣除的。这一块没有了，就会大大提高企业赢利水平。

千万别小看这一点。对于大多数企业来说，赚钱并不是那么容易的，可省钱却是能轻易做到的，而其最终效果都一样。

## 提高工作效率

工作效率在员工手里，它主要取决于收入的诱惑和失去岗位的威胁。如果这份工作收入不怎么样，他就会磨洋工，因为这样的岗位丢了也没什么可惜的，说不定还是一件好事。可是如果这份工作收入较高，员工就会从这种高收入的诱惑中受到正面刺激，并且凝聚团队精神，全心全意地干好本职工作。

由此带来的结果是，个人工作效率提高了，工作质量也会大幅度上升，残次品大幅度下降，最终大大降低生产成本。

## 降低管理成本

相对较高的工资收入，使得企业的人力资源成本上升了，可是，这种上升却会从管理成本的降低中得到加倍补偿。

究其原因，在于员工收入的提高会增强个人自律性。

也就是说，每个人的工作自觉性提高了，很多事情不要你去安排，甚至原本你怎么安排、调动都没用，现在员工却会自觉自愿地按照工作计划、流程、要求出色地完成，这样也就自然而然地减少了管理人员和管理费用，降低了企业对员工的管理成本。

## 降低额外成本

员工的收入提高了，会更多地以主人翁态度去关心企业及其生产，这样就会在无形中降低方方面面的成本和费用，提高企业利润。因为这时候的员工会巴不得企业好，只有企业好了自己的收入才会有更大的提高，眼下的这份收入才会保得住；相反，如果企业赚了钱都是老板的，员工从中得不到任何好处，他会巴不得企业早点关门呢，他还可以拿一笔补偿金走人。

降低额外成本的途径太多了：从减少生产设备、交通工具、办公设备等固定资产的流失，损耗和维修费用的降低，电费、水费、办公费用的减少，产品、材料、设备被盗损失的减少，到水灾、火灾几率的降低，处处都体现利润。

一边，是每个员工人人都是主人翁、看护者；另一边，是每个员工都是旁观者或顺手牵羊者或墙倒众人推者，这样两种截然不同的情形，对企业的影响效果会一样吗？不可能！

话已至此，回过头来看，那为什么绝大多数企业不愿意主动提高员工工资呢？归根到底，还在于他们的老板目光短浅。他们通常只会算看得见的成本，对于看不到的成本没有太多意识；同时，他们过于关注看得到的利润，对于看不到的利润就没有感觉，这就是他们和史玉柱等商界巨子的区别。

例如，华为给大多数人的第一反应就是工资高、效率高、压力大，尤其是工资高，这是它为什么能在行业内走在最前面的原因。因为高薪作为一种最有价值的投资，使得它在技术型人才争夺战中以相对优势跑在最前面，从而一步领先、步步领先。

## 69. 提高自己，补充能量

老板是企业领头人，注重给员工充电是重要的，但仅仅是这样还不够，必须不断提高自己、补充能量，才能适应新的游戏规则，提高企业竞争力。

我国加入世贸组织之后，一种俗称"老板 MBA 教育"的全新课程开始在全国受到热烈追捧，现在已蔚然成风。

### "小算盘"难以驾驭"大市场"

越来越多的老板认识到，要让企业上台阶，不注重观念更新是不行的。而这种观念更新并不是一般翻翻书就能解决问题的，如果有机会进行系统学习，一定会获益匪浅。

老板学员走进课堂，主要原因就是原来的知识不够用了。据统计，目前我国拥有一定规模资产的民营企业老板中仍然有不少是低学历者，从发家致富到成就一定的事业，有些是靠苦干，有些是靠改革开放初期的“双轨制”，有些是靠钻法律制度的漏洞。随着市场竞争手段的日趋规范，原来的思维模式不再适应新的环境变化了，光凭几份精明的“小算盘”，越来越难驾驭扩大了的产业。因此，更新知识就成为内在动力。

另外，市场经济正在培养出越来越多、越来越强的竞争对手，这也使得老板们觉察到了潜在危机。重庆一家农民企业近年来一直处于快速增长中，其决策层几年前便要求所有中层管理人员要去高等院校回炉，提高应变能力。另一家企业则拨出40多万元资金聘请专家学者，对几十名新进大学生进行培训。

还有一个重要原因，就是通过各种各样的培训、充电，可以不断熟悉新的游戏规则，提高企业竞争力。

## 老板们像候鸟一样飞来飞去

十多年前，在珠江三角洲已经拥有三家小工厂、家资百万的年轻老板张石洋，就开始每个周末飞到北京去学习现代管理知识和营销技巧了，以便为今后的事业做得更大打好基础。据说在全国各地，每到周末都会出现三五成群的企业老板搭乘飞机去上课、听讲座、充电的情形，他们像候鸟一样地飞来飞去。

有人在总结巨人集团失败的原因时说，史玉柱连“流动资金不能用于固定资产投资”这样最基本的经济学原理都不懂，居然会把所有流动资金都投入到巨人大厦的建设中去，所以史玉柱的失败是必然的。

无独有偶。沈阳飞龙集团的姜伟在北京拍卖“热毒平”的时候也有记者问他：“有人总结沈阳飞龙失败的原因，说是因为你不懂‘产品的生命周期’，一个延生护宝口服液一卖10年都不换，旧的产品生命周期到了、新的产品又接不上来，所以，你的失败是一件必然的事情，你怎么看？”姜伟听了之后默默无语，然后是一声叹息。

应该说，史玉柱和姜伟都是民营企业老板中的佼佼者，连他们也不懂得这样的经济常识，可见不懂得“流动资金不能用于固定资产投资”、不懂得“产品生命周期”的老板并不在少数。

有些老板虽然以前也读过大学，拥有高等教育文凭，但因为他们读书的时候我国还没有实行市场经济，知识结构明显老化，根本无法适应现代企业管理和运营要求了，亟待知识更新。

## 逆水行舟，不进则退

于晶华对此最有体会。作为长春一家民营企业集团的董事长，于晶华平时业务非常繁忙，但这并不影响他每个周六、周日准时前往聆听 MBA 研修课程，与一帮老板级同学商讨商业案例，设计企业发展蓝图。12 门课程学完后，于晶华明显感到“思路开阔了，能够跳出以前的眼界去考虑企业的长远大计了。”

由于参加这种研修班的多数是企业高层管理人员，所以，这种校友网络中的巨大价值绝对不可小看。同学之间相互交流比书上的知识收获更大，因为它来源于实践、应用于实践。不仅如此，校友之间相互的思想碰撞还往往会促成更大的生意合作。

实际上，我国加入 WTO 以来，感受到竞争压力的又何止是民营企业、农民企业老板呢？渴望掌握更先进的管理知识和管理经验的实际上大有人在。[①]

## 党校成为企业老板加油站

在这种求知若渴的心态指引下，上海市 28 位民营企业老板在

---

① 《老板自救：消灭老板时代的老板“充电”运动》，载《科学投资》，2001 年 7 月 27 日。

上海市民营企业协会组织下，早在2001年11月就飞赴北京参加为期一周的中央党校短期研修班学习了。

中央党校历来是培养中高级干部的摇篮，而那次坐在教室里的却是100多位来自全国23个省市的民营企业老板。选择在我国加入WTO的第二天开课，其象征意义十分明确，就是要解决加入世贸组织后如何增强民营企业的生存竞争能力问题。

国家工商行政管理局经营指导部副部长翁其才十分肯定地说："这是中央党校大门第一次真正向民营企业家开放。以前，党校办个私企性质的培训班总有种偷偷摸摸的感觉，这一次则是名正言顺、大张旗鼓、正儿八经、非常规范地办班儿。"

中央党校经济学部主任李兴山教授当时已经在中央党校执教十多年了，类似的课程已经讲过多遍，但站在这里主讲关于个体民营企业的发展问题还是显得有些陌生和兴奋。

李兴山在课堂上举例说："我认识一位浙江的民营企业家，他有几个亿家产，但是斗大的字不识一个。在这位企业家的通讯录上画满了符号，画个盒子枪代表公安局长，画个长枪就代表派出所所长。"经过30多年改革开放，现在的民营企业早就完成原始积累，老板们光靠胆量打拼已经很难应对企业再发展面临的困境，必须具有较高的素质才能在市场竞争中打开局面。①

## 缺什么补什么

就像缺钙的人需要补钙、缺铁的人需要补铁一样，老板们补课充电的针对性非常强，这也是最实用的选择。

有关部门调查显示，在老板们最热衷的科目中，企业管理以97.5％高居榜首，市场营销（63.4％）、法律法规（51.8％）、财务管理（35.1％）、金融投资（28.9％）等都是重中之重。北京大学"企业

---

① 王宏：《赶乘入世快车，百名民企老板踏进中央党校大门》，载《21世纪经济报道》，2001年11月26日。

家特训班"开设的主要课程有企业战略管理、人力资源开发与管理、生产与运作管理、国际贸易、财务管理、管理经济学、市场营销学、组织行为学、资本运营、企业家学等，几乎和现在绝大多数 MBA 的课程相近。

相对于国有企业老板而言，民营企业老板更加热衷于学习，原因之一是最近 30 年来我国民营企业的淘汰率过高。

据中国社会科学院所作的《中国民营企业调查报告》，我国民营企业能够生存下来的只占总数的 20%～30%，像傻子瓜子、三株药业、沈阳飞龙、巨人集团等过去曾经辉煌一时的民营企业都从"明星"变成了"流星"，更多的是以反面教材出现在教科书中。

他们中的第一代老板主要是靠胆子、第二代主要靠路子、第三代主要靠票子、第四代主要靠脑子。而在大力倡导发展知识经济的今天，许多人感到"脑子"不够用了，"充电"是唯一途径。有的甚至还不满足于短暂的充电，而是一鼓作气完成了系统学习。年过半百的山东华乐集团董事长兼总经理苏寿堂，一个从山村维修站起家的农民企业家，就是通过持续充电学习拿到北京大学经济学博士学位的。①

## 光靠读书是"读"不出老板来的

以上的老板在职培训和单纯的从学校到学校读书相比，有太多的不同。老板学员一般都有丰富的实践经验，这一方面强化了授课效果，另一方面也对高校的办学质量提出了更高要求。

其中，绝大多数人并不是来"混文凭"的，而是特别注重所学知识的有效性，这一点与从学校到学校的 MBA 相比有太多的不同，因为后者需要以文凭立身。

---

① 《老板自救:消灭老板时代的老板"充电"运动》，载《科学投资》，2001 年 7 月 27 日。

正是这样的错位，使得许多 MBA 毕业生难以适应产权关系日益明晰的现代企业，也由此走进了很大的误区。

不少 MBA 学员一进校就觉得自己上了一个专门培养总裁的班级，口气大得很，以为自己读了 MBA 就是当老板的料。殊不知，作为培养职业经理人的职业教育，MBA 主要培养市场化的企业管理者和职业经理人。而职业经理人并不是老板，只是老板用市场化手段聘来的、具备专业管理技能的高级打工者。

正如一位经济学家所说：真正的企业家不是政府任命的，也不是读了 MBA 走出校门就能“自动生成”的，而是在市场经济风雨中磨砺出来的。例如，在日本，不管 MBA 还是博士，到了企业后都一律从基层干起，如果你要跳槽，过去的经历通通不算。但是我们的 MBA 心比天高，刚一工作就至少要做总裁助理，一年后就要做副总裁，一不如意就提出要跳槽，这又怎么可能呢？当然，现在的情况已经好很多，多数 MBA 已经能摆正自己的位置了，为什么？事实证明，有没有经过市场经济磨炼大不一样。

## 70. 生意越大越关心政治

有人总结说，“小老板最关心赚钱，大老板更关心政治。”并且，生意越大的老板越关心政治。请注意，这里说的是关心而不是参与。对于农民创业者来说，既要关心政治，又要与政府保持一定的距离，这个度比较难把握，要讲究技巧才行。

2013 年胡润财富排行榜中国首富、万达集团董事长王健林认为，外面尤其是国外对中国民营企业有一种偏见，认为它们一定和政府走得很近，这与事实不符；恰恰相反，在中国，凡是行业内的领军企业都不是靠“走人脉”发展的，都是靠“走市场”，如万达、万科、联想、淘宝等。他的体会是：做企业“不能跟政府官员勾搭得太紧，不要把个人利益和公司发展挂在一起”。[①]

提起民营老板最关心什么，全国人大代表、广东省工商联常委、深圳市总商会副会长郑卓辉最有发言权。他不但自己是一位身家数亿的生意人，而且还是民营企业老板的代言人。

## 赚钱越多越关心国家大事

针对“有人认为生意人只想赚钱”的说法，郑卓辉深有体会地说这要分三步来讲。

第一步，是刚刚创业、还没有完成原始积累的小老板，也就是从没钱到赚钱到赚到2 000万这个阶段。这时候的“小老板”最关注的的确是赚钱，多赚、快赚。

第二步，从赚2 000万到1亿元。这时候的“中老板”思想上就会有所变化，他们不但关注赚钱，而且关注社会效益。

第三步，从赚1亿元到数亿元、数十亿元。这时候的“大老板”更关注的是整个国家和民族的前途。

郑卓辉坦言自己属于第三步，这时候的老板会深感自己的个人命运和国家命运是紧密联系在一起的。

他举例说，自己一个人就订了17份报纸，每天要看两个半小时。每当有新政策出台，民营企业老板们都会反复地看报纸上的重点消息。因为他的身家财产都押在这里了，你说他关不关心哪？还有，民营企业老板参政议政的热情很高。他自己当全国人大代表期间，年年都写议案，如修改宪法保护私营企业、西部大开发、信用制度、推进以德治国等。

在大老板中，关注国家和民族前途的不是少数而是多数。而且，越是大老板，他们之中爱国的就越多，并不是像有人所说的那样是“有了小钱花天酒地，赚了大钱移民海外”，这不符合事实。

---

① 沈玮青：《王健林：万达与薄熙来案无关，不和官员走太近》，载《新京报》，2013年9月12日。

## 民营企业纷纷告别“家天下”

多年来政府大力推行国有企业股份制改造，而令人称奇的是，一大批民营企业在这方面早就走在了国有企业前面，纷纷告别了“家天下”。

这些老板从关心政治中发觉，国家为什么要进行股份制改造呢？目的无非就是为了消除“一股独大”现象；而自己虽然是民营企业，可是存在着相同的弊端，需要进行改革。于是，这些民营企业也学着抛弃自己的“一股独大”，从而改造成彻底的社会公众企业。

企业的“企”字，上面是一个“人”，下面是一个“止”，这说明人才对于企业发展的极端重要性。对于民营企业老板来说，企业是自己的孩子，自己的孩子当然自己疼，所以“人”的因素会发挥得最好。

可以这样说，不管是什么所有制企业，谁要是在“人”上栽了跟头，如搞家族式管理，谁就必败无疑。

郑卓辉认为，家族式管理西方国家也有，可是人家成功了，在我们国内就不行。在他看来，只要你搞家族式管理，企业肯定长不大，只能是“盆景”。[①]

例如，在江西南昌高新技术开发区的百家民营高科技企业中，几乎没有一家在经营管理上搞“家族化”。重知识、重技术、重人才已经成为这些企业的共同特点。

某高科技企业年产值超过 1 亿元，可是没有任何一个董事长的亲戚在企业担任要职。包括公司 CEO 和高层白领在内的管理人员，全部是从大学和科研院所聘请的知识精英。

另一家高科技企业的董事长出手更为果断，他把创业时担任企业要职的亲戚全部“解聘”，虚位以待。

---

① 李宜航：《老板心事细话你知》，载《羊城晚报》，2002 年 5 月 5 日。

在江西南康市的民营企业中，以前70%以上民营企业都是实行家族化管理：老子大老板、儿子是厂长、老婆是会计、女儿是厂办主任、媳妇则担任保管或工会主席，现在彻底变样了。

## 国有企业反而喜欢搞家族化

现在，落后的家族化管理方式被越来越多的民营企业抛弃，而国有企业却对它青睐有加——越来越多的国有企业在招聘中明目张胆地出现家族化倾向。

例如，在一些大型国有企业中，"近亲繁殖"现象一片兴旺发达：两代、三代、裙带、连带关系形成的企业内部错综复杂的人际关系网，一个家族十多人甚至几十人在一个企业工作的现象已经司空见惯。

说到底，这还是人的问题——最该发挥好的因素反而发挥得最差，归根到底这是国有企业，搞垮了谁都不用负责任。这种个人说了算的决策体制把老板推到了万丈深渊的边缘。所以，"企"字下面还有一个"止"字，说明必须有制约才行。

人的因素发挥好了，企业才能创造出腾飞的奇迹。就像中国首富刘永好所说，他最早做饲料时，一年赚两个亿需要七八千人；后来做房地产，一年赚两个亿需要七八十人；现在做金融，一年赚两个亿只需要七八个人，[①]人的作用真是发挥到了极致。

老板关心不关心政治，不是听他嘴上说的，而是可以从他的企业制度、用人制度等方面看出来。

---

① 刘永好：《在做房地产方面我是"小弟弟"》，四川在线，2002年7月26日。

## 71. 破解"富不过三代"魔咒

在中国,"富不过三代"的说法妇孺皆知,似乎成了一种魔咒和"规律"。环顾周围,许多农民企业的发展经历似乎也印证了这个"定理";更有甚者,不要说"三代"了,就是"二代"也传不下去,不是没有这个能力,就是志不在此。

那么,怎样破解这个魔咒呢?大胆起用职业经理人是明智的选择。

### 家族企业遭遇"传宗接代"之难

这是创业者的一个噩梦,也是一个全球性问题。目前全球有43%的家族企业面临着老一辈创业者或守业者对下一代的权力交接问题,这是历史上规模最大的财富迁移运动。

这时往往是企业最脆弱的时刻。因为有理由担心,民营企业通常采取的"拍脑袋"决策,以及新老交替带给企业管理层的震荡,也许会使民营企业元气大伤。

在财富创造过程中,第一代创始人往往是凭借胆大以及投机性操作、打擦边球等获得第一桶金的,但这种投机性操作只能是一次战役性运动,根本无法作为企业可持续发展的制度。现在有些创业者总是喋喋不休地讲述自己当初以3万元起家或白手起家的故事,并把它作为对接班人的要求。事实上,现在时代改变了,用这样的胆识来要求接班人是不恰当的,而且如果用这个标准来衡量老板的子女们,大多数老板的子女也是"不合格"的。

研究家族企业发展史的学者发现,在所有把财富转移给下一代的家族企业中,至少有80%的家族生意在第二代手中完蛋,只有13%的家族生意能够成功地被第三代继承。

在我国大陆地区,家族企业寿命更短。李嘉诚的儿子在国外留学时乐当搬运工，而大陆一个大型家族企业的子女在英国伦敦每月的消费就是17万英镑（相当于162万人民币），最后竟然因为患了一个小感冒就要飞回家园。天晓得这样的子女接班后会把企业搞成什么样。

也许有人会说，世界著名企业福特、强生、摩托罗拉、万豪、沃尔玛、飞利浦、迪士尼等，不都是家族企业吗？没错，但是从他们的接班人看，他们通常都毕业于名牌商学院，有着海外留学或工作经验，视野也要比父辈来得更加宽阔。这样的家族企业，其接班人已经不再仅仅是老板子女的身份了，而是实实在在的合格接班人。

所以说，把企业传给哪些人，理性的做法应该是，首先不是看他是谁的子女，而是看他的才能。如果能做到这一点，家族企业就完全不用担心后继乏人。

在保健品王国山东三株集团，当家人吴炳新十多年前就立下遗嘱："凡我吴家子孙，今后不再做三株公司总裁，只能做董事长；凡子孙中有吸毒、赌博者，一经查实，开除出家族，不再具有财产的合法继承权。"他说，这份遗嘱不是他一个人的意愿，而是家族股东大会一起讨论定下的，主要是对子孙有个约束力。

他说："子孙的人才是有限的，社会上的人才是无限的。企业总裁和经理都可以从社会挑选。上市后，家族成员可以做大股东。把经营权交出去，才能保证企业健康发展。"所以能看到，三株集团的所有高层管理人员都是聘用的，家族中没有人担任公司总经理。[①] 他认为，只有这样才能为三株开辟一条"百年老店"之路。

## 及早培养和引进接班人

资料表明，2012年我国出国留学人员总数近40万人，其中自费留学人员超过37万，规模居世界首位；赴美国、澳大利亚、日本、

---

① 刘琼：《75岁吴炳新：现在从三株退休还太早》，载《第一财经日报》，2013年5月24日。

英国、加拿大的留学生比例超过70%。[①] 在这数字背后，已经远远不只是父母的“望子成龙”之心了，很大一部分是家族企业老板出于培养企业“接班人”的心理，而让子女学习欧美先进的企业管理经验和知识，从而让自己的企业薪尽火传。

当然，这些接班人将来回国后如何征战杀伐，将是另一个版本的创业史，不能天真地想象他们会用父辈的方式来经营企业。因为，既然一个人不可能两次踏进同一条河流，那么一个企业恐怕也会如此。

2002年4月，中国民营企业首富刘永行利用前往博鳌参加亚洲论坛的空隙，应邀在广东东莞与大批民营企业老板面对面地交流。在谈到接班人问题时，他说关键是没有找对合适的接班人。“如果企业中有最优秀的人才，就要提前培养，哪怕是家族成员。如果没有，就要从企业外选人，这时家族就要放弃企业，变经营者角色为投资者。”“选择接班人的方法是根据企业发展的要求对其进行综合评分，如果100分为满分的话，只能打60分的人不能用，要用打80分以上的。”[②]

他是这样说的，也是这样做的。刘永行的儿子刘相宇出生时，家里还十分贫困，后来条件好了，他依然让儿子过着俭朴的生活。

在刘相宇初中毕业后，刘永行就把他送到美国去读书，回来后安排在基层工作，后来一直做到上海纬度商贸有限公司总经理、东方希望包头生物工程有限公司负责人，持有东方希望集团39%的股权、东方希望企业管理有限公司80%的股权。至此，培养和启用职业经理人的意图就很清晰了，与是不是自己儿子关系不大。

---

① 王迪：《去年我国留学规模居世界首位，澳美英留学费用最高》，东方网，2013年8月15日。

② 筑丹、曾平治：《中国首富刘永行畅谈发家史：亲戚朋友进不了我公司》，载《南方都市报》，2002年4月13日。

## 大胆启用职业经理人

职业经理人(CEO)对许多农民创业者来说可能还是新名词，以前叫企业家，再以前叫老板，再以前叫掌柜的，意思都一样。

职业经理人在国外已非常流行，可是在我国还存在着许多问题。一方面是培养职业经理人的渠道太少，职业经理人可供资源不多；另一方面是企业尤其是民营企业，对职业经理人多少还感到陌生，或者干脆就说不大放心。这与中国人历来的心理相关——把一个企业交给“外人”进行管理，要完全放心是不容易做到的。

其实，职业经理人由于受过专门训练，对企业发展中碰到的具体问题大多会有理论上的阐述和实际操作经验，不会出现一般老板一筹莫展的窘况。

特别是农民企业老板一般理论基础较差，有的完全是实干起家，搞经营有一套，搞管理就不在行。

资料显示，资产在2 000万元以下的“小老板”企业发展还往往比较顺利。可是对于资产在2 000万以上、1亿以下的“中老板”来说，再投资失败的比例就大大增加了，原因在于这样的经营规模单靠拍脑袋已经不行了，必须得有理论武装。资产在1亿元以上的“大老板”，如果不聘请职业经理人，很多人会感到寸步难行。所以，企业发展到一定程度，聘用职业经理人是必然的。

## 职业经理人是否一定要海归派

由于职业经理人最早是在国外兴起的，所以一谈到职业经理人，很多人自然就会联想到“海归派”。然而事实证明，海归派职业经理人往往与雇用他的老板谈不到一块去，这是要注意的。

据中国民营百强企业招聘海归派职业经理人的情况统计，造成“谈不到一块”的原因主要是双方文化差异太大，而不是经济报酬高低。

在很多企业，老板愿意出比国外企业更高的薪水聘请这些职业经理人，可是总给职业经理人以一种“你是我雇用的”感觉，让人心里非常不舒服。中国民营企业老板们常常喜欢实行家族化管理，与其说他们是在管理一个企业，不如说是在管理一个家庭。而有些“海归派”也总会抱怨身边的人“素质太差”，不像自己接受过很好的“洋教育”，所以双方合作难以长久。

有关专家指出，我国现在早已加入 WTO，这就意味着从政府到企业、到全社会都要跟国际游戏规则对接。这就预示着职业经理人会越来越多地涌现出来。无论是什么样的产业、什么样的企业，要熟悉国际规则、接受这种文化，大胆启用职业经理人是一条捷径。

## 求才而不囚才

职业经理人来了怎么办？当然是要大胆任用，求才而不是囚才。有位职业经理人从国外带了几名专家回国进行考察，几经考虑之后，最后选择了到上海一家企业工作。他的感觉是，从对人才的欢迎程度看，他在全国几个大城市的一些企业中感觉是一样的，但有一样是这家上海企业独有的，那就是高新技术人才有出国自由、来去方便，而这正是他们最看重的。

归根到底，既然你承认他们是人才，就不能把他们当作家里的小保姆一样看待，一举一动出门买瓶酱油也要向你汇报。如果你当时心情不好，很可能会马上否定了他们的要求。或者说，人才是来干事的，是来发挥作用的，而不是把他们当盆景一样向别人炫耀。

有些老板就喜欢打着求才的幌子干囚才的事。或者强制签订长期合同，或者层层设卡限制跳槽，或者扣留档案及身份证。例如，有一家农民企业拿出一部分钱资助贫困大学生，但是要求他们毕业后为自己服务 5～10 年，这就使得原本高尚的行为变成了变相的卖身契。

特别是有些老板，一方面希望职业经理人能在自己这里大展宏图，可是真的等到了那一天，又怕功高震主，对他进行百般算计。这方面最典型的是福特二世，因为他容不下艾柯卡而逼其辞职，最后艾柯卡到克莱斯勒公司就职后，把濒临破产的克莱斯勒经营成美国四大最有实力的汽车公司之一，反而给福特二世树立了一个强大的竞争对手。

后来，克莱斯勒总裁眼看艾柯卡的实力在自己之上，便毅然把自己的位置让出来，让艾柯卡放手大胆干。这才是真正的识才、求才和用才。

## 不迷信文凭

还有一点要注意：在使用人才问题上，很多老板特别迷信一些文凭之类的标签，认为文凭和职称越高越好、越“洋”越好。殊不知，一个人只有放在合适的位置上才是人才，放错了位置就什么都不是。

投其所好是不法分子的惯用伎俩之一。如果老板在任用人才问题上贪大求洋而不讲求真才实学，各种弄虚作假就会挡住老板们的视野。

2000 年全国人口普查发现，填写具有“大专以上”学历的人数比国家实际培养的人数多出 60 万。也就是说，全国至少有 60 万人持有假文凭。[①] 原因在哪里？“上有所好，下必甚焉！”

## 守业也是创业

我国的民营企业在经过了二三十年的创业历程后，现在都面临着一个必然和痛苦的换代过程。

---

① 朱海涛：《走出重学历轻能力的人才使用误区》，载《中国大学生就业》，2010 年 10 月 22 日。

对创业者,我们通常不那么刻薄,因为大家都知道创业的艰辛。据国外的统计资料,创业的成功率大约只有20%,也就是说,只有20%的企业寿命在5年以上。而对守业者,我们通常都有较高的要求,因为他已经具备了“不劳而获”的现成资源。既然接手的是一个“成功”企业,那么就没有太多的理由去改变这样一种“成功”的模式。不能像创业者一样随心所欲,这是留给守业者的一大难题。

因为他们要么不变,要变就必须成功,否则就会遭到来自各方面的谴责。从这个意义上说,守业比创业更难。

但是如果换个角度看,把守业也当作一次新的创业,当然它比初次创业会拥有更多的资源、更多的借鉴经验,所以理论上讲,成功的概率应该更大。

须知,市场环境是在不断发展变化的。只要把守业当作创业来看待,在动态中保持平衡和发展,就完全可以打破“富不过三代”的宿命论,把企业推向一个个新的高峰,这同样是有无数事例可以加以证明的。

## 72. 合伙企业中谁做老大

农民创业中有许多是合伙企业,这是目前的流行趋势。一个人搞势单力薄,那就几个人联合起来,“众人拾柴火焰高”。

可要注意的是,既然“三人行,必有我师焉”,那么,三人合作也必须有一个在关键时刻能一锤定音的“老大”、“主心骨”。

那么,合伙企业中究竟应该谁来做老大呢?也许有人会说,只要大家合得来,谁做老大都没关系。这种观点大错特错。看上去这样的人很“民主”,但无论怎样的“民主”也都有一个“集中”的问题。特别是在遇到意见分歧时,没有“老大”能一锤定音,企业的发展就很危险,甚至到后来合伙人之间连朋友也做不成。

## 企业决策要反对平均主义

合伙人之间如果都是一样的权重，一旦相互“不买账”就会危在旦夕，这样的事例很多，所以一开始就要加以避免。

下面通过一个实例来加以说明。

Laura McCann 毕业于美国纽约帕森服装学校。两年前她失业了，与另外两个朋友合伙组建了一家国际产品代理公司，自任总裁，主要业务是帮助美国零售业寻找合适的国外产品制造商。

由于大家都是好朋友，而 McCann 又是一个“大好人”，所以她们抱着和平相处、互相合作的精神，商定每个人对公司都拥有相同的股权和决策权，以示“一碗水端平”。并且约定，一旦产生争议和矛盾，就以投票方式来表决。

公司成立后的第一年没出现什么问题，“蜜月期”很美满。其主要原因是当年产值达到了 200 万美元，“一白遮百丑”，各种矛盾都还没有到爆发的时候。

可是好景不长，第二年服装行业刮起了降价风潮。面对出现的经营危机，McCann 决定派一个人到香港去成立分部，以减少往返两地的费用支出。

应该说这个主意很不错。但是，分部成立不久就出现了喧宾夺主之势，几乎彻底脱离了纽约总部的控制。一筹莫展的 McCann 决定聘请一位财务专家来帮助处理相关业务，可是其他两位合伙人认为没这个必要。由于这两位合伙人长期共事而私交甚笃、常常一个鼻孔出气，所以即使作为总裁，McCann 面对她们的坚决反对也是束手无策。因为如果她一意孤行，就违背了当初少数服从多数的约定。

就这样，公司的情况越来越糟糕，到了 1999 年年末已经无力偿还 120 万美元的银行贷款了。这样的“婚姻”已经到了无法维持下去的地步，分手是必然的。

合作关系破裂后，McCann 将创业失败的原因归咎于自己一开始就犯下的错误：由于自己的“妇人之见”，放弃了应有的领导权，从而不得不陷入无谓的沟通之中。

痛定思痛以后，McCann 说：“今后我要将领导权牢牢掌握在自己手里，合伙人也只能是我的雇员。”

## 性格差异会自然产生“光电互补”作用

McCann 的遭遇非常具有代表性。在合作创业之初，最关键和最敏感的问题是公司最高权力掌握在谁手中。特别是随着电子商务的不断升温，许多由老乡、老同事、老同学、老战友合创的新企业不断涌现，这其中都有一个领导权怎样归属的问题。

针对 McCann 遇到的困境，有关专家指出，如果她在寻找合伙人的时候，找与自己性格迥异的合伙人，那么就会由于性格上的差异而自然而然地产生合适的老大。

“赶快买”(Quick Buy)是一家网络公司，合伙人是 68 岁、性格内向的 Kenneth Knowlton 和 31 岁、外向好动的 Gary Miliefsky。

68 岁的 Knowlton 毕业于麻省理工学院，曾经在贝尔实验室工作了 20 年，后来他到了硅谷。20 世纪 90 年代初，Knowlton 在王安实验室工作时认识了现在的合伙人、当时的实验室工程师 Miliefsky。由于偶然听到 Miliefsky 有一个自己开公司的设想，两人一拍即合。

对于一位 68 岁的老人来说，也许我们最关心的是他的健康问题。那么，31 岁的这位合伙人又是怎样考虑这个问题的呢？

实际上，促使两人合伙成功的真正原因，是两人在性格、年龄上的悬殊，决定了他们在职务、分工上不会产生矛盾，反而会起到光电互补的作用。

很显然，Miliefsky 是负责企业对外交往的最佳人选。因为风险资本家通常更希望与公司的执行总裁会晤，所以由 Miliefsky 来担任总裁再合适不过。而天生内向的 Knowlton 则非常适合负责对内事务，于是他成了负责市场调研的公司副总裁。当风险投资家们一旦流露出合作意向的时候，总裁 Miliefsky 就会邀请 Knowlton 出席会议，以便共同合演一幕“逼资”双簧戏，而且该方法在筹措资金的过程中屡试不爽。1999 年，他们就是依靠这种办法筹措到了 700 万美元的风险投资。

这样的合伙人分工搭配简直是天作之合。正如 Miliefsky 所说的那样：“公司缺少了我们中的任何一个人都不行。因为我们可以取长补短，相得益彰。”

不过专家指出，这种情形通常很少见。因为许多人在寻找合伙人的时候，往往更倾向于找与自己性格相近的人。不但性格相近，而且他们在学历背景、工作经历等方面还往往非常相似。结果，合伙人之间的互补性很小，到最后就可能谁也不买谁的账。

事实证明，合伙人之间的背景相差越远，其所合作的企业就越容易经营。

## “资本说话”的同时必须考虑个人能力

合伙企业中由谁做老大？一般规则是，谁的出资份额最大谁就做老大，这也是现代企业中“资本说话”的逻辑思维。

但事情不是绝对的，这其中必须考虑谁做老大更有能力和权威、更有利于企业发展的问题。否则，虽然某人的出资额最大，可是由于他个人的能力或品德有问题无法引导企业发展，这同样是一件可悲又可怕的事情。

具体地说，下面这种人是合伙企业老大的合适人选：

能够坚持自己的信念，孜孜不倦地去实现公司的既定目标，从不向不同的价值观妥协；

具有前瞻性眼光，能够制定出切合实际的长远目标；

具有一批愿意为自己的计划竭尽所能的同事和下属；

善于倾听不同意见、从谏如流，能够顺畅地与他人进行沟通，并且他的意见经常会受到别人的高度重视；

愿意成为激励公司队伍前进的教练；

总是在不断寻求新的思想；
面对眼前的瞬息万变，总是能够从容接受现实；
能够在业余爱好中不断得到升华，在学习求索中不停地进步；
不怕商业风险，因为他本来就是敢于冒险的勇士；
能够真心真意地关心和尊重他人；
具体地说，下面这种人不是合伙企业老大的合适人选：
同事和客户常常在背后抱怨他缺乏与人沟通的技巧；
下属纷纷吃里扒外，甚至跳槽投入竞争对手的怀抱；
下属遇到困难得不到指导、一技之长无发挥余地；
思想固执又不善于变通；
性格优柔寡断，遇到事情总是犹豫不决；
性格独断专行，缺乏领导人魅力；
下属不敢和他坦诚相见；
漠视各种分歧意见的存在；
以自我为中心，对他人的感受麻木不仁；
时常害怕听到从下属那里传来的坏消息。

## 73. 轮流执政可以吗

经常有人讨论："合伙企业中，几个大股东能否轮流执政?"这样的例子虽然也有，但最好不要出现。这毕竟不是几个子女轮流赡养老人，企业经营管理比这复杂得多。

ARCH 风险合伙公司芝加哥总裁 Karen Kerr 的观点一针见血："任何企业一定要有一个绝对的权威。因为面红耳赤的讨论过后，总得有个能够一锤定音的人。"

这样，就又回到上面的问题上来了——在相同条件的合伙人当中，究竟谁做老大更合适? 因为本章主要是讲锻炼组织领导能力，而谁做老大在这其中居于重中之重的位置，所以再多说几句。

一份专家研究报告提出了对做老大人选进行素质评价的观

点，因为在多数情况下，合伙人不会同时具有相同的领导才能。

## 合格的老大必须具备的特点

这份 Kauffman 经营领导中心的研究报告认为，担任合格总裁的人选必须具备以下三个特点：

首先，他必须具有长远的发展眼光，非常明确这个企业创立的目标和发展方向。否则，他将无力引领企业发展。

其次，他必须充满干劲和灵感，即使在企业发展中遇到困难和逆境，也能继续保持一种乐观积极的态度，带领其他人迎难而上、克服困难。成功的企业领袖总能带领员工一次又一次地克服困难、化危为安，这样的人通常是乐天派。

最后，他必须懂财务。总裁人选不一定非得是财务会计方面的专才，但他必须熟知企业财务状况，并且善于和其他人进行这方面的讨论。

在这里，我们来看看瑞士洛桑国际管理发展研究中心 Denison 教授讲述的这个故事：

有三个年轻人踌躇满志地开了一家公司。他们从风险投资商那里筹集到 600 万美元。结果，风险投资商们对他们说："我们不需要三个带枪的士兵，只要一个能指挥的将军就足够了。"由此可见，风险投资商们更看重的是一个由上而下的领导体制，当然，这并不是说一旦做了将军就可以为所欲为了。

## 怎样处理老大和老二、老三之间的关系

既然不能轮流执政，那么原本出资额差不多的老大，又如何处理与老二、老三之间的关系呢？也就是说，原本平起平坐一同出来打天下的几个合伙人，突然变成了上下级的将军和士兵的关系，几个充当士兵的人总会心有不甘的，甚至必然会这样。

对此，美国纽约一家软件公司 Revel Wood 的做法值得借鉴。

在这家公司，三个合伙人是这样分工合作的：33 岁的 Ken Wolf 担任公司执行总裁和董事长，另外两位合伙人——33 岁的 Rob Gordy 和 34 岁的 Daniel Bernatchez，每天像其他 6 位部门经理一样向 Wolf 汇报工作。然而，在遇到编制公司计划、制定财务目标、决定员工和他们自己的待遇这样的重大事情时，Gordy 和 Bernatchez 就和 Wolf 一起以合伙人的身份坐下来讨论。

这就是说，合伙人的角色在不同场合、不同时候可以是不同的，事实上也应当如此。就如 Wolf 所说："如果有一天 Gordy 突然对公司营销的事情指手画脚，我一定会揍他一顿。"为什么？因为在这个场合他不该插手此事。

## 老大最大的问题是用人不当

都想轮流执政当"老大"，其实老大也不是那么好当的。

例如，调研机构 Jacksonville 的曼彻斯特有限公司曾经对 626 家公司进行调查，结果表明，有 40％的新任公司老大在上任后的 18 个月内业绩很不理想，更要命的是，没有人能够对此给出合理的解释，其中最大的问题是用人不当。

俗话说："上等人雇用上上等人，中等人雇用下等人。"这里的"等级"划分，主要依据是他们的工作能力和修养。一般来说，优秀的老大在用人方面应当花费 30％的精力和时间，而不是把它推给人事部门，自己不闻不问。

对于任何一个合伙人来说，承认自己没有领导能力以及不想做老大，是一件很不容易的事。而如果要在合伙人之外聘请"老大"（职业经理人）就会难上加难。

美国纽约硅谷有一家网络文件制造商 Candide，当初 6 个合伙人在毫无管理经验的情况下创办了一家网站，采取的就是一种理想主义的"民主管理"体制——所有合伙人在各项决策中都有表决权，每一位合伙人在尽可能不伤害他人感情的情况下允许畅所欲言。结果，"群龙无首"成了企业发展最大的障碍，"人人负责"慢慢地就变成了“无人负责”，更没有人去考虑企业的长期规划。有些事情常常因为没有人能一锤定音，而在喋喋不休中白白浪费许多时间。

痛定思痛，他们大张旗鼓地刊登广告，聘请一位有能力的执行总裁来做老大。执行总裁到位后，许多事情一下子就解决了。

## 一个成功的轮流执政典范

上面说了这么多，并没有排除也有成功的轮流执政，但这是有前提的。主要是这些合伙人相互知根知底、非常合得来，而且有些合伙人本身就是看中与其他合伙人之间的交情而创办企业的，所以他们坚信“必须实行民主制度”——有福同享、有难同当。

有这样 6 个美国人，他们都是过去的联合国维和部队志愿人员。由于他们非常珍惜彼此之间的战友关系，所以在 25 年后合伙创办了一家人力培训机构，最终实现了每个人当家作主的理想。

这家企业坐落在亚历山大，年产值 450 万美元。公司主要客户包括世界银行、美国国际开发署在内。

企业创办之初，他们实行按月轮流执政的办法，有些相当于现在小学生的“值日班长”。可是，他们很快就尝到了苦头，于是废除了这个方法。因为他们每换一位新“班长”，新“班长”就要花费大量的精力去熟悉老“班长”的工作进展，人人感到不胜其烦。例如，美国国际开发署在斯里兰卡参与投资排污工程建设，他们就必须请人力培训去当地将斯里兰卡工程师和美国国际开发署的专员专门训练成一个精诚合作的团体。这样的项目谈判和实施通常要持续好几个月，频繁更换总裁影响了企业发展。

后来，他们根据实际情况采取了新的领导体制。把“值日班长”的更换时期延长到和总统任期一样，每 5 年换一次，“值日班长”变成了“值日总统”。“总统”下台后就削官为民，直接到基层继续工作。这样既解决了轮流执政过于频繁的弊端，又达到了民主管理的目的。

现任总裁 Salt 认为:“我们公司中很多人都有当总裁的经历。让一个人牢牢霸占着总裁位置直到退休是毫无道理的。任何人,只要在公司做满 5 年又有领导能力和热忱,就有机会当总裁。”

不过需要指出的是,这家人力培训机构的成功模式并不一定能够为农民创业所用。因为归根到底,不同的企业应该具有不同的经营管理方式,不能照搬照套,更不可能放之四海而皆准。

但不管怎么说,这家人力培训机构的轮流执政同样从一个角度证明了这样一个道理:一家成功的企业总得有个能够振臂一呼的人物,否则企业要正常发展简直不敢想象。

## 74. 临时工怎样成长为顶级商人

凭空论述组织领导能力的锻炼比较空洞,下面举一个农民创业的实例,看浙江华立集团董事长汪力成把 14 万元资产变成近百亿元的成功之路。

### 从小发明家到工厂技术员

四十多年前,在浙江的一个小村庄里,有位十来岁的孩子自己设计了一台电子驱蚊器,然后他对父母说,当天晚上大家都不许拉蚊帐睡觉。结果,大家都被蚊子叮得满身红疙瘩。

1976 年,16 岁的汪力成中学毕业后到一家丝厂当临时工,拉了一个月砖头,后来被单位选中当上了技术员。但是,由于汪力成对电子更感兴趣,所以在两年后就考入了浙江余杭仪表厂(华立集团前身),成为厂里的一名技术员。从那时候起,汪力成和华立集团就融为一体,一直到现在。

## 临危受命，开发新产品

1977 年我国恢复高考后，汪力成一边上班一边读电视大学，很快就学完了电子专业的大学课程。由于他对经济课程也很感兴趣，所以又学习了经济类课程。

1986 年初，全国电表行业出现前所未有的供过于求，余杭仪表厂生产的“华立”牌电表作为地方品牌销售当即下滑，产品积压严重，工厂陷入半停产状态。

在这困难时刻，一纸调令任命 27 岁的汪力成为余杭仪表厂厂长。

这时候的汪力成虽然已经有近 10 年工龄，可是由于一直搞技术，所以对企业管理几乎一无所知。怎么办？唯一的办法是不懂就学。

俗话说：“新官上任三把火。”汪力成上台后不久，就刻苦学习管理知识，并且针对企业实际情况，寻找与国有企业进行错位竞争的法宝。

汪力成经过多方联系得知，这时候国家有关部门正在寻找机会，试图让某一种为洗衣机配套的定时器全面国产化，以降低国产洗衣机成本。他得到这一消息后，立即组织相关技术人员进行攻关，3 个月后就建成了一条定时器生产线，制造出完全符合国家标准的洗衣机定时器。

就这样，余杭仪表厂终于转危为安，面貌发生根本改变。这时候的汪力成威信大增，尽管他才只有 27 岁。

## 重新进行战略定位，发展优势产业

在多元化经营浪潮中，华立集团的投资分散到了 12 个产业部门，许多都与主业无关，包括深圳的房地产项目、食品饮料等。就在 1995 年初银行追收贷款、国家紧缩银根的时候，汪力成“自作聪明”地认为，只要产品畅销就不愁从银行贷不到款。结果事与愿违，当时的银根紧缩是全国性的，根本没有回旋的余地。

怎么办？汪力成在1996年1月的年度大会上检讨说：“与其伤十指不如断一指。我们必须紧缩战线，从一些危险性较大的行业中退出投资。”就这样，通过对企业发展战略重新进行定位，他坚决将原来分布在12个行业中的23家企业收缩为3个优势产业中的4家公司，集中精力扩大并发展华立的优势产业——电能表。

事实证明，汪力成这一长痛不如短痛的决策十分英明。两年以后，随着我国“两网”改造的开展，电表的销量大幅度增加，华立集团的经济效益得到了同步提高。

## 产权改革，成功转制为民营企业

由于体制方面的原因，华立集团无法像一开始就产权明晰的民营企业那样机敏灵活，汪力成反复考虑产权方面的问题。

经过深思熟虑，他终于想出一套完善的企业产权方案。从“人人入股、小额持股、现金配股”到“129名骨干员工持股制度”，再到“增资扩股、自然人股东从129人增加到168人，股权可以在内部流通”等一系列方案提上了日程。

一开始应者寥寥。没办法，他只好亲自带头购买公司股份，以便影响那些暂时还不理解的员工。8年时间过去了，华立由集体企业转变成纯民营股份制企业。

## 从企业收购到资本运作

2001年，华立集团发生了震惊业内的收购飞利浦公司CDMA研究所事件。其实，这场战役早在6年前就已经打响了。

6年前的1996年，汪力成反复考虑怎样才能将优势行业做大，在这其中，收购可能是一种最好的方式。

由于当时的传媒对西部地区报道较多，汪力成预测我国总有一天要开发西部地区，所以决定冒险进行一次“西进运动”。

思路明确后，目标首先锁定西南三省。消息传出，成都、重庆、昆明、贵阳……几乎所有西南地区的电表生产企业都来找汪力成，原因很简单，那时候西南地区的国有电表生产企业都已陷入国有企业的通病——体制缺乏活力，发展丧失动力。汪力成在进行比较后，发现工业基础较好的重庆是最好的选择。

于是，这家连续亏损3年、资产2 000万元的重庆电度表厂被汪力成用500万元买了下来。通过华立技术人员的生产改造，6个月后，重庆电度表厂便扭亏为盈，2001年收益更是超过4 000万元。

从此以后，汪力成的注意力开始慢慢地移向资本市场。为了尽快实现股票上市，华立集团经过18个月的谈判，终于在1999年下半年成为重庆川仪的第一大股东。随后又经过18个月，ST恒泰归入华立旗下。

## 目光投向海外扩张

资本是无国界的。继国内的一系列动作后，2001年汪力成又把眼光放在国外，通过华立集团在美国的全资子公司美国华立，收购了太平洋系统公司（PFSY）58%的股权，从而成为这家在美国纳斯达克上市公司的控股公司，为今后实现海外扩张提供了一个良好平台。

2001年9月，总额上亿美元的CDMA项目让这位此前鲜为人知的企业家成为焦点。在汪力成看来，这一举动胜率超过80%，将来一定会成为华立集团新的利润增长点。

当年14万元身家的一个小小的余杭仪表厂，在汪力成的手里终于魔术般地变成25亿元身家的集团——拥有11家核心子公司、27家分公司、6家上市公司、年销售收入近百亿元，成为中国最大的电能表生产商、中国唯一获得飞利浦在CDMA无线通信方面全部知识产权、并且是国内完全掌握其IT核心技术的企业。他本人也被美国《财富》杂志称为“中国第一商人”。

2010年的最后一天，50岁的他主动退居二线，完全退出日常经营管理，兑现了他50岁退休的承诺。接班人是已在华立工作20年的原副总裁肖琪经，这种既不是家族式接班也非空降的权杖交接模式，为面临接班人难题的民营企业提供了很好的范例。[①]

## 75. 亿万富翁们的避税本领

创业必定要纳税，在其他条件不变的情况下，纳税是对企业经营利润的扣除。换句话说，就是这时候税缴得越多，企业留下的利润就越少；通过避税缴的税越少，企业留下的利润就越多。所以，企业家没有不关心税收负担并研究避税的，这同样是领导能力的一种——在不违法的前提下，企业上缴的税金当然是缴得越少越好。

绝不要以为亿万富翁们有的是钱，不怕纳税；相反，他们中有许多是避税高手，并且艺高人胆大。他们宁可把钱用于慈善事业、扬名立万。当然，慈善捐款本身是可以抵税的，捐款数额总在抵税的可控范围之内。

在农村，上了年纪的人都知道，在“人民公社”那阵子，经常会有公社社员偷生产队的庄稼，而实行“包产到户”以后，这种现象就绝迹了。为什么会有这种转变呢？难道是每个人的思想觉悟都提高了吗？

究其原因，在于人们的心里总会有一种普遍的价值判断标准：偷公家的东西不算偷，而偷农民私人的庄稼就十分缺德。前者也许会受到生产队的处罚，而后者则意味着严重恶化其生存的道德环境。

---

① 徐益平：《华立系掌门汪力成“退居二线”》，载《东方早报》，2010年12月31日。

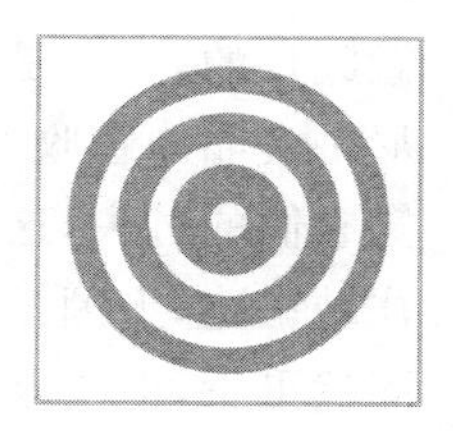

# 第七课 农民创业的成功案例

农民创业背靠农业、农村、农民群体，弥漫泥土气息，这就是优势。不必照搬照抄城里人的做法。成功者的经历表明：广阔天地确实可以大有作为。

## 76. 先生存后发展比什么都重要

农民创业的成功秘诀很多，可是，首先确保自己能活下来是第一条。就像“股神”沃伦·巴菲特所说的那样，他的投资原则只有两条：“第一条，不要亏损；第二条，牢牢记住第一条。”

这就是说，即使是巴菲特也无法做到包赚不赔，任何投资和经营首先要确保能保住本金（不亏损），然后积小赢为大赢，才能成为最终的赢家。同理，农民创业只有首先站稳脚跟，才能慢慢地向前走，逐步发展壮大起来，实现最终理想。

说得更通俗些，就是先不要去谈理想，也别顾着什么模式和技术先进不先进，先确保能够赢利、活下来再说。

放眼全球，当今许多知名企业最初都是这样走过来的，这没有什么难为情，更与崇高、不崇高毫不沾边——创业，不就是为了赢利吗？难道还有谁想亏损的？这岂不是成了败家子？

以当今那些赫赫有名的科技巨头为例。诺基亚当年是造纸和做胶鞋的，三星是卖杂面和面条起家的，任天堂主要卖扑克牌，索尼是卖晶体管收音机的，夏普是卖机械铅笔的。[1] 你千万不要嘲笑它们的过去，这叫“英雄不问出身”。不要看现在的农村人都想往城里跑，上溯三代，没几个是城里人。从小就有远大的革命理想固然可贵，但更重要的是面对现实，只有首先填饱了肚子，才有闲心坐下来好好地规划未来。

本章介绍的农民创业成功案例，无不证明了这条颠扑不破的真理。这里先打岔来说说韩国的三星集团，因为最早这也是一家农民创业企业，它的成功之路同样值得我们借鉴。

三星的创始人李秉喆是农民的儿子，创业时可谓白手起家。26 岁的他在父亲的帮助下，和几个朋友合伙，于 1936 年在家乡附近的马山创办了一家名叫“协同精米所”的粮食加工厂。每人出资 1 万元，剩下的资金缺口就向银行贷款。没有机器，就从日本购进。由于经验不足，加工厂办起来后的第一年是亏损的。这时候，李秉喆马上改变策略先求活命，第二年就有了 5 万元赢利。

当时日本正准备全面侵略中国，所以政府冻结了所有的银行资金。无奈之下，李秉喆不得不卖掉所有土地连同粮食加工厂偿还银行债务。也就是说，这时候的他又回到了起点。

为了寻找商机，李秉喆几乎走遍整个朝鲜半岛和大半个中国。经过充分的市场调研，他投资 3 万元，于 1938 年 3 月 1 日成立了“三星商会”，专门向我国东北地区出口农产品，如果品、蔬菜、干鱼等。不久，他又创办了自己的面粉厂和制糖厂，业务链也从销售扩大到生产领域，但他始终奉行稳扎稳打的原则，直到 20 世纪 60 年代后期才进入消费电子市场。

发展到现在，三星集团 2012 年的净销售额已经达到2 475亿美元，净收入 183 亿美元，员工总数 37 万人，资产总值3 843亿美

---

① 《盘点十大巨头初始业务：诺基亚造纸、三星卖百货》，腾讯科技，2011 年 8 月 10 日。

元，成为全球著名的跨国企业。[①] 而这一切，都是在李秉喆当初稳扎稳打、第一桶金便赚到 5 万元的基础上发展起来的。

## 77. 成功需要有独到眼光

任何人的创业成功都不会是偶然的，有些看似不经意间取得的成功，实际上包含着成功者独到的眼光。如果没有这种“先见之明”、快人一步，或许根本就不会有当初及后来的一切。

“长江三鲜”之一的刀鱼是长江下游的一道名菜。最近十多年来，刀鱼价格连年上涨，高峰期产量每天也不足 30 斤。2012 年 4 月，三两重的刀鱼每条能卖到2 000多元，约合每斤8 800元。在江苏张家港，当时有一条长 45.3 厘米、重 325 克的长江“刀鱼王”竟然拍出了 5.9 万元的天价，相当于每克 180 元。

而这一切都被一个人看在眼里，他就是杨根宏。其实，早在 2008 年 10 月他就已经开始关注起刀鱼来了。当别人纷纷抱怨刀鱼价格连年上涨时，他看到的却是机会。他想：既然刀鱼这么名贵，我为什么不人工养殖、扩大产量，把它作为创业项目呢？

当然，此前也不是没有人试过，但难度很大。而杨根宏为什么会动这个脑筋呢？这就要从他过去的经历说起了。

杨根宏从小就善于做生意。1982 年，16 岁的他正在读初二，就组织了 7 个同学一起合伙做生意，课余时间去邻近城市常熟贩卖服装，短短一个星期就净赚3 000多元，这在当时可是一笔巨款。所以，他的生意头脑历来令人信服，但他又偏偏不走寻常路。

杨根宏 1996 年从扬州大学毕业后，在老家一家事业单位只上了 5 个月的安稳班，就坚决要求辞职，跟着建筑队去闯深圳。他一天工作 16 个小时，什么活都干。半年后的一天，领导派他去买混凝土，结果改变了他的命运。

---

① 数据摘自三星集团官方网站。

他发现，混凝土的利润空间实在太大，约有40%。也就是说，一个立方300多元的混凝土可以净赚100多元。他想：如果造一幢大楼要用5万立方混凝土，那就能赚五六百万，这是多么大的一笔生意呀。环顾周围，到处都是建设中的高楼大厦，他一下子就知道自己该怎么做了。

他马上跳槽到一家混凝土生产企业。因为聪明能干，又是大学毕业，上任后23天就被提拔为生产队长，两个月后升至总经理助理。一年后他毅然提出辞职，公司用25万元的底薪加提成共60多万元的年薪挽留他，依然遭到了拒绝。因为他想自己创业。

2001年6月，他用东拼西凑的50万元启动资金，创建了一家混凝土生产企业，第一单就接到3万立方米的业务。

有一天，对方工地上无法施工，杨根宏运过去的12车混凝土不能派用场；而混凝土是不能存放的，这就意味着这些混凝土的命运只能是报废。在这紧要时刻，他毅然决定拉到对方以后需要铺设的路面上去，免费相赠。不就是两万多元钱吗？

他的这一举措令对方非常感激，最后依然把货款付给了他；不仅如此，还给他介绍了更多的生意。就这样，杨根宏当年就净赚230多万元，第二年的产值更是高达3 900多万。2008年，杨根宏在深圳和江苏两地共有17家分公司，年产值超过3亿元。

就在这时候，他在家乡政府邀请其回乡考察投资环境时，一眼就看中了刀鱼这个水产养殖项目。

这可谓是迎难而上。在许多人眼里，这几乎没有成功的可能。可是，杨根宏决定试一试。

2008年10月，他从国内聘请了一批刀鱼专家，对长江刀鱼进行人工驯化。当时的情况是，刀鱼的成活率很低，还不到万分之一；并且生长期长，一年只长一两多，三两重以上的成年鱼要长3年，其间随时可能有风险，弄得不好就会全部死亡。

为了解决这些问题，杨根宏投资1 100多万元引进长江水，模拟刀鱼的自然生长环境；2010年3月，投入160万元买回8万尾长江刀鱼的幼苗；2011年又投入1 600万元建设现代化养殖车间，终于把刀鱼的成活率提高了1 000倍，即提高到10%。

2012年时，杨根宏的现代化养殖场里已经养殖了15万尾刀鱼，以及鲥鱼、河豚、中华鲟等名贵鱼类种鱼共20多万尾。他已经攻克了这些名贵鱼类的繁育技术，开始繁育幼苗了，并且已经产生了上百万元的利润。如果人工繁育成功，他将会在一年内就收回4 000多万元的所有前期投入。他对此充满信心。

就这样，杨根宏凭着独到的眼光，成功地开创了一个全新的刀鱼等名贵鱼种人工养殖中心。据保守估计，如果效益全部发挥出来，他的年产值将会达到四五亿元。①

## 78. 乘风破浪，眼光向远方

农民创业能否走远、做大，与创业者当初是否具有"远大理想"有关，这与上一篇所说的"务实"(赚钱)是不矛盾的。

这就像骑自行车一样：眼睛看着远方才会骑得更稳；如果只盯着脚下，车子就必定会东倒西歪。

在浙江温州，渔民陈善平有一艘全球最大的海上加工船，体积比普通渔船要大十几倍。他专门向渔民收购两三元钱一斤的小鱼小虾，收购上来后，当即就在船上的大型烘干设备中加工。这边新鲜的进去，那边干货出来，整个过程只要27分钟，却可以增值20倍。他的船上一共有3条这样的加工线，不但由此改写了我国的海上加工历史，而且把竞争对手远远抛在了后面。

陈善平平时很少公开露面，所以许多人只闻其名不识其人，把他当作"神秘人物"来看待。但他过去同样只是一位普通渔民，是雄伟韬略让他从普通走向伟大。

1985年的一天，28岁的陈善平在瑞安一个市场上卖鱼时，听说厦门有家公司要降价处理一批水产品，而这些品种正是温州市

① 《创业狂人的财富传奇》，CCTV致富经栏目，2012年6月1日。

场上所缺的。于是,他连夜跑了8个地方,凑了40万元现金捆在身上赶赴厦门。对方一看很激动,双方一拍即合。陈善平分3批运回这270吨鱼,4天内就全部批了出去,净赚300多万元。从此,他明白了这样一个道理:卖鱼比捕鱼要来钱快。

但这样的好事毕竟可遇不可求。所以,陈善平马上想到"人无远虑,必有近忧"这句老话,于是把钱投到一个名叫北麂岛的孤岛上。他要干什么呢?这就要牵出另一则传奇故事来了。

曾经有一年,陈善平在卖鱼的时候经历了一件奇怪的事。当时他向前来收购丁香鱼的日本商人提出的价格是每斤3.5元,可是对方说,如果可以挑拣,他愿意出价4.5元。当时,每斤3.5元的价钱已经很高了,可是对方居然要主动抬高价格,这让陈善平觉得有点不可思议,认为这背后一定有原因。

所以,做完这笔生意后,陈善平马上坐飞机去了日本,他一定要弄清楚这究竟是为什么。实地考察后他发现,原来丁香鱼在日本人眼里是理想的补钙食品,可以加工成上百种产品。一方面是日本每年有几万吨市场缺口,另一方面是我国当时几乎没有人愿意吃这种鱼,所以两者的价格差不多要相差20倍!

得到这一情报后,陈善平兴奋得简直要跳起来。他隐隐觉得自己后半生的命运就要发生改变了!

他四处打探商机,结果了解到日本有一家丁香鱼加工厂正准备转产,于是马上从刚刚赚到的300万元中拿出270万元买下了对方的全套设备,从厨房、卫生间到每一颗螺丝,全盘买下,然后原封不动地复制到北麂岛。虽然当时的北麂岛很荒凉,没有水,没有路,也没有电,什么都没有,只有几百个原住民,但是他相信,只要有丰富的丁香鱼资源,所有的付出终将会有回报。

丁香鱼俗称"离水烂",意思是说,它只要离开水两个小时就会发生腐烂。每年四五月丁香鱼大量上市的时候,正是当地的梅雨季节,没有太阳晒,所以根本就卖不出去,只能当饲料,也就谈不上值什么钱了。

而当陈善平的加工场在1996年建成后,他就开始大张旗鼓地收购丁香鱼，并且还给全岛的人提供网具、工资和油费。这样一来，几乎所有人都在给他捕捞丁香鱼了，这时候的陈善平就可以开足马力加工丁香鱼。最忙的时候，他一连 7 天没睡觉。

当 2000 年第一批丁香鱼运到日本时，日本人感到很意外，因为这些丁香鱼完全符合日方的产品要求，他们怎么也不相信这会是中国人生产的。为此，精明的日本人非得要来中国进行实地考察后，才肯与陈善平签订供销合同，价格高达每斤 50 多元。

为了减少在途、便于加工，2004 年陈善平决定把加工厂从海岛搬到海上（船上）去。虽然这要有七八千万元的投入，并且从来没有人这样干过，一旦失败后果不堪设想，但他依然觉得可行。

2007 年 3 月 18 日，“移动工厂”的下海极大地震动了水产大国日本。因为这样一来就可以一边收购一边加工了，既缩短了运输时间，又降低了生产成本，无论老板还是渔民都能获得更多收益。在这其中，原本购买这样一条船上的设备投入至少要 1 亿多元，而现在陈善平完全通过自己建造，一下子就节省了几千万元。

现在，陈善平每年都要在不同的海域进行收购和加工，春天在福建、浙江，夏天在黄海、渤海，秋天在辽宁，冬天又回到浙江，与沿海 6 省、数千只渔船、上万名渔民建立了稳定的供销关系。凭此，他拥有了这个行业最大的核心竞争力，产品进入欧美和日本高端市场，每斤在日本超市能卖到 70 多元，是捕捞价格的 20 倍，比原来在岛上加工时升值了 50%；而与他合作的渔民，收入也同样有了大幅度增长。①

看看，陈善平如果没有远大志向、只图得过且过，就不会连夜去厦门，也不会悄悄地去日本进行市场调研，当然也就不会有现在的陈善平了。最大的可能，是他和其他渔民一样在给“陈善平”打工。

---

① 《半小时增值 20 倍的幕后推手》，CCTV 致富经栏目，2012 年 4 月 20 日。

## 79. 思路一变，遍地是金

许多人觉得现在根本就没什么生意好做、没什么业好创，归根到底，这是习惯性思维造成的。也就是说，如果换个角度、变个思路，就可能会得出完全相反的结论。

1987 年，23 岁的刘岩接过母亲去世后留下的一个水果摊，开始了在农贸市场卖水果的生意，营业面积只有可怜的 1 平方米。因为没有地方堆放货物，所以人只能整天站着。

虽说左邻右舍都是做同样的生意，但刘岩还是显得与众不同——别人是等客上门，她则是主动出击——她会跑到大连的所有高档酒店里去推销水果，做果盘用。不但人特别热情，而且价格还低。当时别人的西瓜每斤卖 1 角，她就卖 8 分，并且包熟。思路一变，她的年收入是别人的十几倍。

1996 年，家喻户晓的电视剧《宰相刘罗锅》中，第 22 集是讲皇帝要吃荔浦芋头的故事。当时许多北方人根本不知道芋头是什么东西，可是刘岩看完电视后，就直接跑到广西去采购荔浦芋头。就在大家想象着电视里说的荔浦芋头该是什么好吃的东西时，她已经从广西拉了一车荔浦芋头回到大连。电视台马上做跟进报道，“大连也有荔浦芋头卖了”，这等于是给她做免费宣传。当时每斤荔浦芋头的成本是 1.9 元，她的心也不黑，只卖两元。不用说，一车荔浦芋头很快就卖完了，她净赚 4 万多元。

2000 年，大连开了第一家国际性大超市，刘岩觉得这种销售方式以后肯定受欢迎，于是亲自找到这家超市，要求为对方配送水果、蔬菜，并且亲自站柜台，直到现在依然如此。而从此以后，大连每开一家大型超市，她都这样做，所以到 2002 年时，她就成了大连市最大的超市水果、蔬菜供应商，年销售额1 000多万元。

2002 年冬天，长春开了一家大型超市。刘岩马上赶过去，准备利用这步棋打开东北市场。没想到，她遇到了难缠的竞争对手。

超市进货讲招标，谁的价格低就进谁的。单打独斗，刘岩的实力最强，所以她有能力把价格降到最低。而长春当时有三家竞争对手，对方联合起来与她搞恶性竞争，结果谁卖得越多亏得也越多，一年下来对方亏了几百万，刘岩也赔了100多万元。

怎么办？这时候刘岩换了个思路，腾出手来考察竞争对手的进货渠道。2003年9月的一个晚上，刘岩遇到一位从蜜柚主产区福建平和来推销产品的种植大户姚海龙。双方只谈了十多分钟，刘岩第二天就给对方打了50万元预付款，要求他在7天之内收购200吨蜜柚包装好运到长春。

当时的背景是沃尔玛超市正在搞蜜柚促销，当地同行以低于成本价每斤2～3毛的价格给超市供货，目的就是要搞垮刘岩。可是等到刘岩的这批货到了后，价格比他们的要低两毛钱，一下子就把对方压垮了。双方彼此心里都明白，这样下去实在亏不起，因为仅此一项就要亏几十万。而正是这200吨蜜柚，彻底结束了这场恶性竞争，也让刘岩找到了自己今后的发展方向——从原产地进货、大批量进货。由于省去一切中间环节，刘岩不但打跑了竞争对手，而且净赚20多万。

所以，从2003年年末开始，刘岩便把更多的精力用在与原产地农民打交道上。她与农民签订长期包销合同，垫付化肥、农药等费用，并且把收购品种扩大到橘子、香梨、脐橙、苹果等，同时，每年投入100多万元培训他们如何进行水果、蔬菜标准化种植。

尤其是在水果销售方面，刘岩不愧是从这里出身的，很有一套。以果农最头疼的尾期果为例，尾期果外表粗糙，没有卖相，储存期又短，所以向来卖不出好价钱；又因为是水果，所以必须抓紧时间卖，否则放在那里会烂掉。

从过去的经验看，如果好苹果每斤能卖3元，这些尾期果就只能卖到1元。可是，在别人眼里认为不值钱的尾期果，刘岩换个思路便成了宝贝，她给果农的价格还很公道。

这些尾期果进了超市后，其他苹果每斤卖4元多，刘岩就定价为3.18元。尾期果虽然长得不怎么样，可是由于成熟时间长，所以味道更甜。刘岩就抓住这一点不放，进行宣传，在超市里搞促销。结果是消费者高兴，超市高兴，果农高兴，刘岩也高兴，四方得益。现在，这种过去被当成残次品的尾期果刘岩每年能卖出去1 000多吨，收入500多万。

回顾自己的创业奋斗史，刘岩不无自豪地说："我看到的都是机会。我曾经告诫我的员工，我说我走的每一步，我脚下踩的都是黄金。"

的确如此，正是因为具有这种发现商机的敏锐眼光，她才会成为创造财富的传奇女子。2012年，刘岩在全国已拥有22个水果生产基地，十多万农民合作伙伴；在全国28个城市建立了物流配送中心，成为全国600多家大型超市的水果、蔬菜供应商；拥有员工1 500多人，年销售额6.9亿元。①

## 80. 发现别人发现不了的商机

农民创业从哪里开始起步容易成功呢？总的来说有两点：一是自己的特长和优势，二是瞄准有利商机。

所谓"机不可失，时不再来"。商机的出现一要"碰运气"，二是需要你有一种敏锐的眼光，两者缺一不可。否则，再好的商机放在你面前也会被白白错过；而一旦被你抓住了，就会成为你走向创业成功的起点。

2006年5月，在甘肃电视台工作的刘慧彬突然提出辞职，说是要去甘肃的藏区农村养殖蕨麻猪（因为这种猪长期吃草原上特有的蕨麻草而得名）。消息传出，周围的人都觉得不可思议，认为他"病"了；妻子一气之下更是和他离了婚。

可是有谁知道，刘慧彬当记者多年，早就知道甘肃某地的蕨麻猪名声在外，可是外地的人基本上吃不到这种猪肉。因为那些藏

① 《能看见遍地财富的女人》，CCTV致富经栏目，2012年12月4日。

民的历史传统是，养了蕨麻猪并不卖，都是供自己吃的。他觉得，如果一种东西轻易不肯卖给别人，里面就蕴藏着巨大商机。

接下来的问题是，刘慧彬到了藏区草原上后，虽然到处可以看到牦牛和牛羊，可就是见不到蕨麻猪。由于语言不通，他怕造成误会，所以不得不请牧民带着他一起去找蕨麻猪。

后来才知道，蕨麻猪长年生活在高海拔牧场，虽然叫猪，可是多少年来它一直是放牧饲养的，也就是说并不养在猪圈里。它的生长期缓慢，每年只会长 30 斤左右，已经濒临绝种，夏天更是只有在深山牧场里才能见到它，难怪刘慧彬四处找不到它了。

不用说，要想养蕨麻猪，刘慧彬必须首先从牧民手中收购蕨麻猪来进行育种。而在当地藏区，主导产业是养牛、养羊，养猪更多的是当作一种兴趣爱好来看待的，就像城里人养宠物一样，从古到今养蕨麻猪都是只供自己吃的。

2006 年 7 月，刘慧彬几乎走遍了甘南州的草原，去寻找蕨麻猪种源。可是，无论他出什么价格，牧民们都不肯将蕨麻猪卖给他。没办法，刘慧彬只能先从和牧民交朋友开始。等到彼此关系熟稔了，接下来的事情就好办了。

就这样，2006 年 9 月，他在甘肃岷县投资 7 万元建了一个 500 多平方米的蕨麻猪保种场。随着纯种的蕨麻猪一天天增多，他的信心也越来越大。

可就在这时候，发生了一件意外。2006 年 9 月的一天早上，刘慧彬和朋友拉了 120 多头种猪在运输中突然遇到一场暴雨，窗外什么都看不见。等到发现遇到了泥石流时便赶快逃命，而这些凝聚了刘慧彬和他父母所有积蓄的财产则全被淹了，总价值 160 多万。这时他已经身无分文。

无奈之下，他不得不回到兰州，卖掉自己结婚时的房子；同时，又从做生意的姐姐那里借来 70 万元，收购了 300 多头蕨麻猪进行保种繁育。这些猪第二年就产了小猪。

这时候，他做出一个疯狂的举措：把他用高价收购来的种猪、母猪以及繁殖的小猪，全都送给当地牧民饲养。

可是没想到，即使这样，这些牧民们也不买他的账，因为养这些蕨麻猪管理起来太麻烦。所以，刘慧彬又不得不开出更多的条件，承诺秋季以每斤活猪25元的价格回收。这下子牧民们高兴了，这说明他们几乎不用成本，就能得到可观的收益。令人想不通的是，刘慧彬为什么要做这"赔本的买卖"呢？

这还不算，他接下来更是"一不做、二不休"，在2008年通过贷款筹集400多万元，承包了90多万亩牧场免费给牧民们用。

而实际上，刘慧彬自始至终脑子都清醒得很。一方面，他要想迅速扩大蕨麻猪的养殖规模，就得有更多的牧民来放牧；另一方面，也只有这样做，才会让牧民们无后顾之忧地去放牧。

换句话说，就是这样一来，刘慧彬轻而易举地就拥有了大量的蕨麻猪，而且还不用自己饲养，不用雇人进行管理，更不存在上班考勤等问题。到2010年，刘慧彬就发展了两万多牧民养殖了3万多只蕨麻猪，尽管他自己手里一头蕨麻猪也没有。

刘慧彬于2010年10月开始，集中把蕨麻猪运到兰州的酒楼里进行销售。他想：只要我的猪肉品质好，就一定会打开市场。可是没想到，根本就没有人相信他这是真正的蕨麻猪——你说这是蕨麻猪就是蕨麻猪啦？他为此四处碰壁。

无奈之下，他不得不用电磁炉来白水煮肉做现场演示。精诚所至，金石为开。这就像大街上的哑巴卖菜刀，不会开口自吹自擂，那就拼命用力斩铁丝吧，用行动演示给别人看。

到了2012年，蕨麻猪终于成为兰州当地高端市场上的一道特色菜，远方来客必定要点它。刘慧彬已经成为全国最大的蕨麻猪养殖户，年销售蕨麻猪两万多头，销售额4 000多万元。[①]

---

① 《看不见猪的猪老大》，CCTV致富经栏目，2012年11月7日。

# 81.梅花香自苦寒来

创业的成功绝不是轻而易举就能得到的，往往要付出多年的辛劳甚至血的代价，才会出现柳暗花明的结局。欧阳晓玲的创业成功就能充分证明这一点。正所谓："不经一番彻骨寒，哪得梅花扑鼻香？"

欧阳晓玲是四川华蓥市禄市镇的一位农家姑娘。1978 年考入四川省林业学校，毕业后分配在重庆市永川区林业局工作。

1996 年，当人们听说欧阳晓玲要辞去公职、回农村老家月亮坡创业时，全都惊呆了。因为这月亮坡上全是石头和荒草，当地农民都没有人敢承包，你一个城里的女干部要辞了稳定的工作干这事，又能干出什么名堂来呢？

可是，欧阳晓玲依然"一意孤行"。他和在重庆市林业局工作的丈夫一起，卖掉家里的房子，凑了 5 万元钱，在月亮坡承包了 1 000亩荒山，准备开荒种梨。

一年多过去后，原来的荒山野岭变成了层层梯田，并且全都种上了果树，1997 年 7 月就结出了黄灿灿的梨。

这种经过改良了的广安蜜梨，当时的亩产能达到1 000公斤；成熟期还特别早，7 月份就成熟了，比北方品种要早两个月；梨皮薄、肉细、水多，小孩、老人特别爱吃。

欧阳晓玲看到这一切别提有多高兴了！她当初到月亮坡上去开荒，就是因为看好广安蜜梨。

种梨容易卖梨难。当时，当地水果市场上的梨价是每千克两元，而欧阳晓玲则希望自己的梨能卖到 10 元，也就是说，要达到其他品种价格的 5 倍。那么，她怎样做才能实现这个目标呢？

就在广安蜜梨接近成熟时，她找到当地媒体记者，提出要在《广安日报》上打一期整版广告，告诉读者月亮坡上要办一个品梨节，她愿意免费提供 2.5 万公斤的广安蜜梨让人品尝。

报社一听,觉得这个主意好。可是,这2.5万公斤梨能卖25万元钱哪,这不是一撒手就全都出去了,没有任何回报吗?所以,这个事情要慎重,或者可以变相缩小规模。毕竟,当时的广安蜜梨总产量也才只有5万公斤呀!

但欧阳晓玲一言既出,驷马难追,她坚信这个活动一定能取得预期结果。具体活动过程,是上台的选手每人准备一个梨,谁在最短时间里吃完谁就是获胜者,每轮获胜选手都能得到一箱广安蜜梨作为奖励。台上的人吃得热闹,台下的人也看得眼馋。

不用说,比赛吃梨不要钱,但观众走的时候总会多少买点回去的。因为这种梨不但水分多,而且渣少,很受欢迎。而这时候,每千克10元的上等梨就供不应求了。

在1997年历时一个月的品梨节上,2.5万公斤广安蜜梨全部被吃光、奖光,另外2.5万公斤的梨不但被抢购一空,而且就连从外地拉过来的50万公斤梨也都是以每公斤10元的价格出售的,一共做了500多万元的生意。

也正是从那时候开始,月亮坡上每年都要举行吃梨比赛,一直延续到现在。与此同时,她也从中得到启发,决心要把事业范围扩大到乡村旅游。

广安虽然是全国著名的红色旅游区,可是20世纪90年代末还没有形成旅游气候,怎么打开局面呢?欧阳晓玲首先想到,她因为在家排行最小,所以被人用四川话称为"幺妹",即家里最小的、漂亮能干的、最受宠爱的妹子。而当地山区过去就有一种特色民俗叫"抬幺妹"。她想:完全可以把这个节目移植到月亮坡上去扩大影响,相得益彰。当然啦,游客来了以后不能光是看幺妹,更可以亲自上去当一回幺妹,试试坐滑竿的感觉,这样兴趣就更浓了。

活动搞起来后,游客被吸引过来了,但重点还是得围绕广安蜜梨做文章。并且,这种活动一年四季都可以搞,为此就需要一年四季都有梨。所以,欧阳晓玲专门建起冷库,来保证梨的供应;同时,她又在月亮坡上建起餐饮中心,解决游客的用餐问题。游客每天交50元餐费,就能在这里吃到现烤的全羊,可谓价廉物美。最多时，每天的游客有4 000人，可想而知这里有多么热闹了。

1998年时，欧阳晓玲的全年销售收入达到600万元。而这时候，全国各地的农家乐开始真正起步了，所以她当机立断扩张事业规模，2000年只用8个月时间就在南充市嘉陵区的凤垭山上种下了3 000亩梨树，把这座荒山也打造成当地知名的旅游景点。一不做二不休，接下来她又陆续在四川、贵州等地承包了13座荒山，带动农户合作开发，梨树种植面积高达10万亩，并且全部打造成当地旅游景点，最多时借款就有2 800万元。

可就在这时候，她上初中的儿子突然发病，出现了精神障碍；一直跟随她创业的父亲又突然去世；丈夫也因事业发展分歧与她离了婚……一连串的沉重打击，让她进入了人生最低谷，她甚至想一死了之。庆幸的是，当地政府、四川省农业科学院的专家及时向她伸出援助之手，才促使她的事业出现转机，并蒸蒸日上。

在专家的攻关下，广安蜜梨的产量从原来的每亩1 000公斤提高到2 000公斤，整整翻了一番。由于修通了公路，游客可以进园采摘了，梨的价格也提高到了每公斤40元。在梨花盛开时，开办进园赏花游；还建立鲜花生产园，年产鲜花500万盆，一方面用于装点自身的15个旅游基地，另一方面在梨花凋谢后依然可以让游客欣赏到美景……就这样，欧阳晓玲的15个旅游基地在2011年实现了卖梨收入、树苗收入、餐饮收入总额3亿多元的骄人业绩，她本人也当选为四川省人大代表、全国三八红旗手。而不用说，这时候她的2 800万元借款早就还清了。

现在，在欧阳晓玲的带动下，四川广安市及周边地区的乡村旅游十分红火，成为全国该类旅游的发源地之一。仅广安市就有全国乡村旅游示范点两家，乡村旅游从业人员10万人。①

---

① 《“幺妹”走上月亮坡之后》，CCTV致富经栏目，2012年4月25日。

## 82. 历尽坎坷成大道

俗话说:“穷则思变。”农民创业中的许多成功案例,最初都是因为“穷”而起步,历尽坎坷,最终远离“穷”字的。

1995 年,21 岁的邓静从老家江西奉新县上富镇出嫁了。结婚前她家一直借住在生产队的房子里,结婚后她依然没有自己的住房,日子过得紧巴巴的,家里的开支全靠丈夫每月 200 多元的工资。

她想:我不能一辈子这样窝囊下去,至少得有一套属于自己的房子! 因此,她四处外出打工。1997 年,她用东拼西凑借来的一万多元,在上富镇开了家农机配件商店。因为是外行,所以仅仅开了 3 个月就把本钱全部蚀光了。

这时候她做出一个大胆决定,要求丈夫和自己一起干,结果遭到全家人反对。

意见最大的是公公,他说你 3 个月就亏了 1 万多块,如果丈夫也跟着你干,断了全家的唯一收入来源不说,要是亏得更多呢? 可是邓静认为,人活着总得有梦想! 作为一个女人,想要一个家的要求不高吧? 一句话就把丈夫的心给说动了。

丈夫辞了职,和邓静一起创业。为了打开市场,他们不计成本地与人竞争。有时哪怕是为了一颗螺丝钉,也会骑几公里的车给别人送去;有时候客户着急,他们半夜里也会出去买配件。这样到位的服务,很快在客户中赢得了良好口碑,也使得同行越来越觉得没法和他们竞争了,生意一下子就扩大到周边县市,许多人都是慕名而来,指名道姓地要买她的农机配件。

很快,他们就发现赚到的钱足够买好几套房子了。一年赚几十万,两年就赚 100 多万,这在当初是想也不敢想的。

可就在全家期盼着买新房的时候,邓静决定用赚来的 150 多万元投资办厂。结果,遭到公公的强烈反对。

那是 2002 年。他公公退休前在银行工作，见过了太多的企业倒闭。他实在想不通，一年赚一二十万难道还不满足吗？难道非要把企业搞垮了才甘心？所以，他强烈要求先买房子。

邓静当然不答应。她认为，这时候她的目标已经不再是买一套住房了，而是有更高的追求。这还得从当时的一件小事说起。

一天凌晨 3 点，有人敲门来买配件。她抱怨说："我白天干了十几个小时，你们这半夜三更的来敲门，给我积点德好不好？"可是对方说："我们也是为了抓收入呀！现在无论是运毛竹还是运地板，都忙不过来啊。"

说者无意，听者有心。江西奉新本来就是中国毛竹之乡，当时又新建了不少竹制品加工厂，尤其是竹地板坯板厂的生意特别火爆，这位半夜敲门来买配件的驾驶员就是给坯板厂运毛竹的。

邓静想：坯板的利润应该很高，需求量又大，为什么我不在这方面动动脑筋呢？

2002 年 5 月，邓静决定上马一家这样的厂，并着手开始订购设备。可是当她去银行取钱时，发展存折上的 150 万元已经不翼而飞。一打听才知道，原来是公公为了避免他们把这些钱打了水漂，提前把钱给转走了。不管邓静夫妻俩如何苦苦哀求，公公就是不肯把钱给他们。

无奈之下，邓静施了个计。她签了个货值 30 万元的设备订购合同，故意把违约金提高到 50%。也就是说，如果她最终不去提货，就得赔偿对方 15 万元的损失。

她知道老人家心疼钱，看到如此之高的赔偿，一定会把这 150 万元拿出来给她的。可是没想到，公公看了合同后就一把扔在地上，说赔 15 万就 15 万，不能因小失大，赔了 15 万，不是还有 130 多万吗？够用了。后来还是婆婆觉得这样不妥，最终在邓静丈夫的天天唠叨下，一个星期后做通了公公的思想工作。

2003 年，邓静的坯板厂正式投产，四五天就能出一车坯板，净赚 4 万多元，相当于她农机配件店两个月的赢利，这让她高兴坏了。可是，很快就有一盆冷水把她的心浇得冰凉。

2003年6月的一天，当邓静把一车坯板送到竹地板厂后，马上就接到对方实验室打来的电话，说这些板子有些变形，不合格。

邓静吓呆了：这批坯板能够给她创造净利润1 000多万元哪！一旦报废，不就意味着她要破产吗？

板子最终还是被退回来了，她实在想不通问题出在哪儿。生产中连续不断地出问题、亏损，她前后亏了30万，占流动资金的一大半。她只好一遍遍地听《水手》这首歌，“他说风雨中这点痛算什么，擦干泪不要问为什么”，用来为自己打气，并且把它作为手机铃声。

后来，随着技术难题被攻克，她的生意也一天天好起来，并且在两年间又开了两家加工厂，承包了两万多亩竹林，到2007年时赢利就超过1 000万。短短三四年间，财富增加了10倍之多！

不用说，这时候邓静买房已经不在话下了，可是她的目标也更大了。2006年，邓静决定在县工业园区投资2 800万元兴建一家竹地板加工厂。不料，开头同样不顺利。

那是2007年9月，当地一连下了几天的大雨，山洪暴发，而邓静所在的坯板厂就处在水库下游一公里处，是洪水必经之地，洪水把她的厂全部冲毁了。灾后重建，3个月过去后的2008年1月，又遇到历史上罕见的低温雨雪冰冻灾害，不但全县90%以上的毛竹被压断，让她前后损失了3 000多万元原料，几乎到了弹尽粮绝的地步；而且她的厂房钢棚也被压垮，差点就把邓静砸倒在地。

2008年，她在劳动就业部门200万元的小额信贷扶持下赴外省收购毛竹，组建了她后来认为最重要的新产品研发部。

因为她当年在上海参加一个展销会时，看到了一种用木心做的实木地板，眼睛顿时一亮。一问价格，她吓了一跳。普通的木地板每平方米才卖二三百元，可是这种地板的价格要1 400多元。她想：如果我能在竹地板中也开发出这种效果来，就一定可以占领高端市场。

可是意见提到研发部门后，他们都觉得这种想法太不靠谱。

而邓静并没有放弃。她从非常紧张的资金中抽出100多万元给他们用作试验经费，半年后就拿出了这种立体感特别强的新品"仿古板"，一举占领市场。仅此一项，每平方米就可以增加200多元利润，从而使得她的财富也出现了几何级增长，3年内资产就超过1亿元。

现在，邓静依然通过这种"人无我有，人有我优，人优我转"的策略来赢得市场，而不是与同行打价格战。实际上，她也根本用不着和别人打价格战，因为市场上根本就没有同类产品。她的水晶系列、钛金面系列、仿古系列新产品竹地板目前畅销全国21个省市，成为同行业中一匹名副其实的黑马。

回顾过去，邓静用当初借来的1万元起家，只用了短短15年时间资产就超过1亿，在全行业中也是风向标企业。①

## 83. 要做就做最好的

成功的农民创业必定有其独到之处。要做就做最好的，甩开竞争对手，始终走在同行前列，是成功秘诀之一。

20世纪90年代中期，在福建西宁县的苏家山村，为了维持生计，20多岁的苏文达带着家里仅有的200元钱去上海打工了。走出上海火车站时，他的身上还只剩下6元钱。当时上海的天气非常冷，他冻得浑身发抖，只得用老婆给他的一条围巾紧紧地裹着头，心想：这上海还真是不该来。

苏文达在上海举目无亲，只得去投靠一个做钢材贸易生意的老乡。因为不认识路，他只好到处打听，而他又不会说普通话（虽然他认为自己说的是普通话，可是别人都听不懂），所以感到一阵阵悲凉。但即使这样，他在心里早已暗暗下了决心：一定要在上海站稳脚跟，混出点名堂来！

---

① 《越挫越勇带来的财富爆发》，CCTV致富经栏目，2012年7月6日。

苏文达白天在老乡的钢材店里干活，晚上就睡在店里。3 个月后，他就单立门户开了自己的钢材店，5 年后资产就超过1 000万。

这时候他想到的第一件事，就是出资 40 多万元在老家村里装上自来水，然后又拿出 300 多万元建了一个养猪场，把股份全部送给每户村民。每年春节回家，他更是要去村里 160 多个 60 岁以上的老人家里挨家挨户地发钱。虽然每人只有二三百元，但村民们心里感到热乎乎的，这些钱在过年时买些糖果糕点水果正好派上用场，表明苏文达心里装着全村老百姓！

几年来，苏文达用公益名义在村里花的钱超过 600 万，但他并不是钱多得花不完。十多年了，他妻子仍然骑着那辆旧自行车。

更值得一提的是，正是从 1998 年开始，苏文达资助和带动全村 300 多位年轻人前往上海做钢材生意。因为当时的行情好，经济建设正需要大量钢材，所以大家都跟着他赚了不少钱，并且全都在上海扎下了根。

谁也没想到，苏文达这样的好人有时候也容易上当受骗。

2007 年 6 月的一天，有位上海朋友突然找到苏文达借钱，说是资金周转出了点问题。于是，苏文达就不断地借钱给他。从2007 年秋天开始，这位朋友连同他老婆和出纳都向苏文达借钱，而苏文达为了不让过去借出去的钱打水漂，只好硬着头皮接着借。乐善好施的他，在短短两三个月内一共借给对方6 000多万，其中包括他自己的3 000多万以及向老乡借的2 000多万。

好了，接下来遇到全球金融危机，这位朋友所建的搅拌站等项目全都垮掉了，一分钱也要不回来，连累苏文达也被拖垮了。不但如此，他还要反过来亏欠老乡2 000多万元。12 年打下的基础付诸东流。

那时候，周围的人都觉得苏文达下半辈子都要生活在还债、躲债之中了，谁也想不到他会在半年之内筹到7 000多万元东山再起。那么，他这些钱是从哪里来的呢？

原来，正是他过去的乐善好施才成就了一段得道多助的佳话。

当时看到他如此困难，那些曾经得到过他帮助的村里的年轻人难过得落泪了，纷纷借钱给他，甚至愿意卖房卖车地支持他。

就这样，苏文达2009年4月在上海市练塘镇投资600多万元承包了1 100多亩水塘，又花2 600万元进行修建，从广东等地买来20万只甲鱼苗开始仿野生养殖。如此大手笔的投入，让朋友们感到目瞪口呆。

究其原因，在于苏文达的这些钱都是借来的；更不用说，在此之前他根本就没有搞过甲鱼养殖，技术、设备方面又不懂，这样下去能不能成功谁都没把握。即使你的甲鱼品质再好，可是产量也低呀，最终一定能卖得出好价钱来吗？苏文达当时是怎么想的呢？

只见苏文达什么也不说，每天只是和工人们一起干活。因为他知道，面对大家的质疑，你说什么都没用，更何况，他自己也知道这是孤注一掷，一旦失败便不可收拾。暗地里，苏文达从台湾高薪请来一位水处理专家。他擅长污水处理，过去在研究时无形中发现几个好的细菌，然后就把它用在了养殖上。正是因为得到这位教授的技术支持，苏文达才敢迈出这一步。

因为经历过失败，所以苏文达做事特别谨慎。更由于在此之前他的市场调查表明，市场上的各种甲鱼价格十分悬殊，差异主要在于养殖周期和环境不同。温室里养的甲鱼每斤二三十元，野生甲鱼能卖到二三百元，整整相差10倍。而大家都知道，甲鱼有一个特点，那就是今年卖不掉可以明年接着卖，“年龄越大”价格越高，所以他认为做这个比较保险。

2009年6月的一天，水塘里的甲鱼苗突然大量死亡，比例高达70%～80%，怎么也找不到原因。这可把苏文达急坏了。专家会诊得知，原来这批甲鱼苗在买之前没有做防疫，现在发生了交叉感染，急需用抗生素药加以控制。而这样一来，又会发生水质污染，所以，苏文达坚决反对给甲鱼治病。

这种不可理喻的举措，使得甲鱼苗越死越多，员工的工作就是整天打捞死去的甲鱼，然后埋掉。到最后，连埋都没有地方埋，臭气熏天。由于坚持不用药,原来的 20 万只甲鱼苗现在只剩下不到 8 000只,而苏文达依然镇定自若地每个星期两次在水里滴几滴不知是什么成分的药水,气得手下的员工纷纷弃他而去,觉得这个企业没希望,这7 000多万元还不起了。

其实,苏文达这时候的镇定自若是装出来的。他是老板,他比谁都急,可是又不能像手下那样表现在脸上。

最终,还是台湾专家的这个秘方起到了作用。他不能对外透露这究竟是什么成分,但事实就是如此。正是通过这种办法治水,水质没有受到污染,甲鱼苗的病也治好了,并且从此以后不会再得病,甲鱼苗的死亡率降到了 5%,成活率达到 90%以上。

于是,苏文达在 2009 年 7 月继续投资 70 多万元购买了 30 万只甲鱼苗,一切重来。甲鱼吃东西有个特点,就是喜欢爬上来,咬一口又下去,就这样爬来爬去。根据这一特点,苏文达把水塘里的水位抬高到 3 米多,这样就有效增加了甲鱼的活动空间,有助于锻炼它的肌肉,提高甲鱼的品质。

为了保证甲鱼饲料质量,苏文达投资 170 多万元在养殖场里养鲫鱼、鲢鱼、草鱼等,既作为甲鱼的美餐,又能拿到市场上去卖,一举两得。并且因为水质好,鱼的肉质非常肥嫩,炖出来的汤有一种天然的奶香味,当然在市场上就供不应求了。

2011 年 10 月,苏文达把养了 3 年之久的甲鱼拿去进行欧盟有机标准检测,结果 173 项指标全部合格。就这样,不用做任何宣传,马上就名声在外了。上海的高档酒楼客户纷至沓来,尤其是那些对食材非常挑剔的酒楼、火锅店,更是趋之若鹜,可是这时候的他并不急着销售,而是先让他们切切实实了解他的那些甲鱼的生长环境和过程,然后把长期供货价提高到每斤 500 元。

现在,苏文达被业内称为甲鱼养殖界的"航母",规模和品质都无人能及,2012 年的甲鱼销售额高达 2 000 多万元。[①]

---

① 《枯木逢春背后的秘密》,CCTV 致富经栏目,2013 年 2 月 8 日。

# 84. 垮不掉的渔家姑娘

俗话说:“事非经过不知难。”除非是当事人,外人可能很难真正理解创业的艰辛,这就需要创业者具有相应的“逆商”了。

所谓逆商,是指一个人面对逆境时能够承受多大的抗压能力,或者面对挫折摆脱困境、超越困难的能力。一句话,是指把不利局面转化为有利条件的能力。

有道是“人生不如意事十有八九”。一个人只有具有较高的逆商,才能赢得起也输得起,遇到困难后会重新振作起来。尤其是对于一切未知的农民创业来说,就更是如此了。

1985 年,山东微山县鲁桥镇农家女子董倩结婚了,婚后生了一对儿女。可是儿子在 5 岁的时候患上了造血功能性障碍贫血,每次治疗都要花费上万元。无奈之下,董倩只好做黑鱼生意赚钱,贴补孩子的医药费。不用说,因为急于赚钱,所以不管是什么样的苦头她都愿意吃。

董倩每天都划着渔船去微山湖买鱼,然后到城里去卖。短短两年间,她就成了当地卖黑鱼最多的人。而到了 1992 年初,当地一家黑鱼养殖户被外地客商骗走 100 多万元,从此再也没有人敢卖黑鱼了。

而就在这时候,董倩特地从武汉水产市场请来一位黑鱼销售专业户,希望能因此带动当地的黑鱼销售。可是由于按行规,货款都要赊欠,又不知对方根底,还是没人敢把鱼卖给他。

无奈之下,董倩出面担保了。也就是说,由她出面来收购黑鱼,然后由这位客商负责在武汉出售,赚了钱两人各一半,亏了全部由她负责。丈夫很担心,因为每车黑鱼的价值就要一二十万,一旦被骗又怎么赔得起?可是董倩铁了心要干。她首先收了一车鱼,然后花了两天两夜时间运到武汉。不料车刚开进水产市场,就被人群团团围住,他们纷纷问:“什么价?”

董倩根本就没想好能卖到什么价，于是脱口而出说“18 元”，为的就是图个吉利。没想到话音刚落，十几个人就上去每人抢了几筐，一下子就卖光了。

这第一仗下来，董倩不但在武汉打开了市场，建立了长期合作关系，而且在家乡的名声大振，改变了所有人的想法，并且大家还非常感激她。

接下来，董倩专门注册成立了一家公司，花2 000元注册了一个属于自己的黑鱼商标，慢慢地成为济宁市最大的黑鱼经销商，销售量占当地市场份额的 70%。后来，为了给儿子看病，她不得不放下手中的生意，带儿子投奔到新疆天山的一位老中医那里去，一边做小生意赚钱，一边给儿子治病，就这样熬了 3 年。

2006 年，董倩花光所有积蓄也没能挽回儿子的性命，生活顿时陷入困境，所有人都觉得她这次再也起不来了。可这时候突然发生的一件事，让她又看到了希望。

那是 2006 年 11 月的一天，有人开价 20 万元，想买她 2002 年注册的黑鱼商标。她觉得，一个当初才2 000元注册的商标，4 年后居然能增值 100 倍，实在太意外了。可是她转念一想，这个商标究竟能值多少钱呢？于是她找到一家商标事务所，请他们把它放在网上公开出售，没想到短短几个月内，价格就从 50 万元飙升到 800 万，没几天又有人愿意出价1 000万。

可以说，这对她来说完全是一笔巨款，几乎可以解决所有烦恼，实在没有理由不答应。可她还是拒绝了。

所以，别人就都觉得她傻——有了钱，该干什么还可以干什么去；即使什么都不干，一家三口躺在这上面吃一辈子也够了。可是，她不但从中受到鼓舞，而且反其道而行之。这时候的她自己出面已经借不到钱了，就托人代她借钱。最后，就是用这借来的 20 万元赚到了好几个1 000万元。

她当时是这么想的：这个商标之所以能赚钱，主要是微山湖的名称在外，谁不知道微山湖的景色好、水质好、水产品品质好呢？她过去就是专门做黑鱼生意的，既然这样，为什么不利用这个商标好好地重整旗鼓呢？她本身就具有多年的黑鱼养殖、销售经验，如果现在自己把商标卖了，可就真的是山穷水尽了。

董倩觉得自己在无形中注册了一个无价之宝，黑鱼养殖一定大有前途，所以又看到了希望，从逆境中走了出来。

借来的20万元到手后，董倩觉得这点钱养黑鱼还不够，得先从养麻鸭开始。2007年，她办了一家麻鸭养殖场，承包了500亩水面，一口气养了5万多只麻鸭，这样做成本投入少，见效也快。

一年过去，董倩的麻鸭蛋开始上市了。她以每只1元的价格卖出，当年就赚了90多万元。市场供不应求了，她的起批量也提高到了300只，300只以下根本不卖，这样销售快，赚钱也快。然后在2008年初，她用卖麻鸭蛋所赚的钱承包了400亩鱼塘养起了黑鱼，走出了一条“曲线救国”之路。

可是就在董倩的黑鱼上市时，市场出现逆转，到处都是广东等地运过来的黑鱼，地产黑鱼反而卖不出去。

这是为什么呢？要知道，虽然本地的黑鱼蛋白质高，可是养殖成本也高，每斤要8元；而广东黑鱼的出售价格只有五六元，你根本无法和它们竞争。所以，当地许多养殖户不得不放弃养鱼和卖鱼，出去打工了。

面对困境，董倩天天在鱼市场里转，整整考察了一个月，为的就是找出南方的鱼到底好在哪儿。研究来研究去，她觉得两者没有多大的区别，并且黑鱼的价格在2009年春节后将会突破每斤10元，所以劝大家不要便宜处理。可是根本没有人听她的，因为她也不是权威，万一年后又跌呢，找谁说理去？

董倩想想也是，别人为什么要听我的呢？无奈之下，她提出大家一起成立一个合作社，联合起来一致对外。她主动与养殖户签订协议，承诺如果年后售价在10元以下，差价损失由她来弥补。这下子大家当然就放心了，于是纷纷听她的。

可是，这样的承诺让大家为董倩着实捏了把汗。要知道，当时合作社的全年总产量有2 000多吨，如果年后黑鱼的价格只能卖到每斤9元，仅此一项，董倩就要赔偿养殖户400万元损失，这可不是闹着玩的。那么,董倩当时又是怎么想的呢?

她说,凭她20多年的养鱼经验,气温低的时候,长途运输黑鱼没问题;只要气温一回升、鱼的死亡率一高,经销商就会因为挣不到钱而不运输,当地市场就不会受广东黑鱼的冲击了。

后来的事实表明,董倩说的一点没错。2009年3月起,南方来的黑鱼果然很少,所以当地的黑鱼价格一路上涨。当涨到每斤13元时,董倩一声令下"开秤",整个合作社成员个个喜上眉梢,董倩也因为晚卖了几个月而多赚了50万元。

不用说,这种错时销售策略是很高明的。既避免了与南方黑鱼发生正面冲突,又稳定了市场价格,还保住了她自己的黑鱼商标。当年她销售的黑鱼和麻鸭营业额突破1 000万元。2011年,董倩又把养殖面积扩大到5 000多亩,年销售额更是超过3 000万元,合作社养殖户的规模也增加到2 000多户。

2012年春天,董倩干脆把自己的黑鱼商标贡献出来供全县养殖户共同使用,共同打造一个富有地方特色的水产品品牌。①

不用说,这一切都是建立在她当初两次倒下、两次重新爬起基础之上的,一次是去武汉开拓市场,一次是重拾黑鱼商标建立合作社。正是这种百折不挠的精神,支撑着她走到现在这一步。

## 85. 神机妙算,踏准市场节拍

创业之路不可能一帆风顺,而一定会应了一句老话:"前途是光明的,道路是曲折的。"为此就需要踏准市场节拍,一步走错全盘皆输,一步踏准步步为"赢"。

宋继善的成功经历就充分说明了这一点,人们甚至说他"神机妙算"。那么,他究竟"神"在何处呢?

---

① 《坚强母亲拒巨款诱惑的背后》,CCTV致富经栏目,2013年1月22日。

宋继善过去是杀猪卖肉出身的，是一个很普通的乡下杀猪佬，后来又做小买卖，但都没有赚到什么钱。

他一共杀了10年的猪，后来又卖了10年的猪饲料。从外表看，他就是一个地地道道的农民。而且他平时花钱很小气，出门连件好一点的衣服都没有。

例如，他有一辆破摩托车，车灯不亮，刹车也不灵，可是依然舍不得买新的。1999年的一天傍晚，他就是骑着这辆摩托车出了事故，被对面开来的摩托车撞飞了，双腿摔成粉碎性骨折，不得不在自家老屋里养伤。

闲着无聊，他想看看自己到底存了多少钱。他翻看20多本存折，用计算器加了一遍，乐坏了，因为居然有50万！他心想：我这"大难不死必有后福"，腿好以后一定要干一番"大事业"。

就这样，宋继善用他20年来省吃俭用攒到的50万元准备养猪。为什么要从卖猪饲料改行养猪呢？这源于他的一个重大发现。

原来，他找到这样一条规律：当猪饲料价格走低的时候，就意味着这时候养猪的人少了；因为养猪的人少，所以猪饲料才会卖不起价格。而养猪的人少了，猪源就少；猪源一少，市场供需缺口就会增大，猪的价格接下来就会上扬。而猪的价格一高，粮食价格就低了。

对照现状，宋继善发现这时候的猪饲料价格很低，意味着接下来猪的价格会上涨，所以他在2000年6月决定赶快开始养猪。

他在运粮湖管理区租了个废弃的养鸭场，把它改建成万头养猪场。可是这50万元钱远远不够呀，所以他不得不采取滚动式发展模式——先买小猪，把猪养大，挣了钱再盖猪舍，建了新房子再接着养猪挣钱。

为了省钱，他的腿虽然还没好全，但依然亲自动手，把破砖、破瓦、烂木头全都扒下来废物利用，经常要忙到半夜12点才回家。就这样，到2005年6月猪场的19栋房子全部建成时，他的手里已经有200万元积蓄了。

就在这时候，有一位他过去卖猪饲料时结识的朋友来看他。这位朋友当时在河南一家大型养殖场担任技术厂长。两人吃饭时，老朋友无意中透露说，因为他要6 000头种猪，所以这段时间整天在全国各地到处转，到现在才只找到3 000头，还差一半，真愁人。

说者无意，听者有心。宋继善随后连忙准备养种猪。恰好当时全国受蓝耳病影响，生猪市场行情猛跌，养猪户纷纷退出，可是他却在改行养种猪的路上越走越欢、越走越快。

当时，宋继善的二儿子在电视台上班，工作很稳定，可是宋继善硬是逼着他辞职，让他跟自己一起养猪。

儿子不高兴了。一方面是养猪名声不好听，另一方面是别人都在退出，你却要反其道而行，风险太大。可是儿子越是不乐意，宋继善就越来劲，逼着儿子去辞职。

无奈之下，二儿子带着 17 岁的弟弟离家出走，一起去开大卡车跑运输。后来发生了一桩事故，弟弟的右眼几乎完全看不见了，两人才硬着头皮回家，准备接受父亲的责罚。

可是没想到，宋继善根本没有责怪二儿子，而是心平气和地说："你现在这种情况不能再开车了，做其他事情我也不放心，湖北荆州有个养猪场要卖给我，你干脆去那里吧。"

2006 年 9 月，宋继善带着二儿子来到这家濒临倒闭的养猪场。面对着这里的2 000头小猪、400 头饿得皮包骨的母猪，宋继善当即签下了买卖合同，用 150 万元买下这 150 亩地的养猪场。

其实，在宋继善到来之前，已经有多个大老板来看过，都因为当时的市场行情不好不敢下手，只有宋继善认为现在正处于"黎明前的黑暗"。果不其然，接手 15 天后，猪市场行情就出现了戏剧性逆转，两个月后更是翻了一番。也就是说，他在两个月内就赚了几百万！

当儿子喜滋滋地把这个消息告诉宋继善时，宋继善镇定地说，他在 3 个月之前就已经预料到这个结果了。但这时宋继善依然按兵不动，直到 2007 年 8 月行情到达最高点时，宋继善才把手中的 1 万多头商品猪全部抛出，一夜之间就赚了1 600多万元，轰动国内整个养猪业。

而这一切，都和两年前(2005 年)宋继善听那位朋友收购种猪时得到的启发并且及时调整方向养种猪有关。

因为正是从那时候开始，他从原来的养小猪卖肥猪，转向引进种猪自繁自养。因为他判断，当时的生猪市场行情已经处于低谷，正是低成本扩张的好时机；而当 2006 年荆州那家大型养猪场撑不下去的时候，他觉得行情已经触底了。

这正是巴菲特所说的“在别人恐惧时贪婪，在别人贪婪时恐惧”。宋继善可能不一定了解巴菲特，可是两人英雄所见略同。

2007 年 10 月，在别人眼里一生勤俭节约的宋继善也奢侈了一把，花 80 万元买了辆宝马汽车，成为当地街头巷尾的轰动新闻，纷纷称他为“暴发户”，这让宋继善听着不舒服，也很不服气。他决心要干出点名堂来，让别人知道他这钱不是碰运气赚来的。

2008 年 4 月，宋继善投资1 000多万元在家乡建了个新的万头养猪场，并且把自己的两个弟弟及大儿子和三儿子也全都拉过来养猪。到 2010 年时，全家共有 12 个人在养猪场，大儿子和二儿子每人经营着一家万头猪场，而这样的万头猪场他一共有 6 个。

因为都是自家人，所以宋继善规定大家平时要少见面，除非特殊情况，否则每年的聚会只能有两三次，目的就是要严防猪场的病源交叉感染。

还别说，这招真神！由于这样的严格管理，即使周围发生了猪瘟病，宋继善的这些养猪场也全都有惊无险。

现在，宋继善的这些养猪场每年出栏生猪 5 万头，2012 年销售额超过 3 亿元，成为潜江市生猪养殖业的一艘航空母舰。而实现这一目标他只用了 5 年，原因就在于他步步踏准了市场节奏。

事业搞大后，现在的宋继善又发明了一套猪饲料自动供料系统，可以把人工养猪成本降低到原来的 1/4。他称这种喂养方式为猪的“自助餐”，不仅不会造成浪费，而且会使采食的猪的体型更加均匀、长得更快，获利可以提高 30%。

从 2011 年开始，宋继善就在兴建一个新的现代化养猪场，一期工程就投了3 000万元，总投资将达到1.5亿元。建成后，他准备带领更多的人从事养猪业，通过养猪来改变命运。[①]

## 86. 浪子回头，带领村民奔小康

利益面前最容易暴露人性弱点。尤其是当一个人在大起大落时，如果把握得不好，更容易得意忘形或自暴自弃，从而由好事变成坏事。这样的事例在创业道路上屡见不鲜，有人就陷在这样的泥淖中不能自拔。只有顺利走过这个阶段，才会有光明的未来。杨进益的成功创业就印证了这一点。

1999年，父亲拿出家里所有的积蓄，另外又借了11万元，给刚从学校毕业的杨进益买了辆客车跑客运。当时每天能赚1 000多元，着实是笔不小的收入了。可是杨进益几乎每天晚上都要请朋友喝酒、唱卡拉OK，根本没钱存下来。等到两年后父亲问他要钱还债时，他居然说没有任何积蓄。于是，杨进益得了个“败家子”的绰号。

父亲在绝望之余，商量都没商量，就自作主张把客车给卖了。杨进益只好重新回到老家，走在村上处处遭人白眼。

这样的日子毕竟不好受。杨进益才只有24岁，以后的路该怎么走？一方面，他想证明自己不是“败家子”；另一方面，他又无计可施。他就这样在家里耗了3年，一事无成。想到父亲在镇上有一家农资商店，他也于2005年3月在镇上开了家同样的农资商店。看得出，他这是要向父亲叫板，父子“同台竞赛”。

不幸的是，杨进益的这家店开了4个多月依然冷冷清清，而其他同行的生意则很火，这是为什么呢？杨进益百思不得其解，并且感受到以前从来没有过的压力。

---

① 《老宋的“暴富”是怎样炼成的》，CCTV致富经栏目，2013年1月23日。

因为在他看来，他掏出3 000元自有资金，另外又贷了 3 万元开这个店，主要目的就在于证明自己，倒不是为赚钱。如果达不到目的，那岂不是说明自己真的就是“败家子”了？

实在开不下去了，杨进益不得不暂时关掉小店，既减少亏损，也权当给自己放个假。为了不至于无所事事，他在这段时间里主动要求给种植金橘的表哥免费管理金橘，并且承诺可以免费提供农资农药。没想到，表哥并不信任他，还说：“别用你的这些药把我的橘树给打死了！”杨进益听了气得不行。

杨进益想：难道自己真的什么都不行吗？我从哪里跌倒，就一定要从哪里爬起来！

经过多次相求，表哥终于答应了他的请求，勉强同意拿出两亩金橘地给他管理，权当是做个实验田，即使损失了也就两亩地。

杨进益当然看得出表哥的心思，所以他一定要在这里打个翻身仗。他想：自己中专学的就是果树管理专业，算是科班出身，一定能做好。

从此以后，他对这两亩金橘精心呵护，一年后结出的金橘让表哥不得不刮目相看。不仅表哥，就连其他村民也都对杨进益竖大拇指了。

接下来，杨进益又一鼓作气，免费给金橘种植户上培训课，教大家如何科学种植金橘，如何使用农药。而实际上，这相当于无形广告，是能够带来无形资产的。果不其然，仅仅两个多月过去后，杨进益的农资店生意就慢慢火起来了，顾客越来越多。

而就在这时候，他做了一件让大家觉得“很不靠谱”的事——牵头成立金橘专业合作社。他还于 2009 年 2 月对外公开承诺，凡是加入合作社的农户，只要把金橘交给他统一管理和销售，他保证金橘的价格会比原来翻几倍！

这怎么可能呢？大家纷纷怀疑。要知道，当地的金橘价格几十年来一直都是每斤几毛钱，从来都没有超过一元，你这不是吹牛吗？但这样的许诺确实有诱惑力，于是大家觉得可以试一试，反正也没有多大的害处。

当时大家都在想，他这样做无非是要让大家都来买他的农药和肥料，好多赚几个钱。他们不知道，杨进益心里早就有了明确的计划。如果仅仅是吹吹牛、逞口舌之快，那以后还怎么在家乡混呢！

原来，早在 2008 年 1 月杨进益去桂林出差时，就看到一种奇怪现象：当地的金橘和他老家的差不多，可是价格却要高出十几倍。最大的价格每斤七八元，最小的也能卖到一元以上，所以他觉得很稀奇。后来他回去后就一直在琢磨这件事，发现主要问题在于品相差别。

具体地说，就是老家的金橘虽然很甜，可是外观难看，消费者没有购买欲望，所以价格抬不上去。果树管理专业出身的他知道，改善金橘品相并不难，关键是要有统一的规范管理，改变过去传统的金橘种植技术。对照现实，他觉得这方面大有文章可做。

正是有了这样的底气，杨进益才做出了上述举措，他觉得自己有这个能力。消息既出，很快就有 91 家金橘种植户在将信将疑的态度下加入了合作社。

2009 年末，合作社有1 000多吨金橘成熟了。杨进益想：这第一枪可不能不响啊。为此，他开始到处跑市场，最终找到了上海的一位金橘经销商愿意以每斤 2.5 元的价格购买 20 吨，这让他信心大增。

可是没想到，由于缺乏经验，在金橘的采摘、包装等方面都不规范，加上路途遥远，这些金橘颠呀颠的半路上就开始腐烂了。对方一看，这根本就没有卖相，趁机就把价格压到了 1.5 元。结果一算下来，这笔生意不但没有赚到钱，反而还赔了 6 万元。

俗话说："人求你，你是爹；你求人，你是鳖。"杨进益觉得这样搞销售不行，得让经销商主动上门，把这些问题全都交给对方才是。为此，他不再到处跑市场了，而是在 2010 年 1 月特地邀请了过去认识的 4 位外地经销商来果园参观考察。这一看，对方纷纷啧啧称奇，说没想到这里还有一片这么好的果园。大家觉得，这样的金橘完全可以走高端路线。

其中一位来自柳州的经销商更是悄悄地把杨进益拉到一旁，

说:“你开个价,我要全部包下来。”这时候轮到杨进益笑而不语了。

为什么?因为他不敢开价,唯恐把价格说低了,所以他打岔说请大家去喝茶。

几个人一边喝茶,一边拉家常,就是不提金橘的价格,彼此都在揣摩着对方的心思。可总是这样下去也不是办法,于是他打破僵局,对柳州的那位张总说:“刚才我们在果园里说的事,你看怎么样啊?”张总说:“我看行。”这样一来,其他3位老板都着急得不行,还以为他们已经一切都敲定了呢,于是纷纷哄抬价格,从每斤1.8元抬高到3元。而在此之前,杨进益的心理底价是2.5元。

正当他暗自高兴时,只见柳州的张总突然“啪”的一下,把1万元现金拍在桌子上,说:“每斤5元,我全包了,这是定金。你们3个不用跟我抢,谁也出不了我这个价!”

这话刺激了另一位经销商。只听他说:“你出得起人民币,我也出得起人民币。我今天就是要跟你争个高低了,我也要。”说完,也把钱扔在桌子上。

杨进益一看懵了,两人都把定金扔在这里了,这就不是开玩笑的。这4位经销商的要货量都很大,任何一位把这1 000吨金橘全部拿下来都不是问题。所以,当时的场面僵持着,大家都要争面子,彼此都带着一股情绪,因为这金橘的质量实在太好了。

这时候轮到杨进益出面做“老娘舅”了。他欲擒故纵地说:“我大老远地邀请你们来,不想让你们亏本。我敢说一句话,你们这样做赚不了几个钱;如果市场有一点往下走,你们是要亏本的。”他这一说,大家恍然大悟,才觉得这是杨进益摆的一个鸿门宴,目的是要看看这金橘究竟值什么价。现在他知道底细了,所以就出来打圆场了,否则彼此都要翻脸。

确实如此,这一幕确实是杨进益精心策划的。为什么要邀请4个人而不是两个人呢?在他看来,如果是两个人就会相互压价,大不了最终一人拿一半金橘回去;可是如果是4个人,就会各怀鬼胎,这才会对自己有利。

后来,杨进益把这些金橘按照不同品级分别供应给这4位经销商的高、中、低端市场，每斤价格分别为20元、8元、4.5元、3.2元。他自己赚了个盆满钵满，而这4位经销商也各有所得，算是“摆平”了。

多少年来，每斤价格从来没有超过一元的金橘，居然卖出了如此高价，一时间轰动整个融安县，很快就有1 000多家种植户要求加入杨进益的合作社。

可是，合作社规模太大也不行，所以杨进益指导他们自己成立合作社，他则在一旁提供技术支持，同时帮他们代销金橘。2010年，在杨进益的指导下，该县成立了50多家金橘合作社。

有了如此大的产量，杨进益觉得把家乡的金橘全面推向全国的时机到了。他在合作社里成立了5个销售小组，把代销费用分摊给各小组，鼓励他们跑市场，扩大在全国的影响。

2012年，这些销售小组在全国6个省市打开了销路，全年销售金橘8 000多吨；而他农资店的销售额也达到400万元。他不仅在父亲面前证明了自己，而且在乡亲们面前兑现了自己的承诺。[①]

现在，融安县的金橘种植面积高达8万亩，成为当地农民的主要经济来源。而杨进益则掌握着全县一半的金橘资源，带领2 000多农户走上了共同致富之路。

## 87. 漂在城里不如扎根家乡

现在的农村孩子都向往城市生活，大学毕业后希望能在城里找一份工作，并且最好是去大中城市；即使外出打工、嫁人，也总是希望能去城里。可是又不得不承认，如果在城里没有合适的位置，即通常所说的只是“漂”在城里，从自主创业角度看，还真的不如扎根在家乡农村更有作为。因为相对来说，你对家乡、家乡对你都有

---

① 《三千元起家，“败家子”变身致富带头人》，CCTV致富经栏目，2013年1月24日。

一种割不断的情愫和支持，更容易取得成功。

1997 年，郭为波从服装学院毕业后，被分配到长沙市富强服装厂工作。两年后，工厂倒闭了，郭为波也因此下岗了。她的身份一下子就从大学生变成下岗工人，为此她感到前途迷茫。

郭为波过去学的是服装设计，所以下岗后自然就想到了开一家服装店。虽然开店的时候多少赚了点钱，但也只够勉强养活自己。她一直在考虑，怎样才能给自己找到一条更好的出路？

不用说，已经变成“城里人”的郭为波，如果要在城里另找一份工作完全不成问题；可每当她看到父亲在家乡长沙县乡下、在自己创办的肉牛养殖基地整天奔波，就很想回家帮父亲一把。虽说养牛对一个姑娘家来说有点不太好听，事实上各种流言蜚语也随之而来，但都没有改变她的想法。

父亲已经养了多年的肉牛，而这时候的郭为波依然是什么都不懂，所以难免会走一些弯路。

例如，这些年自然灾害频发，旱灾、水灾、冰灾接踵而来，往往是上半年牧草因多雨而浸死，补种后又因干旱而枯死，致使肉牛迟迟无法催肥，只得到外地去收牧草、买酒糟、购饲料，这就抬高了养殖成本。特别是夏天晴热高温，牛舍降温条件差，有一次一下子就有 36 头牛中暑而死，给了郭为波以沉重的打击。[①]

2007 年，当地又遇到了 50 年不遇的大冰灾，长时间的停电停水使得工人们只好从池塘里挑水来维持牛的生命。而即使这样，依然有 49 头怀孕的母牛因为长时间缺水、有十头小牛犊因为耐不住饥寒而死亡，另有 80 多头牛需要靠输液保命，更不用说 200 多亩牧草全部被冻死了，这直接造成经济损失 100 多万元。[②]

另外，由于一开始养牛场的规模并不大，所以在面对某超市要

---

① 《三湘肉牛养殖状元郭为波创业纪实》，长沙县妇女联合会网站，2012 年 2 月 22 日。

② 林展翅、陈彦兵：《长沙县养牛的女老板郭为波：创业富民巾帼不让须眉》，长沙新闻网，2012 年 7 月 27 日。

求每天能保证出栏一两头肉牛的订单时，她只能遗憾地摇头。但难能可贵的是，她并没有怨天尤人，而是马上和父亲商量如何扩大养殖规模。很快她就意识到，养牛产业单靠自己必定势单力薄，只有和其他农户联合起来，才能更好地满足市场需求，共同发家致富。

恰好在这时候，2007 年长沙市委组织部、市科技局联合在湖南农业大学办了个“百村百名大学生培训”，其中就有畜牧兽医专业，于是村上就推荐郭为波报名读书了。

经过一段时间的学习，郭为波学会了细管冻胚技术，回去后就贷款 50 万元，对肉牛品种进行了改良，一举使得肉牛的配种率从原来的 20%迅速提高到 90%以上。并且，通过人工授精繁育的二元杂交牛犊初生重达 29 千克，比本地纯繁牛提高了 38%；三元杂交牛犊的初生体重更是高达 38.5 千克，比本地纯繁牛提高 81%。

正所谓“科技是第一生产力”。通过品种改良和良种繁育的二元、三元杂交牛，所耗饲料更少、体重增加也快，并且非常适合南方夏天酷热的气候，不会影响牛在夏季的生长。

女大学生回家养牛的故事迅速传遍长沙县，甚至传出了省门和国门。2008 年 6 月，在湖南省畜牧研究所的牵线搭桥下，4 位女博士专门从加拿大蒙特利尔大学远道而来，与郭为波进行学术交流，临走时她们纷纷竖着大拇指说“Good”！

2008 年 8 月，经过几个月的摸索和发动，郭为波的肉牛养殖专业合作社也终于成立了。她在浏阳、南县、长沙县等地都建立了肉牛养殖基地，共租用土地 600 多亩。通过采用统一提供小牛、统一技术服务、统一防疫管理、统一健全风险机制、统一组织销售的“五统一”方式，把肉牛寄养到 146 户入社农户家中，不仅解决了 400 多个农村剩余劳动力的就业问题，还最终帮助社员销售肉牛 2 300多头。[①]

---

① 张玉洁、陈合宴等：《加拿大博士直夸长沙养牛姐：女大学生下岗回家养牛的故事传遍长沙县，甚至传出了省门和国门》，载《长沙晚报》，2008 年 11 月 14 日。

郭为波认为，南方农民的传统习惯是养猪，其实呢，无论是从社会效益还是经济效益角度看，养牛都要比养猪收益大、前景好。更不用说，养牛业一直以来是朝阳产业，牛肉的价格是年年看涨的；可与此同时，养牛的人却不多，上规模的就更少。

所以，她从此以后就把主要精力放在了专门繁育适应南方气候和生长条件，耗饲低、生长快、个体大的肉牛品种上。她投资250万元从法国引进西门达尔牛做母本，再用瑞士的利木赞牛做父本，培育出来的种牛非常适应我国南方炎热、多湿的气候。

2012年，她在县人大会议上提出，要求政府支持在长沙县范围内建设活牛交易市场、种牛扩繁场、牛肉加工场的"三场"建设，彻底解决养牛户不懂技术、信息不灵、引进种牛难、产品加工难等长期积累下来的老大难问题。

截至2012年，拥有146户的自成养牛合作社存栏牛规模已经达到4 399头，地域也已扩展到江西、广西、广东以及邻近的几个县市，2011年郭为波被评为"湖南省十佳农民致富带头人"。

通过十多年的努力，现在的郭为波已经走出一条"合作社＋龙头企业＋品牌＋基地＋农户"的发展之路。目前，该养牛合作社已经成为湖南省肉牛养殖行业规模最大、南方地区品种最好的龙头企业。郭为波的目标是：3年内发展良种杂牛1万头。[①]

---

① 文热心：《新当选县人大代表郭为波：女牛倌想建3个场》，载《湖南日报》，2012年11月28日。

# 第八课
# 农民创业的失败教训

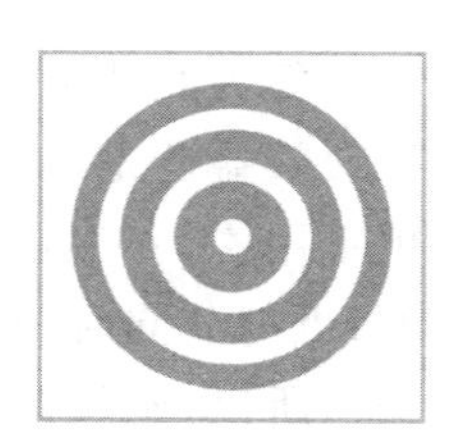

列夫·托尔斯泰说："幸福的家庭都是相似的，不幸的家庭各有各的不幸。"很多人创业失败是自己造成的。不耍小聪明，原本就没事。

## 88. 老乡见老乡，两眼泪汪汪

俗话说："在家靠父母，出外靠朋友。"农民创业在外闯荡，举目无亲，一句"老乡"往往就会缩短彼此之间的距离，变得无比亲近。"甜不甜，家乡水；亲不亲，家乡人"嘛。

可是，现在的社会太复杂，人心叵测。"老乡见老乡，两眼泪汪汪"，流出的既可能是激动的热泪，也可能是痛苦的泪水。

归根到底，市场经济不相信眼泪。所以，农民创业需要具有理性意识和法律意识，而不是听到真假莫辨的一句"老乡"、"同学"、"战友"之类的称呼就忘乎所以，否则很可能要追悔莫及。

### 老乡坑老乡，不由不上当

1997年10月的一天，安徽东部某乡镇农产品公司经理办公室来了两位西装革履的年轻人。郭经理一看就认出其中一位是自己的同学小计。

小计介绍说，同来的另外一位是权先生，原籍本县东风乡，他的父亲转业后落户到温州已经30多年。权先生自称他现在是温州某食品公司经理，这次来一是探亲访友，二是看看能否合资做些生意。因为听小计说家乡工业不发达，而他自己也想办个花生乳厂，所以正在寻找合作机会。

听了权先生这番介绍，郭经理喜出望外："我们这里产花生，加上我从事农产品经营多年，原料绝对不成问题，只是不知销路和利润怎么样？"

"销售包在我身上。因为我们是共同投资，没有赚头我也不会干。再说，我还能坑害自己的老乡吗？"权先生说得很诚恳，不由得人不相信。

自然是一顿好招待。酒足饭饱之后，双方坐下来签订了共同投资160万元兴办花生乳厂的协议。出资比例为权经理一方49%、郭经理一方51%，均以现金出资。在协议生效后1个月内双方将资金汇入专户。

## 图穷匕首见，圈套往里钻

在协议签订一个星期后，郭经理接到权先生的电报，大意是有家物资公司以低于市场价10%的优惠价向他们提供一条生产线，要郭经理立即汇50万元到浙江购买设备。

郭经理到底是生意人，不会轻易地就将款汇出去，而是百般谨慎，亲自带了50万元汇票前往洽谈。

权先生一看郭经理亲自来了，便谎称因为害怕误期买不到设备，自己已经先垫款买下了生产线，正在准备托运呢！一边说着一边把郭经理带到火车站，指着几堆已经封好的木箱说："就是这个。"郭经理见收件人是自己公司，再怀疑就"太不上道"了，只好将汇票交给权先生。

5天以后，货物到了车站，郭经理派人提回一看，立刻傻了眼——全是一堆废铁。

俗话说："跑得了和尚跑不了庙。"当初权先生是由老乡小计带来的，郭经理便立刻去找小计。谁知小计说，实际上他也不知权先生的底细，两个人是在火车上相识的。当然，实际情况怎么样也只有他们自己知道了。

### 黑社会势力，敲诈又勒索

类似这样的事例并不少见。实际上，在农民办厂、外出打工、劳务输出、介绍保姆等过程中，老乡骗老乡最好骗，一骗一个准，因此倾家荡产、被逼卖淫直至走向犯罪道路的有不少。

除此以外，还有些黑社会势力专门纠缠老乡。谁做了老板发了财，他们就上门敲诈勒索。

天津市西青区某农民企业家准备扩大投资规模时，正在重建厂区，这时候几位知根知底的"老乡"就绑架了老板的儿子，吓得老板胆战心惊："这样谁还敢把企业做大呢？"

据了解，这些"老乡"的作案手法通常是：逢年过节送两挂鞭炮、两把扫帚，张口就要5 000元、1 万元；以强卖强买、强借强要、收取"保护费"等方式，专门盯住农村"土生土长"的中小企业老板；有的甚至准备了枪支弹药和地雷，武力对抗"大户人家"。他们依仗的是两件"武器"：一是对这些老板们的钱包大小一清二楚；二是吃准他们今后还要住在这里，怕遭到报复而不敢报案。

农民兄弟们，创业的同时不得不提防这些陷阱！市场经济下做生意得按市场规则来，有些老乡太亲近了未必是好事。

## 89. 饱暖思淫欲，色字头上有把刀

古人说："饱暖思淫欲，饥寒起盗心。"现代人则说："好色之心，人皆有之。"其中都离不开一个"色"字。

确实，要想“色”就必须用钱，而且需要大把大把的钱。可是这些通过创业先富起来的农民有的是钱，所以如果道德滑坡、好色到低等动物的地步，就会全然忘了“色”字头上有把“刀”。

很多成功的企业家连同其企业，就倒在这个温柔乡里不能自拔，最终自取灭亡。

## 一个小老板竟然有5个老婆

深圳市的陈某开了一家汽车修理厂，后来赚到一点钱，就全部用在养女人身上了。别人都说“钱场得意情场失意”，可是这位陈老板却是两面风光，通过一连串的假离婚证书先后娶了5个女人，并且把她们搞得团团转。5个人都认为自己才是正宗“老婆”，并认为陈老板是自己唯一的“老公”，最后不得不闹上法庭。

这5个“老婆”已经为陈老板生下6个孩子，还有一个“预备队员”尚在腹中。可想而知，整天周旋在这5个女人之间，仅仅是圆谎又需要花费多大的功夫和心血，还会有多少时间用于企业经营管理呢？

所以，表面上看这位陈老板享尽了“齐人之福”，而实际上一定会苦不堪言。果不其然，当他的骗局被这些女人们戳穿后，他就开始要品尝自己种下的苦果了。

先是结发妻子到法院去起诉他要求离婚，然后是一个个“妻子”争先恐后地登台亮相，与他打官司，足足让他忙了好几年，到头来自然是鸡飞蛋打、人财两空。

## 女老板养情人自毁前程

千万别以为“饱暖思淫欲”是男老板的专利，在这方面，道德败坏的女老板一点也不落后。

2008年夏天，长沙市一位做外贸服装生意的女老板要招一位助理，录用了来自湖南某县的21岁女孩林凤(化名)。说是助理，其实是保姆兼佣人，主要工作就是帮助老板订机票、酒店，然后接送两个上学的孩子，以及打理一切家务琐事。

女老板事业有成，可是她的老公多年前就失业在家，整天无所事事。他原来也自己做过生意，因为总是亏本，所以干脆就歇在家里“吃软饭”了。

女老板在外面很风光，可是妻荣夫贫，婚姻名存实亡，所以她在外面养了个“小白脸”吴悉（化名）。她不但为这名酒吧男公关出身的“牛郎”安排了工作，而且还给他买了房子，唯一的要求是他要像奴隶一样伺候她，做她的专属情人。而对这一切，女老板的老公心知肚明，只因为吃人家的嘴软，只好忍气吞声。

有一天，女老板发现林凤有些不愿意继续干了，便主动关心起她有没有男朋友，然后就把吴悉介绍给了她。而实际上呢，这是要试探他是不是会爱上别的女人。如果吴悉爱上了别的女人，女老板就会想方设法地折磨他，发泄她变态的占有欲。果然，不知底细的林凤和吴悉好上了，所以女老板下定决心要开除林凤。而吴悉呢，他已经离不开女老板了，失去她就意味着自己失去了一切。

不得已，林凤想到了报复。在经过差不多一年之后，林凤主动约女老板的老公出来，而那位老公以前就一直挑逗她的，当时她没有上当，而现在不得不主动投怀送抱了。

在这过程中，女老板的老公把原本用在两个孩子身上的教育基金全都用在了林凤身上，并且让林凤怀孕了。面对这一团糟的情感纠葛，2013 年 8 月林凤不得不挺着肚子逃离长沙。[1]

故事尚未结束，接下来一定会有好戏可看。私生活混乱至此的女老板，你还能指望她能搞好原来的企业吗？

---

① 佘玉冰：《女老板介绍女员工给情人，对方报复怀其老公孩子》，载《南国今报》，2013 年 8 月 26 日。

# 90. 逃税、漏税，危险的走钢丝

我国的税收负担确实不轻，但这并不是逃税、漏税的理由。

现实生活中，绝大多数创业者首先想到的就是如何能够少缴一些税款，能少缴一点是一点。有的老板甚至把这作为发家致富的一大法宝，当作“经验之谈”。

殊不知，这是一种危险的擦边球、走钢丝，弄不好被税务机关查到罚款就得不偿失了，甚至会直接导致关门大吉。

## 逃税、漏税的具体规定

逃税、漏税过去叫偷税、漏税，从《刑法修正案（七）》开始（2009年2月28日颁布并执行），原来的“偷税罪”就改成了“逃税罪”，主要原因在于过去的概念不确切。

从道理上讲，“偷”的含义是指把别人的东西占为己有；而应缴税款本来就是纳税人自己的合法财产，只是现在没有依法履行纳税义务，说“偷”是不恰当的，说“逃”更符合法理，并且范围也可以更为宽泛，可以涵盖“采用欺骗、隐瞒手段进行虚假纳税申报或者不申报”的各种复杂情况。同时该法律规定，初犯者不予追究刑事责任，也就是说罚款就行。

逃税、漏税罪的具体量刑标准是：逃避缴纳税款数额较大并且占应纳税额10%以上的，处3年以下有期徒刑或拘役，并处罚金；数额巨大并且占应纳税额30%以上的，处3年以上、7年以下有期徒刑，并处罚金（多次实施逃避缴纳税款、未经处理的，按累计数额计算）。

顺便提一下，老板创办了企业，企业是属于老板的，这种逃税、漏税究竟是个人犯罪还是法人（企业）犯罪呢？对此我国《刑法》规定，纳税人个人逃税、漏税当然要受法律处理，而对于法人来说，此外同样要对负有直接责任的主管人员和其他责任人员加以处罚。

## 正视违约成本高低

逃税、漏税是违法犯罪，但同时也应当承认，这种情形目前非常普遍。当然其中有些是故意的，也有许多是无意的（不熟悉税法所致）。有人认为，目前我国的逃税、漏税企业至少也有 90%以上。原因在哪里呢？就在于它的违约成本低。

这主要体现在以下两方面：

一方面我国的逃税、漏税主要是根据查税或举报得到线索的。具体地说，一般情况下税务机关是不会上门查税的，只有当有人举报你有逃税、漏税嫌疑时，税务机关才会“登门拜访”。为了遏制逃税、漏税行为，我国实行了有奖举报制度，对税收违法案件的实名举报人予以重奖，甚至还出现了专门检举揭发各类企业逃税、漏税行为的“专业户”。

但显而易见的是，这种举报有许多条件限制，可以说挂一漏万，带有“碰巧”性质。而这就给其他逃税、漏税者带来一种小偷般的侥幸心理——抓到了算你狠，抓不到算我狠。

另一方面，我国的治税环境并不是十分理想，表现在“纳税光荣”只停留在口头上，无从得到具体落实。这样也就促使企业纳税不主动、不积极，能逃则逃。

一位创业者这样说：“每次我走进税务大厅，感受到的不是纳税人的待遇，而是罪人的感觉，感觉自己是‘资本主义尾巴’。那些税务机关的大爷才是国家的主人。”

他说，既然纳税人的自身利益无法通过纳税得到体现，无法通过纳税得到保障，我为什么要主动纳税呢？

也有许多老板本来是严格遵章纳税的，可是后来他们发现，那些有后台的、和税务部门关系搞得好的人都在逃税、漏税，并且这些人还以自己能逃税、漏税为“本事”到处宣扬；自己遵章纳税反而成了"帽帽",于是也就不得不"学坏了"——通过向税务人员行贿,为自己省下一大笔税钱。

所以有人说,什么时候税务人员不那么"牛"了,没有人巴结税务人员了,那才表明这时候大家都能依法纳税了。[1]

## 为富不"税",麻烦不止

企业纳税是应尽义务,如果存在具体困难,应该与税务部门商量,看能否缓一些时日缴,而不是逃税、漏税;否则很可能会麻烦不断,出现俗话所说的"赚到的还不够缴罚款"。

例如,某广告公司成立于2002年4月,主要从事设计、制作、代理、发布各类广告业务,注册资金为50万元。税务机关接到群众举报,于2009年1月登门查账,对该企业2007至2008年度申报纳税情况进行了全面检查,最终认定该企业在此期间采取开具"大头小尾"发票以及取得收入不开票等手段,隐瞒广告业收入243 288元,对此作出以下处理结果:

根据《营业税暂行条例》第1条、第2条、第3条、第4条、第5条、第12条、第15条的规定,该企业应补缴所属2007至2008年度营业税12 164.4元;

根据《城市维护建设税》第2条、第3条、第4条的规定,应补缴所属2007至2008年度城市维护建设税851.51元;

根据《征收教育费附加的暂行规定》第2条、第3条的规定,应补缴所属2007至2008年度教育费附加364.93元;

根据《文化事业建设费征收管理暂行办法》第2条、第3条、第4条、第5条的规定,应补缴所属2007至2008年度文化事业建设费7 298.64元;

根据《发票管理办法》第20条、第21条、第36条第一款之三

---

① 《作为生意人开始我老实缴税,后来……》,新浪网,2002年7月27日。

项的规定，对该企业未按规定开具发票的行为处以5 000元罚款；

根据《征管法》第 32 条的规定，对该企业未按规定缴纳的营业税、城市维护建设税加收营业税滞纳金4 257.54元，城市维护建设税滞纳金 298.03 元；

根据《征管法》第 63 条的规定，对该企业的逃税行为处以所逃营业税12 164.4元一倍的罚款12 164.4元，所逃城市维护建设税851.51 元一倍的罚款 851.51 元。[①]

从中容易看出，该企业共需补缴税款、罚款和滞纳金43 250.96元。其中20 679.48元是补缴的税款；另外有4 555.57元是滞纳金，18 015.91元是罚款，这两部分合计22 571元，比应补缴税款的数额还多，这就是企业“多缴”的了，而且还不能在所得税前列支，形成了企业或老板实实在在的损失。早知今日，又何必当初呢！

逃税、漏税在企业中非常普遍，小企业是这样，大企业也是如此。2013 年 8 月就传出跨国企业诺基亚在印度因为有逃税、漏税5.42 亿美元之嫌疑而遭印度政府多次检查的消息，于是该公司给印度财政部发出一封“最后通牒”，扬言要终止在印度国内的所有业务，把工厂迁往中国。[②]

## 发票犯罪的量刑标准

在各种各样的逃税、漏税中，最普遍的是发票犯罪尤其是虚开增值税发票逃税、漏税，其危害最大，所得到的惩罚也最重。

根据新修订的《发票管理办法》(2011 年 2 月 1 日起开始实施)，对虚开发票、伪造发票等行为，除了可给予最高 50 万元的罚款之外，构成犯罪的还要追究刑事责任，具体量刑标准可参考下列内容：

---

① 《某广告有限公司偷税漏税案件分析》，北京地方税务局网，2010 年 12 月 16 日。

② 《被怀疑逃税，引诺基亚不满威胁扬言退出印度》，环球网，2013 年 8 月 24 日。

（一）虚开发票行为及量刑标准

虚开发票的"发票"既包括增值税专用发票，以及用于出口退税、抵扣税款的其他发票（如货物运输发票等），也包括一般的普通发票；既包括税务机关监制的真发票，也包括伪造的假发票。只要出现以下四种行为之一，就都算是虚开发票：(1)为他人开具与实际经营业务情况不符的发票；(2)为自己开具与实际经营业务情况不符的发票；(3)让他人为自己开具与实际经营业务情况不符的发票；(4)介绍他人开具与实际经营业务情况不符的发票。

其中，虚开增值税专用发票或虚开用于骗取出口退税发票、抵扣税款的其他发票，虚开税款数额在 1 万元以上或致使国家税款被骗数额在 5 000 元以上的，即涉嫌构成犯罪。罪名分别为：虚开增值税专用发票罪/虚开用于骗取出口退税发票罪/虚开用于抵扣税款发票罪。受到的处罚，除了没收违法所得外，虚开金额在 1 万元以下的，可以并处 5 万元以下罚款；虚开金额超过 1 万元的，可以并处 5 万元以上、50 万元以下罚款。如果是个人犯罪的，处拘役、15 年以下有期徒刑，直至无期徒刑，可并处罚金；单位犯罪的，对单位判处罚金，并对其直接负责的主管人员和其他直接责任人员按个人犯罪处罚。

其中，如果是虚开上述情形之外的其他普通发票，如建筑安装业、广告业、餐饮服务业发票等，有下列情形之一的，同样涉嫌构成虚开发票罪：(1)虚开发票 100 份以上或虚开金额累计在 40 万元以上；(2)虽然未达到上述数额标准，但 5 年内因虚开发票行为受过行政处罚两次以上又虚开发票的；(3)其他情节严重的情形。受到的处罚是，个人犯罪的可以处以管制、拘役，最高 7 年以下有期徒刑，并处罚金；单位犯罪的，对单位处以罚金，并对其直接负责的主管人员和其他直接责任人员按个人犯罪处以刑罚。

（二）非法制造发票、出售非法制造的发票、非法出售发票的行为及量刑标准

非法制造、出售非法制造或出售经税务机关监制的增值税专用发票 25 份以上或票面额累计在 10 万元以上，就涉嫌构成伪造

增值税专用发票罪、出售伪造的增值税专用发票罪、非法出售增值税专用发票罪。个人犯罪的，处管制、拘役、15年以下有期徒刑，直至无期徒刑；单位犯罪的，对单位判处罚金，并对其直接负责的主管人员和其他直接责任人员按个人犯罪处以刑罚。

非法制造、出售非法制造或出售经税务机关监制的用于骗取出口退税、抵扣税款的发票50份以上或票面额累计在20万元以上，就构成非法制造用于骗取出口退税发票罪、非法制造用于抵扣税款发票罪、出售非法制造的用于骗取出口退税发票罪、出售非法制造的抵扣税款发票罪、非法出售用于骗取出口退税发票罪、非法出售用于抵扣税款发票罪。个人犯罪的，处管制、拘役、15年以下有期徒刑；单位犯罪的，对单位判处罚金，并对其直接负责的主管人员和其他直接责任人员按个人犯罪处以刑罚。

非法制造、出售非法制造或非法出售经税务机关监制的一般普通发票，如建筑安装发票、货物销售发票等数量在100份以上或票面额累计在40万元以上的，就涉嫌构成非法制造发票罪、出售非法制造发票罪、非法出售发票罪。个人犯罪的，处管制、拘役、7年以下有期徒刑；单位犯罪的，对单位判处罚金，并对其直接负责的主管人员和其他直接责任人员按个人犯罪处以刑罚。

（三）非法购买发票、非法持有发票的行为及量刑标准

非法购买增值税专用发票或购买伪造的增值税专用发票25份以上或票面额累计在10万元以上，就构成非法购买增值税专用发票罪或购买伪造的增值税专用发票罪。个人犯罪的，处5年以下有期徒刑或拘役，并处或单处罚金；单位犯罪的，对单位判处罚金并对其直接负责的主管人员和其他直接责任人员按个人犯罪处以刑罚。

明知是伪造的发票而持有，具有下列情形之一的，同样构成持有伪造的发票罪：(1)持有伪造的增值税专用发票50份以上或票面额累计在20万元以上者；(2)持有伪造的可以用于骗取出口退税、抵扣税款的其他发票100份以上或票面额累计在40万元以上者；(3)持有伪造的上述两类发票以外的发票（如广告业、服务业、

餐饮业发票等其他普通发票)200份以上或票面额累计在80万元以上者。个人犯罪的,处管制、拘役、7年以下有期徒刑;单位犯罪的,对单位判处罚金并对其直接负责的主管人员和其他直接责任人员按个人犯罪处以刑罚。[①]

对照以上标准,热爱生命的老板们切记,"玩发票"是要坐牢的,动不动就会牵涉到老板你本人,千万不要"要钱不要命"噢!

### 重在税收筹划

创业者不能逃税、漏税,因为这是非法的;那么能不能合法地节税、避税呢?回答是肯定的。而这就是税收筹划的内容了。

税收筹划主要包括三方面的内容:避税筹划、节税筹划和转嫁筹划。避税是指采用"非违法"手段获取税收利益;节税是指采用"合法"手段,利用税收优惠和税收惩罚等调控政策,获取税收利益;转嫁是指采用纯经济手段,利用价格杠杆,将税收负担转移给消费者、供应商或自我消转。

正当避税的过程就是税收筹划,它是符合国家税收政策导向、甚至是税收政策引导和鼓励的行为;而非法避税则是与国家税收政策导向和法律规定相违背的行为。

企业通过税收筹划来减少纳税,表面上看似乎国家的税收减少了,但从长远来看,则是有利于企业良性发展的,是在为国家培植税源;有利于国家税法的完善、减少涉税犯罪、促进依法治税进程。

## 91. 嗜赌如命,赔了夫人又折兵

许多老板喜欢赌博。他们赌的不是"钱",而是因为"寂寞"而追寻的"刺激",结果往往不是把主要心思放在这上面,就是把企业

① 段文涛:《发票犯罪的标准界定》,中华会计网校,2012年4月17日。

给赌垮了。这方面的教训不胜枚举。

## 迷上赌博,无心管理企业

很难想象,一个整天只想着到哪里去赌博的老板会有多少心思放在企业管理上,这样的企业最终不垮才怪呢。

2009 年 9 月,青岛警方刑事拘留了 20 多位参与赌博的浙江富豪,一举摧毁了这一特大流窜赌博团伙。说是流窜团伙,是因为他们没有固定的赌博地点,经常在全国各地尤其是山东、浙江、北京、上海、澳门玩,这次正好栽在青岛警方手里。

据介绍,这次参赌人员一共 21 人,其中只有一个是青岛人,其余的都是浙江永康人。他们挤在一家四星级酒店的两个房间内,桌上堆满大量的现金,除了人民币之外还有美元和港币,外面停着价值 400 多万元的宾利轿车。

为什么这些浙江老板要跑到青岛来赌呢?原来,他们并不是专门从浙江过来的,而是在山东经商的企业家。资料表明,目前至少有 40 万浙江老板在山东经商,投资额超过1 000亿元。

在这次被抓的赌徒中,每个人都有自己的企业。骇人听闻的是,要加入这个赌博团伙还有门槛规定,至少要是千万富翁才行。其中的胡老板在河南开了多个楼盘,身价更是超过 10 亿元。

这些人因为是老乡关系,所以平时都有电话联系。当确定好地点和时间后,就会联系全国各地的老乡,或开车或坐飞机赶往青岛集中。他们说:“我们平时几万几十万地玩,相当于普通老百姓玩 5 元 10 元的,都是有钱人在玩,权当是一种消遣。”

据说,浙江老板聚众赌博全国有名。2009 年 3 月在浙江天台抓获的一起赌博案中,涉案人员 200 多人全都是老板,赌资超过1 000万。最后逮捕和行政拘留了 21 人、行政处罚 70 多人。

不用说,这样一来,不但这些老板的时间、精力会受影响,还会使企业形象、员工认同度遭到损害。事实上,有不少企业就是由此一蹶不振,走向倒闭的。

例如，浙江东阳市有一位农民企业家，最早是做刻字生意的，从几百万做到上千万。但自从陷入赌博不能自拔后，生意也懒得管了，交给别人打理；自己则跟人去缅甸赌博，赌输后被赌场里的人关在黑房间里，后来在逃跑时坠楼而死。

2004年，浙江余姚的一个乡镇至少有6名企业老板为了躲避债主而选择离家出走，属下的企业被迫转卖给别人；不少工人失业了，还拿不到应得的工资。[①]

而这些企业老板当时在民间都借了很多钱。他们一倒台，就必然会引发民间借贷资金链断裂所带来的一系列群体性事件。

难道这些老板不知道赌博的危害吗？当然不是。主要原因有两个：一是企业经营遇到困难，老板们又一时无法解决，所以心情比较郁闷，想通过赌博来寻找刺激和心理平衡。不用说，这是一种饮鸩止渴行为。二是圈子文化决定的，所谓"近墨者黑"，经常有人勾你去赌博，参与赌博的几率自然就上去了。

## 遇到团伙，肉包子打狗一场空

老板迷恋赌博是一件很糟糕的事，随着赌性越来越大，就再也难以把心思放在企业的经营管理上了。

黄、赌、毒这三者常常是联系在一起的，一旦进入别人所设的"局"，恐怕就会"肉包子打狗一场空"了。

在浙江瑞安，2012年有多户人家门口被人泼上红漆、窗户被砸，事情虽然不大，可影响十分恶劣。而当警方破案后，事情真相才慢慢显露出来。

原来，这些居民都有自己的企业，多是因为赌博输了欠债不还结下的冤家。例如，一位曹老板和几个人以牌九形式比大小，结果

---

① 鲍国庆、徐步文等：《20个浙江老板破了青岛史上现金赌博案的纪录，社会形象损失掉对浙商来说才是最大的损失》，浙江在线，2009年9月9日。

输光了身上的几万元现金，另外还欠下4万多元赌债。3月10日，曹老板在下班途经场桥解放路附近的一条小巷时，被三四个大汉拦住了去路，大喝：“这下可堵到你了！”在他还没来得及转身时，一伙人已经将他打趴在地。

3月15日，另一位沈老板当晚被几个熟人拉去喝酒、唱卡拉OK，还叫上小姐作陪。一行人意犹未尽时，便有人提议去开个房间赌一把。半夜时分，沈老板发现自己已经输掉了118万元人民币，不得不在信用卡上刷了56万元才得以最终离开宾馆。这一下就抽走了他所办企业的全部流动资金，差点导致企业倒闭。

事后，他觉得有点不大对头。后来经过公安局破案才知道，原来自己被“杀猪”（一种合伙设计圈套将人引入，再用其他手段骗取金钱的诈骗方式）了。喝酒、唱歌、美女做伴、最终输钱，这些都是预先设计好了的连环动作。后来警察据此顺藤摸瓜，终于挖出一个专杀熟人的隐蔽诈赌团伙。[①]

你说，遇到这样的圈套，你有多少钱够输的？

## 92. 克扣工资，兔子尾巴长不了

克扣员工工资，现在已成某些老板的致富“秘诀”。他们以为，你要在我手下打工，就必须乖乖地被我牵着鼻子走，我给你多少工资就是多少，“不要嫌多嫌少”。好像这些工资不是打工者应得的劳动报酬，而是老板的恩赐一般。

这种老板看上去精明，实际上是糊涂至极，由此而埋下的祸根并不少见。一味克扣工资的老板，多半是“兔子尾巴长不了”，别指望他的企业会搞得有多大。

---

① 李青青：《老板赌博陷美人计，温州边防发现猫腻查赃款300万》，法制网，2012年10月19日。

## 老板拒付500元引来杀身之祸

工人们辛辛苦苦打工就是为了挣点钱养家糊口，有的还等着拿这钱回去救急用，而你现在却克扣他们的工资，这简直是要他们的命，把自己和企业置于危险境地。

在沈阳和平区长白乡沙岗子村的一家汽车脚垫加工厂里，一阵阵浓烟从一间小屋里涌出……苏庆祥努力睁开眼，看了看已经血肉模糊的老板，浓烟和液化气已经使他的眼睛模糊不清。这时候的隔壁屋里，3名女工浑身发抖地挤在一起，不敢动弹。苏庆祥要求她们不准出屋："谁出来就杀了谁！"

32岁的凶手苏庆祥，原来是这家汽车脚垫加工厂的一名工人，3个月前受雇于老板死者王某。

根据苏庆祥交代，他是春节后到这家加工厂打工的，连吃住在内每月工钱400元。由于他十分思念9岁的女儿，所以急切想回家一趟，便与王老板商量，想让老板把欠他的500多元工资结了，但是老板就是不给。他曾经多次提出要离开加工厂，老板说走可以，但没有工钱。"今天，我给他下跪恳求他给工钱，可他还是不给"，并且表示，"爱到哪就到哪儿告去！"

当天中午，喝了点酒的苏庆祥借酒壮胆，决意报复。他闯进王某所在的屋子，拿起斧子就砸其头部，一下、两下……脑浆飞溅，尸体倒在门槛处。

然后，苏庆祥走出屋去打了一通电话，估计是对家人交代后事。等苏庆祥回到现场后，众人向警方报了警。[①]

这样的事例有不少。广州一名老板招用了一名来自贵州的农民工，原来说好每天工资60元的，包吃包住；可是最后在结算工资时，包工头却只肯给他每天50元，并且还要执意扣发他每个月

① 王晓静：《老板拒付500元工钱，打工仔杀人放火酿血案》，载《时代商报》，2002年5月16日。

800 元的“生活费”。2009 年 9 月，这位讨薪不成的农民工一怒之下用刀刺死老板，然后静静地等待警察到来。[①]

看看，老板本来想通过克扣工资占点小便宜，没想到因此丢了性命，这恐怕是他们当初做梦也没想到的。

## 克扣工资会直接影响业务

克扣工资还会直接影响业务，影响企业未来的发展。因为这一举措无疑是向社会表明，你这家企业缺乏社会责任，不值得社会信任。

道理很简单：虽然克扣工资的原因多种多样，但至少说明两点：一是你这家企业不守信用，缺乏对员工劳动的基本尊重，甚至根本就没把员工当人看，所以不值得别人为你卖力，你也不配享有什么社会地位；二是你这家企业的经营状况可能不正常，或正在走下坡路。总之，如果你在克扣员工工资，就表明已经遇到危险或正在遇到危险，别人当然会对你敬而远之，因为说不定你接下来就会有大麻烦。

泉州有一家大型玩具公司，由于被发现使用一名童工、加班时间长和克扣员工工资行为，它的一家欧洲大客户当即就中止合作，要求限期整顿，使得该玩具公司一下子就失去了几千万元的出口订单。[②]

有些老板对此可能不理解：我克扣员工的工资是“我的内政”，你来“干涉”（多管闲事）干什么？但外国人不这么想。尤其是在 2004 年 5 月 1 日美国和欧盟强制推行 SA8000 标准后，这些客户不看你的产品质量和生产情况，而是专门打听员工领了

---

① 黄琼：《包工头违背承诺克扣农民工生活费被刺身亡》，《新快报》，2010 年 5 月 11 日。

② 钟涛：《SA8000 审核员开始暗访中国企业》，中国陶瓷网，2004 年 6 月 18 日。

多少工资、是否经常加班、医疗保险和劳动保障怎么样，厕所里有几个坑位、是否有手纸和香皂，以及车间里是否有备用药箱等。如果发现有使用童工、强迫劳动、超时加班等情形，就认为你这家企业不讲诚信、缺乏社会责任，可能会二话不说地就取消订单。受此影响，国外跨国公司中有超过一半企业与中国出口企业重新签订了采购合同，我国出口制造业中约有80%受到了该标准的影响。[①]

更不用说，按照法律规定，用人单位克扣工资和拖欠工资是要承担民事责任和行政责任的。请记住，用人单位发放工资超期6天，劳动者就可以向劳动部门投诉举报了。

从民事责任角度看，劳动者可以随时通知用人单位解除劳动合同，同时要求进行赔偿；用人单位除了在规定时间内全额支付劳动者的工资报酬外，还必须同时补发相当于工资报酬25%的经济补偿金。

从行政责任角度看，劳动部门会责令用人单位立即支付劳动者的工资报酬和经济补偿，同时责令按相当于劳动者工资报酬、经济补偿总和的1～5倍支付赔偿金，这就是俗称的“扣一罚五”。到那时候，你就亏大了。

## 弄清克扣工资的真正含义

话已至此，顺便一提克扣工资的法律含义，因为许多人对此概念和规定并不是非常了解。

根据《劳动合同法》第30条规定，用人单位应当按照劳动合同约定和国家规定，向劳动者及时、足额支付劳动报酬。用人单位拖欠或者未足额支付劳动报酬的，劳动者可以依法向当地人民法院申请支付令，人民法院应当依法发出支付令。

---

① 《克扣工资被客户停单限期整顿，福建有关部门提出对应措施与建议》，《石狮日报》，2004年4月7日。

在这里，用人单位如果“未足额支付”劳动报酬，就是“克扣工资”。原劳动部《对〈工资支付暂行规定〉有关问题的补充规定》（劳部发[1995]226号）中明确指出，“克扣”就是指用人单位无正当理由扣减劳动者应得工资。也就是说，劳动者已经为用人单位提供了正常劳动，用人单位按照劳动合同规定的标准应当支付给劳动者这么多劳动报酬的，可是现在劳动者并没有全部得到。

上面提到的劳动报酬，是指用人单位依据劳动合同规定，采用各种形式支付给劳动者的工资、奖金等费用，其中主要是工资。根据相关规定，用人单位在支付劳动报酬时具有以下义务：

（1）应当以法定货币支付劳动报酬，不得用实物和有价证券代替货币支付。

（2）应当支付给劳动者本人（劳动者因故不能领取工资时，可由其亲属或委托他人代领）。

（3）应当在用人单位与劳动者约定的日期支付。如遇节假日和休息日，应当提前在最近的工作日支付。

（4）工资至少每月支付一次。如果实行的是周、日、小时工资制，可按周、日、小时支付工资。

（5）对完成一次性临时劳动或某项具体工作的劳动者，可以按有关协议或合同规定，在完成劳动任务后立刻支付工资。

（6）劳动关系双方依法解除或终止劳动合同时，应一次性付清劳动者工资。

（7）用人单位支付工资时应当向劳动者提供一份个人工资清单；用人单位必须书面记录支付劳动者工资的数额、时间、领取者姓名及签字，并保存两年以上。

### 克扣工资与拖欠工资的区别

那么，克扣工资和拖欠工资又有什么不同呢？

所谓拖欠工资，具体地是指无故拖欠工资，指用人单位在规定的付薪时间内没有正当理由却不付劳动者工资的行为。法律法规对“正当理由”有明确规定，不是说用人单位随便找个借口就可以堂而皇之地拖欠工资的。

这里的正当理由，主要有两种情形：一是用人单位确实遇到了生产经营上的困难，资金周转受影响，暂时无法按时支付工资，这时候可以与单位工会进行协商，延期支付劳动者的工资，但延长期限最多不能超过1个月；二是用人单位因为遇到不可抗拒的自然灾害、战争等原因，暂时无法按时支付工资。

延期支付工资的时间应当告知全体劳动者，并且报主管部门备案（无主管部门的企业，报区、县级劳动保障行政部门备案）。

除了上面两种情形之外，其他所有情况下的拖欠工资都属于无故拖欠工资。逾期仍然不支付的，由当地劳动保障部门责令用人单位支付拖欠工资，此外还必须按照应付金额50%以上、100%以下的标准向劳动者加付赔偿金。

*克扣工资与减发工资的区别*

那么，克扣工资和减发工资又有什么区别呢？以下几种情形就属于减发工资，不属于克扣工资：

（1）根据国家法律、法规规定扣发的劳动报酬，如代扣代缴个人所得税。

（2）根据劳动合同中的明确规定扣发的劳动报酬，如用人单位代扣代缴的应当由劳动者个人负担的各项社会保险费用。

（3）按照法院判决、裁定在工资中代扣的抚养费、赡养费。

（4）根据用人单位依法制定的厂规厂纪中明确规定扣发的劳动报酬。

在这里，如果是因为劳动者个人原因给用人单位造成经济损失、没有完成任务，需要进行赔偿的，每月在工资中扣除的部分不得超过劳动者当月工资标准的20%；并且，扣除后的剩余工资部分不得低于当地最低工资标准（不用说，如果扣除赔偿后发放的实际数额低于最低工资标准，就属于无故克扣工资了）。

（5）用人单位采取工资总额与经济效益挂钩时，当经济效益下浮时工资水平也下浮，但支付给劳动者的实际工资不得低于当地最低工资标准（不用说，如果借口经济效益不好或发不出工资，低于最低工资标准,就属于克扣工资)。

(6)因为劳动者请事假等原因相应减发劳动报酬等。

# 93. 销毁账簿,聪明反被聪明误

有些老板有一种"小聪明",企业规模虽然不大,可是却拥有多本账。遇到有关部门前来查账时,就拿相应的账本出来应付。一旦事情败露,就采取销毁会计资料的办法来百般抵赖,甚至以死抗争。在他们看来,会计账簿烧掉了就没有证据了。其实,这是一种很天真的想法,很可能会聪明反被聪明误,甚至葬送自己和企业的前程。

## 老板跑路不忘销毁凭证

2013 年 5 月 10 日,厦门市百脑汇的一家信息科技公司的多家门店被人"洗劫"一空,一下子来了几十个债主搬走了所有电脑,因为该公司徐老板留下3 000多万元债务便人间蒸发了。令人感慨的是,徐老板即使跑路,也没忘记销毁账簿,企图把"难言之隐"一烧了之。

当天凌晨 3 点,徐老板派人开了两辆轿车去几十公里外的一处偏僻的垃圾池旁边倾倒物品,正好被两名在例行巡逻的派出所民警发现,于是上前盘问,发现车上塞满各种账簿和相关凭证,共有 20 箱,还有六七台电脑。不用说,这些物品都被民警当场扣押了。

第二天上午,经侦大队通知地税稽查局前往辨识,结果证实这些账簿和凭证全都是上述信息科技有限公司的,该公司想要偷偷地销毁证据。随后,稽查人员又跳入垃圾池,从恶臭的垃圾堆中找到更多的涉案证物。就此,这些人受已跑路的徐老板的指示来此销毁证据的目的昭然若揭。[①]

经初步侦查,该公司共有 7 个营业部,每个营业部都有独立的账本。仅仅从征管系统显示的资料看,该公司 2010 年至 2012 年间存在的涉税问题金额便高达 1 亿元,并且肯定还涉及逃税、漏税、虚开发票等多项涉税违法和经济犯罪行为,否则他们也不用偷偷地销毁账簿了。等待他们的必将是法律的惩处。

## 小金库账本岂能一烧了之

1997 年 12 月,重庆市大足县的姜某某成立了一家管件有限责任公司,自任董事长兼总经理。经董事会研究决定,该公司设立了账外账(小金库),把公司销售锌灰、锌渣和边角料的收入全部纳入其中,由姜某某负责对小金库的收支进行审核签字,由会计和出纳对小金库的资金和账据进行管理,每年年底对一次账,然后将相关原始凭证和流水账交给姜某某保管。

2006 年初因为公司股权转让,姜某某与原董事长共同商量决定销毁小金库的所有原始凭证和流水账,并且把这一想法告知了会计和出纳等人,大家一致表示同意。2 月底的一天,姜某某将自己保管多年的小金库原始凭证和流水账拿去公司锅炉房烧毁,后查出该小金库总收入在 274.7 万元以上。

2012 年 5 月,法院判处该公司老板姜某某在销毁会计凭证、会计账簿中负有直接责任,情节严重,犯有故意销毁会计凭证、会计账簿罪。鉴于姜某某归案后认罪态度较好,并且主动对 274.7 万元补缴了税款,于是从轻处理,单处罚金 3 万元。[②]

---

① 林凌、阮学劲等:《诚股科技老板欲跑路,凌晨三点荒村毁账簿被逮》,载《海西晨报》,2013 年 5 月 14 日。

② 《烧毁会计凭证账簿构成犯罪,单处罚金 3 万》,重庆法院网,2012 年 5 月 10 日。

## 纵火财务室难逃法网

2001年8月15日，湖北罗田县检察院根据群众举报，称凤山镇卫生院收入不入账，有贪污嫌疑。17日上午，反贪局派两名检察官前往查账，被告知会计外出学习，要等会计回来才能拿到账本。这个理由看不出破绽，所以他们决定第二天再来检查。没想到，就在当天夜里2时许，该卫生院突然发生一场“神秘大火”，将财务室烧了个精光。

根据县公安局消防大队介绍，消防大队派出两台消防车赶赴现场，经过30多分钟的努力才将大火扑灭。经过现场勘查，财务室的门锁有被撬痕迹，室内找不出火源。财务室共有4张桌子，其中一张桌子内有800多本账本，都被大火烧掉，而且火势很猛，初步认定这是一起人为纵火。①

类似这种烧毁财务科的犯罪行为绝非个别。因为有些犯罪分子抱有侥幸心理，认为会计凭证既然那么重要，只要一把火把它烧掉也就没有证据了，其实这是一种幼稚可笑的想法。

顺便一提，什么样的情况构成销毁会计账簿罪呢？一是看概念，销毁会计账簿罪的全称是“隐匿、故意销毁会计凭证、会计账簿、财务会计报告罪”；二是看金额，起点是50万元。

根据我国1999年《刑法修正案》第1条：任何单位和个人在办理会计事务时，对依法应当保存的会计凭证、会计账簿、财务会计报告进行隐匿、销毁，情节严重的，构成犯罪，应当依法追究其刑事责任。

2010年最高人民检察院、公安部《关于公安机关管辖的刑事案件立案追诉标准的规定(二)》第8条规定，隐匿、故意销毁会计凭证、会计账簿、财务会计报告涉及金额在50万以上的，应当予以立案追诉。

---

① 胡秋子：《财务室毁于神秘大火》，载《楚天都市报》，2001年8月22日。

## 94. 知法犯法，出事是早晚的

俗话说："法不责众。"有鉴于此，许多老板会知法犯法，以为"大家都这样，你就拿我没办法"。有人更是因为自己有后台而有恃无恐。殊不知，谁保护你都不如你自己保护自己，远了靠不住，近了要出事。只要你洁身自好，不做亏心事，就不怕鬼敲门。

### 老板越大越要守法

中国民营企业首富刘永行在广东东莞厚街为民营企业老板们讲经时，在讲到企业发展过程中曾经因为"不懂行贿"而得罪当地国土局局长时，场上响起雷鸣般的掌声。而当他继续说到"我为什么要给他好处呢？我就是不给，没多久这个局长就进了班房"时，喝彩声更是达到高潮。① 这就叫无欲则刚。

《福布斯》中国大陆百位首富排行榜中的卓达集团总裁杨卓舒对此很有同感。他认为，企业越大越要守法、永远不违法。

他以自己的经历为例论述了这个观点。他是做房地产的，一个项目就要盖160多个公章；以前更多，要盖270多个公章。手续的繁杂、费用的不合理简直无法想象。如果要把这160多个公章都盖完了再去动工，企业早就垮了。有些程序本来就是毫无必要也毫无道理的，只不过每个公章都代表着一个庞大的官僚机构，这个庞大机构既然设置了就要起作用。所以，有时候房地产违规、边申报边建设是迫不得已，但是违规不能违法。如果违法，企业做大了迟早要出事。

他说，有些民营企业往往喜欢搞高层交往，找一些大的领导做

---

① 筑丹、曾平治：《中国首富刘永行畅谈发家史：亲戚朋友进不了我公司》，载《南方都市报》，2002年4月13日。

保护，其实，谁保护你都不如自己保护自己。靠远了靠不住，靠近了要出事。前一阶段河北省抓了常务副省长和十几个重要官员。我们是河北省第一大民营企业，这件事就与我们毫无关系。如果我跟他们关系密切，有实质性来往，这不就完了吗？那时候坐在我面前的就不是你们，而是检察院的；开的也不是这个电灯，而是2 000多瓦的灯照着眼睛，还谈什么《福布斯》啊？[①]

## "繁荣娼盛"，"天上人间"在人间消失

曾几何时，有多少老板特别是从事娱乐服务业的老板信奉"繁荣娼盛"，专门打擦边球，为此总是喜欢靠近"黄、赌、毒"，以榨取血腥的暴利。

1995 年，在武汉钢铁公司做进口矿石买卖的覃辉为了能找到一个更挣钱的行当，向当时的首都机场管理公司总经理借了 180 万美元，并由军队的一家贸易公司担保，买下了原来属于台湾人的"天上人间"夜总会，后来该商标进行过多次转让。

作为北京顶级的俱乐部，在这里陪酒卖春的女郎主要来自北京高校，研究生、本科生都有。据知情人反映，这里的小姐很多，也很漂亮，尤其是气质不错，而非穿着暴露。客人只要出得起价钱，就可以带小姐外出嫖宿，或者在包房内发生性关系，甚至集体淫乱。而能够到这里来的客人当然非富即贵，一般人是不会来的，因为一瓶最贵的酒就要 12 万美元，并不是谁都消费得起的。据报道，天上人间"第一花魁"梁海玲的首次出台费高达 400 万元，传说她后来被自己包养的两名情夫图财害命而勒死。

2010 年 5 月 11 日，北京市公安局新任局长上任后的第一把火指向扫黄，在当天夜里北京警方开展的打击卖淫嫖娼专项行动中，"天上人间"等 4 家夜总会共扫出 557 名有偿陪侍小姐(其中出

---

① 汲东华：《卓达集团总裁杨卓舒：企业越是做大越要守法》，深圳证券交易所网，2002 年 1 月 30 日。

自“天上人间”的有118人），于是遭到勒令停业整顿6个月的处罚，从而一举击溃了这样一个业界“地标”。

大限到期的那一天，即2010年11月11日，北京近千家娱乐场所负责人与警方签订责任书承诺，场所内一旦发现“黄、赌、毒”，法定代表人、实际控制人（老板）、经营负责人均将被追究责任。自然，这次“天上人间”也受到了应有惩罚，从此这家夜总会便在北京销声匿迹了。

## 熊掌和守法不可兼得

孟子说：“鱼和熊掌不可兼得。”从保护珍贵、濒危野生动物的角度看，同样可以说“熊掌和守法不可兼得”，因为如果你要买卖熊掌等珍稀动物制品，就会以身试法、失去自由。

2010年9月，浙江老板应某陪丈夫在云南考察完投资项目后，想带点土特产回家尝尝。这一要求本来无可厚非，可是她别的不买，偏偏花15 000元去买了3只熊掌和3只穿山甲（后经鉴定实际价值为64 048元），不料在机场办理托运手续时被安检人员查获。应某和丈夫两人得知消息后趁乱逃离现场，直到2011年在警方开展的“清网行动”中投案自首，应某因此受到宽大处理，被判处有期徒刑3年、缓期5年执行，并处罚金5万元。[①]

容易看出，这位应老板在外面东躲西藏一年多时间里，她的企业和生意会受到什么样的影响。

2012年12月，哈尔滨市市民吴某出售给张某22只熊掌，后张某转售了其中的4只，得赃款7 150元，其余18只熊掌被公安机关收缴并销毁。经国家林业局野生动植物检测中心鉴定，该熊掌系棕熊脚掌，而棕熊为国家二级重点保护野生动物。经伊春市价格认证中心鉴定，22只熊掌价值合计人民币10万多元。

---

① 刘玲、郎晓伟：《买熊掌穿山甲当土特产带回家，一浙江商人被判3年》，昆明信息港，2012年2月25日。

2013 年 3 月，张某因犯非法收购、出售珍贵濒危野生动物制品罪，被判处有期徒刑 7 年，并处罚金人民币 1 万元。吴某因为在逃，等待他的将是法律的惩处。[①]

## “私聘”会计乘机捣鬼

除了以上明知故犯的知法犯法外，还有一些老板是本身心术不正，结果聪明反被聪明误，吃了苦头。

江苏南京市税务部门查处逃税案件时发现，许多农民企业聘请的代账会计素质良莠不齐，加上老板本身对税法、会计法不甚了解，结果造成企业逃税和会计犯法的事例屡见不鲜，最终给老板带来无尽的烦恼。

有位木业公司的老板，平时全听会计的，会计一步一步不断要挟加工资，老板忍无可忍想换掉他。不料会计前脚离开，举报信就到了税务机关。税务查证时需要原会计到场说明情况，可是这时候原会计再也不肯出面，企业只得补税、交罚款，老板后悔莫及。

有些老板为了照顾方方面面的关系，经常会委任根本不具备资格的“关系户”充当财会人员，甚至把企业公章、银行票据、印鉴章等一切财务大权都交给会计，全凭会计“自由”做账，给了不法分子可乘之机。南京某商务广告公司的老板，就是请了自己的好朋友做会计，结果这位会计贪污了好几十万，给老板造成了严重的经济损失。

## 老板略施小计，贪官立马中招

很多老板坦言，有时候知法犯法实在出于无奈。然而，在处理这种事情时确实是需要一些智慧的。

---

① 郭毅、张冲：《男子买卖熊掌非法牟利获刑 7 年》，载《法制日报》，2013 年 3 月 18 日。

广西扶绥县淀粉厂为柳州荟力公司生产的60吨淀粉，被该县工商局以伪造产地为由查封了。荟力公司经理陈某闻讯后，马上赶到扶绥县与办案人员进行交涉。而这时候，指导办理该案的南宁地区工商局科长杨某与他单独在房间谈话时明示，荟力公司只要给他们1.5万元“好处费”，工商局就可以在罚款3万元后办理解封手续。谈妥以后，杨某还与县工商局钟某互相通了气。

按理说，老板这时候一般都会“识时务者为俊杰”的，花小钱办大事嘛。如果是这样，一个知法犯法的故事就在所难免了。然而，聪明的陈老板却将计就计，当天就向检察院举报了这件事。

3天后，杨某单独前往赴约，在某酒店房间内笑纳了陈老板的“好处费”。可是钱还没有揣稳，房门就被撞开了，几名执法人员冲进房间将杨科长逮住，刚到手的钱也马上被搜走。进来的人扛着摄像机，把杨某拍得浑身不自在。

杨某本来还想狡辩几句的，但是没想到，陈老板早就在这些钱上预先做了记号，他再怎么抵赖也没用。[①]

## 95. 在商言商，树欲静而风不止

许多创业者迷信与政府、官员打交道，过去还习惯于在所有制上戴顶“红帽子”[②]，这在有着几千年封建历史和官本位意识的我国实在不足为奇。

但现在的问题是，“在商”本该“言商”，少谈政治，可这个问题实在难处理。创业和政治离远了要冻着，靠近了会烫着，处理不好就会导致企业失败，甚至永无出头之日，这样的教训很多。

---

① 杨梅、魏平：《老板略施小计，贪官立马中招，干警当场人赃并获》，载《南国早报》，2002年5月9日。

② 最常见的是明明是私营、个体企业，却要挂靠在国有、集体名下，宁可上缴一点“管理费”，也要寻求一把政治“保护伞”。

下面以养牛大户葛维连为例，供各位农民创业者借鉴。

## 养牛养出了“牛状元”

1982年葛维连就开始养牛了。随着牛越养越多，他的名气也越来越大，人称“牛状元”。到80年代末，他就成为百万富翁了。一连四五年，他每年出栏的优质黄牛有两万多头，每年可获毛利120多万元。

那时候时兴“以点带面”的做法，葛维连自然成为了大家学习的榜样。每天早上6点到晚上8点，从国内外前来参观他养牛的人络绎不绝。到了90年代初，阜阳地区的蒙城、涡阳、利新三个县的养牛业得到蓬勃发展，被称为中国中部地区的养牛“金三角”。作为养牛专业户代表，葛维连光荣地当选为蒙城县政协委员、全国劳动模范。

虽然每天忙于参观接待，可葛维连并没有忘记自己的本职工作是安心养牛，所以他的牛照样养得膘肥体壮。因为葛维连深深懂得，这是自己的看家本领，是自己的命。如果养牛亏了，就是自己亏；赚了，也是自己赚，没有人能帮得了自己。

## “越来越不听话”的牛状元

抱着这样的朴素感情，葛维连把养牛当作自己的本分，并没有抱着其他幻想。

1995年9月18日，全国第四次畜牧工作会议在阜阳召开。会议的其中一项安排是来自全国各地的代表要参观阜阳地区的养牛场，葛维连的养牛场也在其中。

当时正是卖牛的黄金季节。为了迎接参观，在开会之前半个月县委领导就要求葛维连不能随便卖牛，否则，牛少了参观起来就不好看了。

眼看已经成熟的牛当卖而不能卖，葛维连心里别提有多苦了，而外地的农民也不理你官员这一套。当时有来自上海浦东、江苏张家港、江西南昌、海南三亚的人纷纷前来要求买牛，一些宰牛户也上门来要求买牛。在买牛户的再三要求下，葛维连悄悄地卖了24头牛。

没想到，卖牛的第二天县委副书记正好前来顺着牛房检查。虽然在1 000多头牛中少24头并不显眼，但因为卖掉的这些牛都是其中个大、体肥、最好看的“杰出牛才”，所以还是很快就被看出来了。于是，领导的心中便产生了葛维连“越来越不听话”的印象。

为了应付检查，某村本来养牛才100多头，可是上级要求一定要上报225头。没办法，在上级来检查时只好以每头牛5元的租金从其他村借过来充数。该村因此获得蒙牛县“养牛五十强村”称号，得奖金800元。可是不久，上级就要求按每头牛60元征收养殖税，村里的农民怨声载道，因为仅此一项就要缴“吹牛皮税”4万多元，给村里造成沉重的负担。

## 流动产变成了不动产

话说县委副书记临走时表态“咱走着瞧”，倔强的葛维连也不买账，回敬“走着瞧”，这下闯祸了。

葛维连想得很简单：“你当你的书记，我当我的老百姓。我养牛，不是为了迎接什么会。你有会也好，无会也好，反正我跟我们的工人、家属都讲了，我们不管它，我们只讲经济效益。”

话虽这么说，但为了应付检查，葛维连还是不能不“顾全大局”。于是，他又花了12万多重新买回24头牛，以凑足检查数。由于他当时卖出24头牛只挣了不到10万元，所以，这一来一去还净赔了两万元。

相比之下，赔了这两万元是小事。当时葛维连一共养了1 260头牛，其中已经成熟的有400多头，如果把这400多头全部卖出去，经济效益就可以赚回来了。可是这些成熟的牛只要晚卖一天，就要蚀一天本，真让人着急啊。更何况，当时前来参观的人络绎不绝，最多的时候一天有600人，他整天忙着接待，哪里还顾得上养牛和了解市场呢？

而且从经营角度出发，牛本来是流动资产，现在由于不能卖，变成了不动产。说是不动产实际上还不确切，因为它不像一堆机器那样放在那里不动，而是每天要消耗食物的，当时每头牛每天的消耗就要3元钱。

更糟糕的是，等到会议结束了，牛价也开始下跌了，这时候的葛维连进退两难。就像套牢的股票不断地下跌，你只能把它捂在手里。

## 被迫扩大规模和修建别墅

不让卖牛给葛维连带来了一定的经济损失，但这还是"小意思"。在这以后，不知哪位领导嫌葛维连的养牛场不够大，于是包办代替，决定为他在307国道边再征一块地，以壮大养牛规模，并且说"这是政治任务，不干不行"。

葛维连当时的养牛场占地10亩，并没有扩大规模的打算。如果规模扩大了，他的这点流动资金就转不过来。所以葛维连并不愿意征这块地。况且，当时那块地的玉米已经长到有一人多高，绿绿的玉米苞已经快要成熟，玉米的主人也不愿意卖啊！

两厢不情愿，并没有影响事情的进程，因为有长官意志摆在那里。一夜之间，乡里派出的联防队员就开着拖拉机强行平了地，玉米地的主人由于不愿意卖地，还和乡政府派来征地的人打了起来。就这样，为了这块自己不需要的7.25亩地皮，葛维连不得不掏出了34万元。更有意思的是，他还必须另外掏出150元钱，为联防队员赔偿扯烂了的农民的褂子。

有了地以后，当时的阜阳市委书记、后来升任安徽省副省长的贪官王怀忠说："'牛状元'致富了，连个别墅都没有，那怎么行？马上盖个别墅，20天就要盖好。"意思是说，他是全国劳动模范、养牛状元，如果还是跟牛住在一起，领导面上无光。

为了他的这句话，当地公安强令农民卖地收庄稼，终于在会议期间中央一位重要领导前来参观之前建起了一幢两层别墅，并且从家具厂赊来两车家具放进葛维连家。

葛维连对牛有着深厚感情，现在硬要被人拆散，他对此一点办法也没有。在盖房的时候，他一次也没去看过。

事后一合计，修建别墅花了16万元，征地花了34万元，再加上新修的养牛池和为参观者修建的厕所、水泥路，以及新买的家具等，葛维连一共花了上百万元，凭空背上近200万元银行贷款。

## 牛状元再也“牛”不起来了

被迫扩大规模和修建别墅后，市场上的牛价却越来越低了。为了减少损失，葛维连用剩下的钱建了一个牛肉加工厂，希望能东山再起。然而，当时的牛肉加工业普遍不景气，再加上缺乏启动资金，所以还没开业就关门了，葛维连成了负债累累的穷光蛋。

有人锦上添花，无人雪中送炭。这时候的葛维连再不像以前那样风光了，县委领导对他的态度也有了180度的大转变，即使看见他也不理他了：“我瞧不起葛维连，他很固执。他那个水平，我看他就不行。他的文化水平不行，实际技术更不行，他养牛都是一般化的。确定他那儿是参观点，一是他养牛规模大一点，另一个是因为近（离县城只有一公里），方便参观。”

1996年末，牛价下滑到最低点，这时候葛维连的养牛场再也没有领导过问了。1997年初，葛维连一气之下砸烂了缸，将所有的牛全部赔本清场，做了一次性了结。

葛维连伤心欲绝地说：“我不养了，再也不养牛了。叫你们看去吧，叫你们往上爬吧，我葛维连非常好的路子，你一样一样都给截断了。”

葛维连原先的养牛场，后来不得不借给别人堆放杂物。原先养牛红火时的贷款已陆续到期，累计190万元，由于无力偿还，只好宣布破产。

他说:“不是我存心想赖账,可这样的贷款叫我怎么还啊?”他过去还奢想这些贷款都是政府强加给他的,政府应该会出面,可是没想到,省市县领导都只是批字“妥善解决”,最终还是要他来掏钱。不过后来他也想通了,负债累累反而债多不愁。他说,想通后他一点儿也不伤心,“天天都想唱歌”。[①] 这恐怕就是所谓的“长歌当哭”了吧?

痛定思痛,葛维连消沉了十多年。直到2010年,才在儿子们的建议和帮助下重新开始养鱼,但却挣不了几个钱。直到2013年,他在外面依然还有100多万元债务。[②]

## 96. 众叛亲离,必然分崩离析

有些农民创业者或因个人性格原因,或是家族矛盾复杂,无法处理好经营管理过程中的各种内外部关系,从而导致众叛亲离,员工纷纷跳槽,最终导致项目失败。

要知道,任何企业中最宝贵的财富都是人。然而,就是有不少老板认识不到这一点,或者说没有真正把它当回事。有的老板甚至说:“三条腿的狗不易找,两条腿的人多的是。”他唯独忘了自己也是一个“两条腿”的家伙。

真正成功的老板,无不对员工关怀备至并呵护有加。道理很简单,因为众怒难犯。一旦员工大批跳槽辞职,再强的企业也会动摇军心、打乱原先正常的生产经营计划。如果其中有一两个是老板真正需要的人才,企业或许会从此一蹶不振也未可知。

所以,作为老板,遇到员工跳槽一定要想方设法把他们留下

---

① 韩国飚、于林才:《政府包办贷款、别墅全来,先盛后衰养牛状元喊冤》,载《人民日报》,2000年4月14日。

② 蔡鹰扬、苏中强:《王怀忠欲使阜阳成第二个上海,外商一句话就建机场》,载《检察风云》,2013年3月10日。

来，哪怕仅仅是出于道义上的需要也应该这么做。

员工跳槽的原因很多，也无法避免。因为“世界是物质的，物质是运动的，运动是绝对的”。跳槽就是一种人才流动。作为老板，发现员工大量辞职或出现不正常跳槽现象，必须从中找出原因并加以反思。

## 针对不同原因采取补救措施

一般来说，突然出现大量员工辞职的原因可能是：

公司内部有不利传言扩散

如果是这样，老板首先要找出产生这种谣言的源头所在，这样才能有的放矢，加以堵塞。

例如，财务部的会计人员可能会由于发觉企业亏损严重、经营状况不好而四处“通知”员工赶快走人；公司骨干人员中，可能会传言老板移民、有意转让公司等消息，从而动摇员工在企业继续干下去的信心；等等。

找到了上述谣言的源头，老板应当立即向员工讲明实际情况，以澄清是非。当然，如果谣言属实，则应当讲究策略方法，以免火上浇油。

某部门主管拉拢下属一起跳槽

遇到这样的情况，老板应当对员工晓之以理、动之以情，竭力挽留员工。如果员工坚持要走，则可以和这位主管进行协商，暂时“借用”他的部下几个月，以帮助自己培养接班人。如果仍然不行，那么就只能根据原先签订的劳动合同来依法办事了，或进行违约索赔。

公司内部有剧烈的派系斗争

这时候要做的是召见派系斗争双方领导人，对他们进行狠狠的批评。并且要声明，如果派系斗争无法消除，各派领导人都要通通撤职。因为作为老板，你是不能容忍自己的企业内部山头林立的，否则你就是不称职的。

某主管工作不力引发部下不满辞职

这种情况的处理非常简单，如果该主管真的是办事不力、办事不公，那就应当遭到撤换，以平民愤。这样做，能很好地反映出老板对公司内部各环节的情况十分清楚，能够做到知人善任。对老板的个人威信以及企业的发展前景都会有利无弊。

这样做的主要原因还在于，在大量辞职的员工中必定会有几个真正的人才。况且，人非生而知之，孰能无过？既然有过，那么老板就应该以宽大的胸怀来包容他们偶尔所犯的错误，不但留住人才，更留住人才的心。

## 聪明老板如何面对辞职者

资深职业战略咨询专家、56 岁的 Marilyn Moats Kennedy 认为，“作为老板，面对员工辞职时所表现出来的态度，反映了你的领导哲学”。他把提出辞职的人分成三种状况，并且针对不同情况给出了相应建议：

(1)你正在考虑让你的某位“明星”员工升职，这时候他却向你提出了辞职，你怎么办？

A. 给他一个“还盘”，让他知道会在未来的某个时候得到提升。

B. 以“冻人”的态度、“杀人”的目光对待他。

C. 说你很失望，但是你的门随时为他的归来而敞开。

在这三种选择中，最好的选择是 C。如果你的公司真的很适合他，而你又让他知道他是有价值的，也许他会改变决定。至少，当他离开后他会是你的同盟军，而不是敌对者。

(2)你正想着解雇团队中的“懒惰”之人，而这个人出现在你的办公桌前，告诉你他要去另外一家公司，你怎么办？

A. 说“太好了，因为我正打算解雇你”。

B. 长长地松了一口气，有礼貌地请他马上离开。

C. 说“很抱歉，我不能给你写推荐信”。

在这三种选择中，当然是选择 B。如果你要给他写一封简短的推荐信，也只能注明他在你公司服务的年限及职位名称，不能包括其他内容。因为让他尽早离开，正是你求之不得的。

(3)在 6 个月之内已经有几名员工相继离开公司，你怎么办？

A. 给公司中余下的人一个个加薪。

B. 任其自然，反正你能应付比这更糟糕的情况。

C. 让员工们交替轮换着去做不同的工作。

在这三种选择中，最好的选择是 C。员工们为什么要经常跳槽呢？原因之一就是他们的某些工作技能被忽视了，甚至根本没有得到应用。把你的精力集中到重新科学分配每个员工的工种上去，可以让他们在企业内部得到一次“模拟跳槽”，这在某种程度上可以释放他们辞职跳槽的动力。

## 97. 决策失误，一着不慎全盘皆输

俗话说：“决策失误是最大的失误。”农民创业的最大特点是个人投资或家族投资，任何决策失误所造成的损失最终都要自己承担；而不像公共投资决策失误那样，会转嫁到纳税人头上去。

所以常常能看到，一旦发生重大决策失误，整个创业项目就会陷入困境，或积重难返，或关门大吉。

### 因循守旧，终难一手遮天

决策失误一般会出现在企业发展的关键时刻，如创设、扩大规模、上等级、迁址、开设分店等，一旦失误，后果很严重，往往是致命性的。其中，最大的失误是因循守旧和“想当然”，犯下刻舟求剑式的错误。下面仅举一例加以说明。

1986 年，重庆的朱天才首创了“歌乐山辣子鸡”，1989 至 1993 年间，辣子鸡生意就已经有了爆发式增长。他在原来只有 100 多

平方米的小店对面，盖起了三层共1 000多平方米的大酒店“林中乐”。后来因为排队等候的汽车常常要绵延一公里，所以他不得不把在广告公司做企业策划的儿子朱俊峰叫来帮忙。

俗话说：“人怕出名猪怕壮。”朱天才的辣子鸡出名了，引来许多同行竞相模仿，很快在他边上就形成了赫赫有名的辣子鸡一条街。甚至还带动重庆当地土鸡价格的整体上扬，活鸡价格从每斤6元涨到11元，过去每只一斤左右的鸡看不到了，全都是四五斤重的。这意味着，辣子鸡的利润被侵蚀得厉害。

为了确保经营利润又不吓跑消费者，朱天才把辣子鸡的原本定价每只18元改为每斤18元，丰俭由人；同时，建立了长期供货关系，所以火爆的生意依然没有受到多大影响。

但接下来朱俊峰发现，由于生意忙碌时顾客找不到服务员结账，常常有顾客气得一走了之，这样的顾客每天有一二十个。朱俊峰觉得，这样下去不行，得实行规范化管理。为此父子之间发生了矛盾。

矛盾在哪里呢？朱天才认为，现在生意这么好，像你这样搞规范化管理得要很多投入啊，不如趁热打铁，增加住宿项目。而朱俊峰认为，从周围环境和酒楼房屋结构看，这里并不适合搞住宿，当务之急是要克服家庭作坊式管理方式所存在的种种弊端。

相持不下，朱俊峰选择了离开。而这时候随着同行竞争愈来愈激烈，单靠一道辣子鸡已经无法独霸天下了，包括林中乐在内的辣子鸡一条街全都陷入了困境。

朱天才苦撑了3年后，错误地觉得主要问题在于地理位置偏僻。于是没有与任何人商量，他就在武汉开了家分店。而这时候的武汉餐饮业已经走上规模化，单店面积动不动就有三五千平方米，这让朱天才几百平方米的小店高不成低不就，在短短5个月内就赔掉20多万，并且还骑虎难下——撤掉分店吧，意味着前期投入的50多万元都将付诸东流；不撤吧，连保本都难，一直亏损。

苦恼兼疲惫的朱天才不得不把饭店交给儿子打理。临危受命的朱俊峰一上来就撤掉了武汉分店，纠正了父亲的决策失误；同时,高薪聘请专业管理人出谋划策,重新打造林中乐。[1]

在管理上,除了注重挑选原材料、提高菜品之外,为了丰富品种,朱俊峰还推出了砂锅鱼头、仔姜土鳝鱼等新品;针对顾客反映上山吃鸡不方便,他就把餐厅开到了山下。与此同时,他还把产品搬到网上,虽然目前销售不理想,但并没有准备放弃。另外,他又准备在歌乐山打造一个占地42亩的生态农家乐,让顾客在吃了辣子鸡后还能钓钓鱼、摘摘果子。通过这一系列举措,虽然辣子鸡一条街目前生意不怎么样,但林中乐依然挺立潮头。[2]

## 失误成因,原本多种多样

创业者决策失误的成因多种多样,多半情况下这些失误是“可以原谅”的,这就是通常所说的“缴学费”。虽然私营企业的缴学费不像政府决策这样轻飘飘,一点一滴都要从自己的口袋里掏出来,但这个过程是无法逾越的。我们能做的只是“尽量少缴学费”就能学到更多东西(获得更好的效益)。

那么,常见的失误成因有哪些呢?主要有:

*决策要考虑方方面面*

决策要考虑方方面面,这很正常,却又容易带来失误。

有人以为做老板很潇洒,什么事情一句话就可以定了,可以不假思索。其实,有时候即使你是老板,甚至是唯一的老板,各种决策也并非你一个人就能决定的。虽然表面上你可以最后拍板,但你必须考虑方方面面,所以,这种决策实际上会体现许多现实的尴尬,难免有不尽如人意的地方。

*决策者并非最聪明*

老板虽然处于高位,但并非就是最聪明者。即使是“最聪明”

---

① 《餐饮企业再发展的决策失误——投资失败案例之三》,中国联盟网,2007年1月3日。

② 罗婧、黄玉熹:《“三只鸡”低头求生,江湖菜如何避免“三年之痒”》,载《重庆商报》,2013年8月7日。

的人也不可能是全才，所以决策时难免会挂一漏万或考虑不周。尤其是许多决策左右为难，无论如何都会留下遗憾的。所以，决策失误率常常会超过一半，这是不奇怪的。

决策时没有时间考虑

在有些人的想象中，决策尤其是重大决策都是在经过深思熟虑后作出的，其实不然。相反倒有一种情形，就是越是重大决策、越是大企业的决策，往往越简单，往往是老板一句话就定了调。当然，这样的决策者需要平时积累很多东西，看似简单的决策，实际上就综合了方方面面的因素在内。如果你看到老板对任何决策都说“让我想一想”，是不可思议的，必定要贻误战机。

并非决策好了再行动

也并非像有些人想象的那样，老板总是在某个特定的时刻进行决策。事实上，决策伴随着企业经营全过程，有一个从模糊到逐步清晰的过程，但不一定有确切的起点和终点。所以，往往是你在接到通知参加会议时，才知道其实某个决策早已制定。

话已至此，有一点是需要明确的，那就是在个体私营企业中，所有决策失误都与老板脱不了干系。

无论这种决策是老板自己作出的，还是授权或没有授权给下属、下属单独作出的，都与老板有大大小小的关系。如果有你的授权，那就是你授权不当，至少是用人不当，兼有授权失误和用人失误；如果没有你的授权下属就作出了错误决策，那也可以假设下属的决策是企业最高领导人（老板）决策的扩展和延伸。

如果把企业的多层次结构比作一串佛珠，而老板就是手持佛珠念经的那个人。每个组织机构及其用人（佛珠）都应该由老板来最终敲定，这是老板的职责。所以，如果老板出了问题只会往别人身上推，而不扪心自问，这样的企业永远搞不好。[①]

---

① 舒化鲁：《决策失误都是老板的事》，载《世界经理人》，2011年7月21日。

**图书在版编目(CIP)数据**

农民创业小知识/严行方著.—厦门:厦门大学出版社,2014.3
ISBN 978-7-5615-4912-4

Ⅰ.①农…　Ⅱ.①严…　Ⅲ.①种植业-普及读物②养殖业-普及读物　Ⅳ.①S359.3-49②S96-49

中国版本图书馆 CIP 数据核字(2013)第 310026 号

厦门大学出版社出版发行
(地址:厦门市软件园二期望海路 39 号　邮编:361008)
http://www.xmupress.com
xmup @ xmupress.com
厦门市明亮彩印有限公司印刷
2014 年 3 月第 1 版　2014 年 3 月第 1 次印刷
开本:889×1194　1/32　印张:11.75
字数:318 千字　印数:1～5 200 册
定价:27.00 元